集成电路科学与工程丛书

半导体干法刻蚀技术：
原子层工艺

〔美〕索斯藤·莱尔（Thorsten Lill）著

丁扣宝 译

机 械 工 业 出 版 社

集成电路制造向几纳米节点工艺的发展，需要具有原子级保真度的刻蚀技术，原子层刻蚀（ALE）技术应运而生。本书主要内容有：热刻蚀、热各向同性 ALE、自由基刻蚀、定向 ALE、反应离子刻蚀、离子束刻蚀等，探讨了尚未从研究转向半导体制造的新兴刻蚀技术，涵盖了定向和各向同性 ALE 的最新研究和进展。本书以特定的刻蚀应用作为所讨论机制的示例，例如栅极刻蚀、接触孔刻蚀或 3D NAND 通道孔刻蚀，有助于对所有干法刻蚀技术的原子层次理解。

本书概念清晰，资料丰富，内容先进，可作为微电子学与固体电子学、电子科学与技术、集成电路科学与工程等专业的研究生和高年级本科生的教学参考书，也可供相关领域的工程技术人员参考。

图书在版编目（CIP）数据

半导体干法刻蚀技术：原子层工艺/（美）索斯藤·莱尔（Thorsten Lill）著；丁扣宝译. —北京：机械工业出版社，2023.8（2024.4 重印）

（集成电路科学与工程丛书）

书名原文：Atomic Layer Processing: Semiconductor Dry Etching Technology

ISBN 978-7-111-73426-0

Ⅰ.①半…　Ⅱ.①索…②丁…　Ⅲ.①半导体技术-干法刻蚀　Ⅳ.①TN305.7

中国国家版本馆 CIP 数据核字（2023）第 116918 号

机械工业出版社（北京市百万庄大街 22 号　邮政编码 100037）

策划编辑：刘星宁　　　　　　　责任编辑：刘星宁
责任校对：薄萌钰　陈　越　　　封面设计：马精明
责任印制：郜　敏
北京富资园科技发展有限公司印刷
2024 年 4 月第 1 版第 2 次印刷
184mm×240mm · 15 印张 · 341 千字
标准书号：ISBN 978-7-111-73426-0
定价：119.00 元

电话服务　　　　　　　　　　　网络服务

客服电话：010-88361066　　　机　工　官　网：www.cmpbook.com
　　　　　010-88379833　　　机　工　官　博：weibo.com/cmp1952
　　　　　010-68326294　　　金　书　网：www.golden-book.com
封底无防伪标均为盗版　　　机工教育服务网：www.cmpedu.com

译 者 序

集成电路制造向几纳米节点工艺的发展，需要具有原子级保真度的刻蚀技术，原子层刻蚀（ALE）技术应运而生。

本书涵盖了定向和各向同性 ALE 的最新研究和进展，以特定的刻蚀应用作为所讨论机制的示例，例如栅极刻蚀、接触孔刻蚀或 3D NAND 通道孔刻蚀，而不是试图全面描述工艺挑战和解决方案，有助于对所有干法刻蚀技术的原子层次理解以及为现有和新兴的半导体器件开发特定的解决方案。

本书作者 Thorsten Lill 博士是美国泛林集团（Lam Research）新兴刻蚀技术和系统事业部副总裁。他在德国弗莱堡大学获得物理学博士学位，并在美国阿贡国家实验室进行博士后研究，在该领域发表了 88 篇文章，拥有 89 项专利。

本书概念清晰，资料丰富，内容先进，对集成电路、微电子相关专业高年级本科生和研究生及工程技术人员具有较高的参考价值。

本书全文由浙江大学信息与电子工程学院丁扣宝翻译，由于译者水平有限，译文难免有不妥和错漏之处，敬请读者指正。

丁扣宝

于浙江大学求是园

目　　录

缩 写 词 表

符 号

A DG 模型中的表面面积和参数

AR   深宽比

B DG 模型参数

c 浓度

C 电容

CD   关键尺寸

D 扩散系数

d 深度，厚度

DC   直流

dc   占空比

E 能量和杨氏模量

ε 电场

EPC   每循环刻蚀深度

EPE   边缘放置误差

ER   刻蚀速率

ERNU   刻蚀速率不均匀性

G° 标准吉布斯自由能

GPC   每循环生长厚度

$\mathcal{H}$ 磁场

H° 标准焓

h 高度

h_G 气相传输系数

I 电流

J 粒子通量

K 传输概率

k 常数，系数，例如反应速率或溅射系数

M 原子质量

N 数量，例如：分子数、吸附的表面位点数量等。

n （气体）密度

r 原子间距离或半径

R 反应速率

RIE 反应离子刻蚀

R_p，ΔR_p 投影射程和偏差

S 刻蚀协同作用

$S°$ 标准熵

s 粘附系数

SR 溅射速率

T 温度

t 时间

V 电压或电势

v 速度

V_{LJ} Lennard – Jones 势能

w 宽度

X 电抗

Z 原子数

希 腊 符 号

θ 相对于表面法线的角度

σ 横截面

ω 圆频率

τ 特征时间

κ 介电常数

Δ 差

ε 能量差，例如势阱的深度

α，β ALE 工艺的步骤 A 和 B 中的刻蚀量

Σ 薄膜应力

$\Delta\Phi_{Mott}$ Mott 势（eV）

Γ 溅射产率

Θ 表面覆盖率

ν 体积

λ 波长

下 标

0 表示初始值

a   激活

A   吸附，吸附物

b   底部

B   偏置

c   电容性的

ca   阴极

col   碰撞

D   解吸

DC   直流

dense   致密形貌

diff   扩散

diss   离解

e   电子

G   气体

i   离子

iso   孤立形貌

im   撞击

in   进入的

iz   离子化

kin   运动的

M   最大

m   最小

n   中性

ox   氧化

p   等离子体

RF   射频

S   表面

sol   溶液

sh   鞘层

sp   溅射

sw   侧壁

t   顶部

th   阈值

out   离开的

ox   氧化物，氧化

w   器壁

缩 写 词

AC   alternating current   交流

AFM   atomic force microscopy   原子力显微镜

ALE   atomic layer etching   原子层刻蚀

ALD   atomic layer deposition   原子层沉积

AR   aspect ratio   深宽比

ARDE   aspect ratio dependent etching   深宽比相关刻蚀

BARC   bottom antireflective coating   底部抗反射涂层

BCA   binary collision approximation   二元碰撞近似

BEOL   back end of line   后段工艺

BPS   bounded plasma system   有界等离子体系统

BPSG   boron phosphorous silicon glass   硼磷硅玻璃

BST   barium strontium titanate：$Ba_{1-x}Sr_xTiO_3$ 钛酸锶钡：$Ba_{1-x}Sr_xTiO_3$

CAIBE   chemically assisted ion beam etching   化学辅助离子束刻蚀

CBRAM   conductive bridge random access memory   导电桥接随机存取存储器

CCP   capacitively coupled plasma   电容耦合等离子体

CD   critical dimension   关键尺寸

CDE   chemical downstream etching   化学引发刻蚀

CFSTR   continuous flow stirred tank reactor   连续流搅拌釜反应器

CM   Cabrera – Mott oxidation model   Cabrera – Mott 氧化模型

CMOS   complementary metal – oxide – semiconductor   互补金属氧化物半导体

CMP   chemical mechanical polishing   化学机械研磨

CVD   chemical vapor deposition   化学气相沉积

DARC   dielectric antireflective coating   电介质抗反射涂层

DC   direct current   直流

DFT   density functional theory   密度泛函理论

DG   Deal – Grove oxidation model   Deal – Grove 氧化模型

DMAC   dimethyl aluminum chloride   二甲基氯化铝

DRAM   dynamic random access memory   动态随机存取存储器

ECP   electro copper plating   电镀铜

ECR   electron cyclotron resonance   电子回旋共振

ESC   electrostatic chuck   静电卡盘

FEOL   front end of line   前段工艺

FeRAM   ferroelectric random access memory   铁电随机存取存储器

FET   field effect transistor   场效应晶体管

FG   floating gate   浮动栅极

FinFET   fin field effect transistor   鳍式场效应晶体管

FTIR   Fourier transform infrared spectroscopy   傅里叶变换红外光谱

GAA   gate – all – around（transistor）   围栅（晶体管）

GST   germanium, antimonium, and tellurium   锗、锑和碲

HPEM   hybrid plasma equipment model   混合等离子体设备模型

IAD   ion angular distribution   离子角分布

IBE   ion beam etching   离子束刻蚀

ICP   inductively coupled plasma   电感耦合等离子体

IED   ion energy distribution   离子能量分布

IIP   ion – ion plasma   离子 – 离子等离子体

ILD   inter – layer dielectric   层间电介质

LEIS   low energy ion spectroscopy   低能离子谱

LELE   Litho – Etch – Litho – Etch multipatterning   光刻 – 刻蚀 – 光刻 – 刻蚀多重图案化

LER   line edge roughness   线边缘粗糙度

LWR   line width roughness   线宽粗糙度

LSS   Lindhard, Scharff, and Schiott theory   Lindhard、Scharff 和 Schiott 理论

MD   molecular dynamics   分子动力学

MEMS   micro – electromechanical systems   微机电系统

MEOL   mid end of line   中段工艺

MMP   mixed mode pulsing   混合模式脉冲

MRAM   magnetic random access memory   磁性随机存取存储器

MOSFET   metal oxide semiconductor field effect transistor   金属氧化物半导体场效应晶体管

NAND   logic gate with "false" output if all inputs are "true." This type of logic gates is used in flash memory devices. 3D NAND is an implementation of flash memory devices where the gates are stacked in the third dimension inside tall vertical channels   如果所有输入为 "真"，则输出为 "假" 的逻辑门。这种类型的逻辑门用于闪存器件。3D NAND 是闪存器件的一种实现方式，其中栅极在高垂直通道内的第三维度中堆叠

ONON   oxide – nitride – oxide – nitride 3D NAND   氧化物 – 氮化物 – 氧化物 – 氮化物 3D NAND

OPOP   oxide – polysilicon – oxide – polysilicon 3D NAND   氧化物 – 多晶硅 – 氧化物 – 多晶硅 3D NAND

OxRAM   metal oxide resistive random access memory   金属氧化物电阻式随机存取存储器

PIC　　　particle – in – cell plasma model　　　质点网格法等离子体模型

PVD　　　physical vapor deposition　　　物理气相沉积

PCM　　　phase change memory　　　相变存储器

PSD　　　power spectral density　　　功率谱密度

PZT　　　lead zirconate titanate：$Pb(Zr_xTi_{1-x})O_3$　　锆钛酸铅：$Pb(Zr_xTi_{1-x})O_3$

QCM　　　quartz crystal microbalance　　　石英晶体微天平

ReRAM　　　resistive random access memory　　　电阻式随机存取存储器

RF　　　radio frequency　　　射频

RG　　　replacement gate　　　替换栅极

RIBE　　　reactive ion beam etching　　　反应离子束刻蚀

RIE　　　reactive ion etching　　　反应离子刻蚀

SADP　　　self – aligned double patterning　　　自对准双重图案化

SAQP　　　self – aligned quadruple patterning　　　自对准四重图案化

SCM　　　storage class memory　　　存储级内存

SE　　　spectroscopic ellipsometry　　　椭圆偏振光谱法

SEM　　　scanning electron microscopy　　　扫描电子显微镜

SIMS　　　secondary ion mass spectrometry　　　二次离子质谱

SIT　　　sidewall image transfer　　　侧壁图像转印

SRIM　　　"stopping and range of ions in matter" program　　　"物质中离子的阻止和范围"程序

SOS　　　spacer – on – spacer implementation of self – aligned quadruple patterning　　　侧墙上的侧墙自对准四重图案化的实现

STI　　　shallow trench isolation　　　浅沟槽隔离

TCP　　　transformer coupled plasma　　　变压器耦合等离子体

TEM　　　transmission electron microscopy　　　透射电子显微镜

TMA　　　trimethylaluminum　　　三甲基铝

TPD　　　temperature programmed desorption　　　程序升温解吸

TRIM　　　"transport of ions in matter" program　　　"物质中的离子传输"程序

TSV　　　though silicon via　　　硅通孔

TWB　　　tailored waveform bias　　　定制波形偏置

UHV　　　ultra – high vacuum　　　超高真空

VUV　　　vacuum ultraviolet light　　　真空紫外光

ZBL　　　Ziegler, Biersack, and Littmark model　　　Ziegler、Biersack 和 Littmark 模型

常　　数

e　　基本电荷量：$1.60217662 \times 10^{-19} C$

ε_0 真空介电常数：$8.8541878128(13) \times 10^{-12}$ F/m

ε 介电常数

k_B 玻尔兹曼常数

R 普适气体常数

N_A 阿伏伽德罗常数

单 位

Å 埃（长度）

C 库仑（电荷）

℃ 摄氏度（温度）

deg,° 度（角度）

eV 电子伏特（能量）

F 法拉（国际单位制中电容的标准单位）

h 小时（时间）

K 开尔文（温度）

L Langmuir（表面覆盖率）

m 米（长度）

min 分钟（时间）

Pa 帕斯卡（压力）

s 秒（时间）

Torr 托（压力）

第 1 章

引　言

　　有史以来，人们就开始在石头、木材、骨头和其他材料上划痕、雕刻图案和刻字，以记录信息和创造艺术。这些早期的材料去除形式可视为刻蚀技术的起源。

　　刻蚀在整个历史中的重要性可以用几个引人注目的例子来说明。汉谟拉比法典大约在公元前 1754 年刻在一块石碑上，是最早和最有影响力的法律标准之一。公元第一个一千年的后半期，中国唐代用木刻印刷纸币。米开朗琪罗的大卫雕像是欧洲文艺复兴的典型代表。所有这些刻蚀技术都使用物理能量来去除材料。

　　化学刻蚀技术是中世纪欧洲发展起来的一种用酸来装饰盔甲的更为精细的技术。表面的选定区域被柔软的"掩模剂"覆盖，这些"掩模"可以用尖锐的物体轻松去除，暴露的区域被"刻蚀剂"去除。有史以来最伟大的刻蚀师之一是伦勃朗，他创作了大约 290 幅版画。他的许多刻蚀版仍然留存于世。

　　1782 年，John Senebier 发现，某些树脂在光照下失去了对松节油的溶解性。这使得早期形式的光掩模得以产生，并最终导致了摄影方法的发展。1936 年，Paul Eisler 发明了印刷和刻蚀电路板。1958 年，Jack Kilby 和 Robert Noyce 实现了第一个集成电路，刻蚀也起到了重要作用。"etch（刻蚀）"和"etching"这两个词在 Kilby 的开创性美国专利 3138743 "微型电子电路"（Kilby，1959）中出现了 11 次。

　　最初，集成电路是用湿化学方法刻蚀的，使用光刻胶作为掩模。虽然这些方法对某些单晶材料和选定的刻蚀剂是有方向性的，但是去除非晶材料的刻蚀在各个方向上的速度大致相同。这种刻蚀也称为各向同性刻蚀。它仅适用于横向尺寸远大于待刻蚀材料厚度的对象。这种性质显然是器件微缩的障碍。湿法刻蚀的另一个缺点是会产生大量有毒废物。

　　为了克服这些挑战，在 20 世纪 80 年代，等离子体干法刻蚀方法被引入到集成半导体器件的制造中。当等离子体与固体表面接触时，会发生一种称为溅射的现象，这种现象会导致材料去除。溅射是由 W. R. Grove 于 1852 年发现的。20 世纪 60 年代，电子工业使用惰性气体等离子体物理溅射。当将晶圆置于射频（RF）电极上时，离子被加速，并且可以提高溅射速率以使该方法更高效（Coburn 和 Kay，1972）。然而，物理溅射仍然太慢，无法用于半导体器件的制造。它还严重缺乏对掩模和停止材料的选择性。

　　化学反应提供了必要的性能提升。化学等离子体刻蚀的发展始于氧射频等离子体中光刻胶的剥离（Irving 等人，1971）。很快，氟和氯等离子体被测试用于刻蚀各种材料。当用氟氯烃气体代替氩气时，观察到硅刻蚀速率增加了 10 ~ 20 倍（Hosokawa 等人，1974）。"反应离子刻蚀"（RIE）一词产生于 20 世纪 70 年代中期，用于涉及化学反应等离子体的刻蚀技术，其中晶圆放置在射频电极上。最初，尽管在实验中清楚地证明了刻蚀速率提高的好处，但仍不了解刻蚀速率提高的机理（Bondur，1976）。Coburn 和 Winters 发现，"观察到的刻蚀速率的大小使得离子轰击引起的增强不能简单地通过将物理溅射过程叠加到化学刻蚀过程上来解释"（Coburn 和 Winters，1979）。他们的开创性实验证明了离子和中性粒子通量之间存在协同作用。协同效应也是具有原子层精度的原子层刻蚀（ALE）中的一个关键概念。我们将在本书中使用这个概念。

基于贝尔实验室的发展，随着批量 RIE 反应器的引入，具有生产价值的刻蚀反应器在半导体行业占据了一席之地。Donnelly 和 Kornblit（2013）在一篇评论文章中对等离子体刻蚀设备的发展进行了综述。20 世纪 90 年代，引入了单晶圆刻蚀反应器，提高了晶圆间的可重复性和整体工艺控制。这 10 年也是为大量迅速出现的应用寻找最佳源技术的时期。第一个单晶圆刻蚀反应器是简单的平行板反应器，晶圆基座施加射频功率。一些实施例的特征在于刻蚀速率增强磁场。

由变压器耦合等离子体（TCP）或电感耦合等离子体（ICP）驱动的高密度等离子体已成为硅和金属刻蚀的首选。中密度电容耦合等离子体（CCP）源被证明在刻蚀氧化硅和其他电介质材料方面具有优越性。20 世纪 90 年代末，随着大马士革金属化工艺的引入，CCP 反应器得到了广泛的应用，这为相对介电常数低的材料（即所谓的低 κ 材料）的刻蚀创造了一个巨大的市场。

21 世纪头 10 年是通过调节离子通量、中性粒子通量和温度的径向均匀性，从而不断改善整个晶圆均匀性的 10 年。这是为满足摩尔定律，晶圆从 200mm 向 300mm 过渡及其均匀性要求不断提高所推动的。过去 10 年高度关注了芯片和特征尺寸微缩的行为。这是由于从传统的摩尔定律微缩转换到垂直器件微缩，驱动了具有越来越高深宽比的器件的发展，如 3D NAND 闪存和鳍式场效应晶体管（FinFET）。

解决芯片性能挑战的方案之一是"时域处理"，例如等离子体脉冲和混合模式脉冲（MMP），其中射频功率和气流是脉冲的。时域处理要求所有子系统在第二个时间尺度上以更快的速度重复运行。考虑到需要使用包括径向调节旋钮在内的大量工艺参数控制的所有参数，这是一项巨大的工程挑战。基于模型的工艺控制器和机器学习工艺开发算法正在被引入。

随着半导体器件微缩到亚 10nm，需要具有原子级保真度的刻蚀技术。这里，保真度是指形状和组成与设计工程师意图的匹配程度（Kanarik 等人，2015）。ALE 已经在实验室研究了 30 多年，有望达到这一性能水平。关于 ALE 的第一份报告是 Yoder 发表在美国专利 4756794 中的，标题为"原子层刻蚀"（Yoder，1988）。在 20 世纪 90 年代的第一波研究之后，第二波研究兴趣和发展始于 21 世纪中期，这是因为需要具有无限选择性的刻蚀技术，以及能够在低至亚单层分辨率上将受控数量的材料去除。

在"ALE"框架下讨论了各种刻蚀技术，包括非常慢的 RIE 工艺、自由基和蒸汽刻蚀。刻蚀界缺乏共识和共同术语阻碍了真正的 ALE 发展。2014 年 4 月，在关于 ALE 的 Sematech 研讨会上，采用了 ALE 为包含至少两个自限步骤的刻蚀工艺的定义。该定义类似于其对应的原子层沉积（ALD）。ALE 采用了 ALD 中的许多既定概念。将刻蚀过程分离为自限步骤打破了离子和中性粒子通量同时存在时 RIE 中产生的平衡。其结果是改善了整个晶圆、具有不同关键尺寸［称为深宽比相关刻蚀（ARDE）］和表面平滑度（Kanarik 等人，2015）形貌的均匀性。它还大大简化了工艺，使 ALE 易于获得严格的基本理解。

本书涵盖了定向和各向同性 ALE 的最新研究和进展，并将其置于半导体器件的已建立的干法刻蚀技术的背景下。在本书中，我们将按复杂性增加的顺序介绍刻蚀技术。我们将从关键的基本表面工艺开始，然后是单一物种刻蚀技术（热刻蚀和自由基刻蚀）、顺序多物种刻蚀（ALE）和多物种连续处理（RIE）。最后，我们将回顾等离子体和产生本书上半部分讨论的物种的其他方法。

本书的这种架构没有考虑各种刻蚀技术发现的时间顺序或其市场规模。新的 ALE 将在经典的 RIE 之前进行研究。定向 ALE 作为 RIE 的简化实施例引入，更易于严格处理。突出的 RIE 特性将呈现为连续加工缺乏自限制性的结果，其中所有物种通量始终处于开启状态。目标是在原子水平上尽可能严格地理解 RIE，以阐明 RIE 至今仍然存在的"黑箱"（Winters 等人，1977；Gottscho 等人，1999）。

本书将介绍特定的刻蚀应用，例如栅极刻蚀、接触孔刻蚀或 3D NAND 通道孔刻蚀，作为所讨论机制的示例，而不是试图全面描述工艺挑战和解决方案。半导体器件和相应刻蚀应用的出现和发展速度太快，这种尝试在几年内就会过时。相反，本书的目的是提供对所有干法刻蚀技术的原子层次理解，希望有助于为现有和新兴的半导体器件开发特定的解决方案。

等离子体是产生干法刻蚀中使用的离子和自由基的首选方法。本书详细介绍了等离子体和源技术，足以理解它们如何影响刻蚀表面的粒子通量。为了加深理解，我们参考了关于等离子体技术和材料加工的开创性专著，即利伯曼专著（Lieberman 和 Lichtenberg，2005）。

参 考 文 献

Bondur, J.A. (1976). Dry process technology (reactive ion etching). *J. Vac. Sci. Technol.* 13: 1023–1029.

Coburn, J.W. and Kay, E. (1972). Positive-ion bombardment of substrates in rf diode glow discharge sputtering. *J. Appl. Phys.* 43: 4965–4971.

Coburn, J.W. and Winters, H.F. (1979). Ion- and electron-assisted gas-surface chemistry – an important effect in plasma etching. *J. Appl. Phys.* 50: 3189–3196.

Donnelly, V.M. and Kornblit, A. (2013). Plasma etching: yesterday, today, and tomorrow. *J. Vac. Sci. Technol., A* 31: 050825 1–48.

Gottscho, R.A., Cooperberg, D., and Vahedi, V. (1999). The black box illuminated. *Workshop on Frontiers in Low Temperature Plasma Diagnostics III (LTPD)*, Saillon, Switzerland.

Hosokawa, N., Matsuzaki, R., and Asamaki, T. (1974). RF sputter-etching by fluoro-chloro-hydrocarbon gases. *Jpn. J. Appl. Phys. Suppl.* 2: 435–438.

Irving, S.M., Lemons, K.E., and Bobos, G.E. (1971). Gas plasma vapor etching process. US Patent 3,615,956.

Kanarik, K.J., Lill, T., Hudson, E.A. et al. (2015). Overview of atomic layer etching in the semiconductor industry. *J. Vac. Sci. Technol., A* 33: 020802 1–14.

Kilby, J.S. (1959). Miniaturized electronic circuits. US Patent 3,138,743.

Lieberman, M.A. and Lichtenberg, A.J. (2005). *Principles of Plasma Discharges and Materials Processing*, 2e. Wiley.

Winters, H.F., Coburn, J.W., and Kay, E. (1977). Plasma etching – a "pseudo-black-box" approach. *J. Appl. Phys.* 48: 4973–4983.

Yoder, M.N. (1988). Atomic layer etching. US Patent 4,756,794.

第 2 章

理 论 基 础

2.1 刻蚀工艺的重要性能指标

　　刻蚀是一种材料去除过程，需要打断键并去除固体材料表面的原子。除物理溅射外，半导体器件的干法刻蚀工艺还存在化学反应。要了解这些技术是如何工作的，重要的是要理解其机制和基本步骤。在干法刻蚀中，化学活性物质通过气相传递到表面并吸附在表面上。也可以用化学活性离子轰击表面（见第 7.1.2 节）。吸附剂的作用是削弱表面原子与体材料的结合。同时或按顺序提供能量以破坏键并移除反应产物。这可以通过离子和原子的热能或动能以及光子或电子等其他方式实现。足够高的热能或动能也分别导致纯物理去除，例如蒸发和溅射。然而，蒸发和物理溅射在半导体器件的刻蚀中用处有限。

　　图 2.1 用带有吸附原子的固体表面示意图说明了化学活性物质的吸附效果。吸附物和表面原子之间的键能用 E_A 表示，表面原子和体原子之间的结合能用 E_S 表示，体原子之间的键能用 E_O 表示。吸附的原子与表面原子形成键，键能为 E_A。相对于本体中的键 E_O，由 E_S 表征的表面原子与本体之间的键被削弱。当提供足够的能量时，最弱的键就会断裂。如果这些是 E_S 表征的键，则结果是刻蚀。其他键的断裂将导致解吸（在 E_A 最弱的情况下）或体材料的溅射/蒸发（如果 E_O 是最弱的键）。

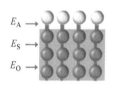

图 2.1　带有吸附原子的固体表面示意图，E_A 表示吸附物和表面原子之间的键能，E_S 表示表面原子和体原子之间的结合能，E_O 表示体原子之间的键能。刻蚀条件：$E_S < E_O$ 和 E_A。资料来源：Lill 等人（1994）

　　这是一种大大简化的唯象表示法，忽略了表面的实际结构以及反应和活化势垒的动力学。表面也可能是无定形或损坏的，并与化学活性物质混合。反应层可以延伸到刻蚀材料的第一原子层之外。在这种情况下，整个反应层的特征是化学键弱。

　　用于打断键的能量可以是热能，离子动能，原子、分子和自由基的化学能，以及光子和电子的化学能或热能。据报道，甚至原子力显微镜尖端的机械能也会导致化学改性表面的刻蚀（Chen 等人，2018）。

　　在该刻蚀框架中，一个或多个粒子通量和能量源同时或顺序地与表面相互作用，以改性表面并破坏待去除材料的键。根据使用的粒子和能量源以及它们是否同时或顺序地与表面相互作用，干法刻蚀技术可分为热刻蚀、热各向同性原子层刻蚀（ALE）、自由基刻蚀、定向或离子辅助 ALE、反应离子刻蚀（RIE）和离子束刻蚀（IBE）。我们将在第 2.9 节介绍刻蚀技术的分类。

半导体器件的刻蚀工艺形成 3D 结构，可以由几种不同的材料组成。刻蚀先进半导体器件时，必须满足广泛的、特定于应用的要求表。下面列出了常见的重要刻蚀要求。

2.1.1　刻蚀速率（ER）

这是最重要的刻蚀性能参数。它表示为刻蚀薄膜厚度随时间的变化，通常以 nm/min 为单位。对于溅射工艺，该速率也可以表示为溅射产率 Γ 的函数，即喷射原子和离子与撞击离子的比率。对于化学增强工艺，如 RIE，刻蚀速率（ER）对入射通量的依赖性要复杂得多（见第 7.1 节）。

对于 ALE，术语"刻蚀速率"替换为术语"每循环刻蚀深度"（EPC），以 nm 或 Å 表示，因为该过程是周期循环的，并且每个循环去除数量明确的材料。这种方法类似于薄膜沉积中的命名法，其中化学气相沉积（CVD）等连续技术以沉积速率表征，而原子层沉积（ALD）以"每循环生长厚度"（GPC）表征。

2.1.2　刻蚀速率不均匀性（ERNU）

先进的半导体器件是在直径 300mm 的晶圆上制造的。刻蚀速率均匀性要求非常严格。该参数表示为整个晶圆的刻蚀速率差除以平均刻蚀速率的比率，以百分比或标准差表示。通常，刻蚀速率不均匀性（ERNU）用标准差 1σ 的百分比表示。ERNU 可以通过晶圆上或晶圆最边缘的任何入射粒子通量的不均匀性引入。

2.1.3　选择性

很少有刻蚀应用仅限于刻蚀一种材料。刻蚀沟槽或孔等 3D 结构时，需要使用由较慢刻蚀材料制成的掩模。材料 1 对材料 2 的选择性表示为其刻蚀速率之比 ER_1/ER_2 或其每循环刻蚀深度之比 EPC_1/EPC_2。刻蚀技术具有"本征"选择性。这是没有沉积子反应的选择性。本征选择性是"过量"去除能量的函数。例如，热过程在热能下调动中性分子，其能量刚好足以打破刻蚀材料的键。由于不同材料的化学路径非常不同，因此可以设计具有无限选择性的刻蚀工艺。相比之下，RIE 使用能量为几百电子伏特（eV）的离子。这远远超过了打破刻蚀材料关键键所需的能量。该工艺过程对其具有选择性的材料键也将被打破。结果是基于刻蚀速率差的有限选择性。因此，将物质沉积工艺添加到 RIE 工艺中，以沉积不需要刻蚀的保护层，同时在需要刻蚀的位置进行刻蚀。

2.1.4　轮廓

离子的使用使刻蚀过程具有方向性或各向异性。结合选择性刻蚀掩模，可以创建垂直或接近垂直的形貌。垂直横截面的最终形状称为刻蚀轮廓。理想情况下，该横截面为正方形，但各种伪影可能导致轮廓变形。

　　非理想轮廓的原因之一是可以在垂直和水平方向刻蚀的中性粒子的影响。后者称为各向同性刻蚀，可以通过降低温度、选择反应性较低的中性粒子以及添加抑制各向同性刻蚀的抑制物等方式加以抑制（Coburn，1994）。图 2.2 显示了如何表征刻蚀轮廓的常见惯例。这些术语在刻蚀界没有严格定义，并且可能因所属组织不同而异。

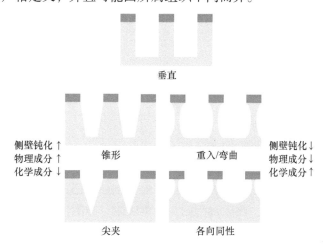

图 2.2　最常见的刻蚀轮廓的分类

2.1.5　关键尺寸（CD）

　　术语关键尺寸（CD）适用于沟槽的空间、线的宽度或孔的直径。根据测量的位置，可以区分顶部和底部 CD。如果轮廓弯曲，则该轮廓变形的最大程度称为弯曲 CD。可以以类似的方式引入更多与 CD 相关的具体术语。术语 CD 也可以应用于引入的抗蚀剂掩模。光刻 CD 和刻蚀 CD 之间的差称为 CD 偏差或 ΔCD。晶圆上的 CD 偏差均匀性与 ERNU 直接相关。CD 的重复性是晶圆到晶圆和腔室到腔室重复性的函数。

2.1.6　线宽粗糙度和线边缘粗糙度（LWR 和 LER）

　　线边缘粗糙度（LER）是仅一个边缘的粗糙度，并考虑了线条弯曲的影响。线宽粗糙度（LWR）定义为线宽的变化。该参数考虑线两侧的粗糙度。由于线条弯曲影响线的两个边缘，LWR 通常不包括它。

2.1.7　边缘放置误差（EPE）

　　边缘放置误差（EPE）定义为两个形貌的边缘相对于其预期目标位置的相对位移。CD 偏差、LER 和 LWR 是 EPE 的组成部分，它还考虑了光刻套刻误差和其他一些因素的贡献。

2.1.8　深宽比相关刻蚀（ARDE）

　　该参数衡量刻蚀速率随着形貌的演变和深宽比增加的变化。具有垂直侧壁形貌的深宽比

（AR）定义为形貌深度与宽度的比值（AR = d/w）。对于非垂直轮廓，也使用平均或最小宽度。深宽比相关刻蚀（ARDE）的根本原因是刻蚀物种输运到形貌内部的刻蚀表面。对于具有一种刻蚀物种的刻蚀工艺，例如低压自由基刻蚀，由于输运成为限制步骤，刻蚀速率随着深宽比的增加而减慢。RIE 利用离子和中性粒子的联合效应进行刻蚀。离子和中性粒子具有不同的角度分布，因此，随着形貌深宽比的不断发展，到达刻蚀前端的通量将不同程度地衰减（Gottscho 等人，1992）。我们将在第 3.1 节、4.2 节、5.2 节、6.2 节、7.2 节和 8.1 节中探究每种刻蚀技术的 ARDE 根源。

2.2   物理吸附和化学吸附

化学改性表面层是化学增强刻蚀的先决条件（见图 2.1）。在干法刻蚀中，该改性层是通过吸附，特别是化学吸附、扩散和离子注入形成的。

分子、原子或自由基以热能接近表面，在那里它们反弹（散射）或粘附形成键，从而将动能转化为势能。当进入的粒子与表面形成弱键，例如范德瓦尔斯键和氢键时，该过程称为物理吸附。当形成共价键时，吸附过程归为化学吸附。吸附过程可以通过绘制势能作为表面原子（吸附剂）和入射原子或分子（吸附质）之间距离的函数来说明。势能是吸附质和吸附剂之间吸引力和斥力的总和，可以用数学方式表示，例如，Lennard – Jones 或 12 – 6 势能：

$$V_{LJ} = \varepsilon \left[\left(\frac{r_m}{r} \right)^{12} - 2 \left(\frac{r_m}{r} \right)^{6} \right] \tag{2.1}$$

式中，ε 是势阱的深度；r 是原子之间的距离；r_m 是电势达到其最小值的距离。图 2.3 显示了作为吸附剂和吸附质之间距离 r 函数的势能。当吸附质分子靠近表面时，相互作用首先是

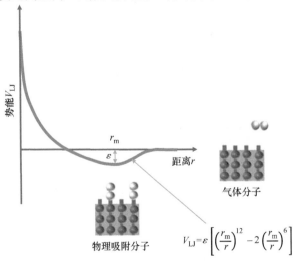

图 2.3   吸附剂 – 吸附质系统的 Lennard – Jones 势能

吸引的，直到排斥力占上风。当净势能最小时，达到平衡距离。这种表示法一般适用于化学键的形成。

这个概念可以应用于干法刻蚀中化学物质的吸附：分子和自由基。图 2.4 所示为分子离解吸附的 Lennard – Jones 图 （自由基吸附见图 5.1）。由于化学稳定的分子具有饱和键，它们首先通过平衡距离为 r_1 的长程范德华力与表面相互作用。当分子靠近表面时，形成分子的原子开始与表面形成单独的键，因此分子离解。具有较低势能的新平衡距离 r_2 表征了这些化学吸附原子。

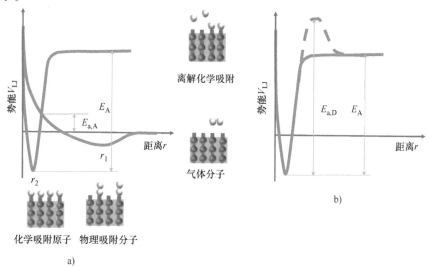

图 2.4　离解吸附的 Lennard – Jones 图

能量势垒 $E_{a,A}$ 由分子和原子 Lennard – Jones 曲线的交叠形成。该势垒是吸附的活化能。它划分物理吸附和化学吸附的平衡状态，是离解的屏障。如果有足够的动能，也就是说在足够高的温度下，这个势垒是可以克服的。当表面温度足够高时，一些物质可以从表面解吸。因为分子被分解成原子，所以离开表面的物种以原子的形式离开。

例如，干法刻蚀中经常使用的气体是 Cl_2、H_2 和 O_2，这些气体分解成自由基，自由基是原子或分子碎片，带有未配对的电子，具有高度反应性。离解吸附活化势垒的存在意味着该过程与温度有关，可以用阿伦尼乌斯方程描述：

$$R_A = k_0 e^{-E_{a,A}/RT}(1 - \theta_A) \qquad (2.2)$$

式中，R_A 是吸附速率；k_0 是速率常数；$E_{a,A}$ 是吸附活化能；R 是普适气体常数；θ_A 是吸附表面覆盖率。普适气体常数等于玻耳兹曼常数乘以阿伏伽德罗常数：$R = k_B N_A$。

2.3　解吸

解吸是分子或原子离开表面的过程。根据吸附质 – 吸附剂键的性质和用于打断它的能量形式，存在多种解吸机制。这些解吸机制对于刻蚀非常重要。

　　在热解吸的情况下，解吸速率是表面温度的函数。固态材料的温度是固体中原子振动能量的量度。原子的能量并不都相等，它们遵循某种分布。原子振动与声波有关，在量子力学粒子表示法中称为声子。例如，非相互作用量子力学声子的能量遵循玻色－爱因斯坦统计分布。能量分布的存在表明，对于给定的温度，存储在键的振动中的能量有可能导致其断裂。键能越低，键被打断的概率越大。通过弱范德瓦尔斯键或氢键（键能通常在 10～100meV 范围内）结合到表面的原子将在比化学吸附的原子或分子解吸低得多的温度下解吸，后者原子或分子与表面形成更强的共价键（键能通常在 1eV 左右）。这就是为什么物理吸附发生在相对较低的温度下。当原子的振动能随着表面温度的升高而增加时，从统计学上讲，最弱的键将首先断裂。在均质材料中，所有键都是相似的，因此，体材料将在足够高的温度下升华。

　　化学吸附削弱了表面与体区的键。这是因为原子之间共价键的强度与共价电子位于这些原子之间的概率成正比。因此，与表面原子结合的吸附质通过改变电子密度来削弱其与表面的结合。这可能导致图 2.1 所示的情况。提高温度将在比均质体材料更低的温度下破坏表面和体原子之间的键。结果，只有固体材料的顶层被去除。因此，化学吸附通过热解吸实现化学辅助刻蚀，如图 2.5 中的 Lennard－Jones 图所示。一条新的 Lennard－Jones 势能曲线添加到其中，用虚线表示，以表示新形成的分子的势能，该分子包含至少一个表面原子和另一表面原子。

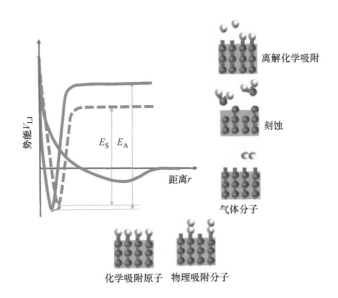

图 2.5　热刻蚀的 Lennard－Jones 图

解吸速率可用阿伦尼乌斯方程描述：

$$R_{\mathrm{D}} = k_0 \mathrm{e}^{-E_{\mathrm{a,D}}/RT} \theta_{\mathrm{A}} \tag{2.3}$$

式中，R_D 是解吸或刻蚀速率；$E_{a,D}$ 是解吸或刻蚀的活化能。活化能 $E_{a,D}$ 分别与解吸和热刻蚀的吸附能 E_A 和表面能 E_S 相关。$E_{a,D}$ 考虑了反应动力学和相应的能量势垒，而 E_A 和 E_S 仅表示生成焓，没有考虑活化势垒（见图 2.4）。当然，这是一个非常简化的表示。

2.4 表面反应

离解吸附是一种通过表面的反应，但它不一定会导致表面原子的去除或刻蚀。为了进行刻蚀，表面上的原子必须重新排列成包含至少一个表面原子的分子。这些新形成的分子必须以比吸附的分子或原子本身更低的能量解吸。例如，F_2 可以物理吸附在硅表面，并分解成化学吸附的 F 原子，从而形成 SiF_x。SiF_x 与硅的键比 F 弱。因此，在该系统中，加热含氟硅样品可去除 SiF_2 和 SiF_4（Engstrom 等人，1988）。

在图 2.5 中，反应坐标从系统化学吸附原子/表面到反应产物/表面的转变由箭头表示。在最简单的情况下，这只是对键表示形式的改变。实际上，这种转变可能涉及化学反应，以重新排列键并形成新的分子。在这种情况下，解吸坐标之间的转变涉及具有自身反应坐标和能量势垒的化学反应。如果反应的能量势垒高于解吸势垒，则该反应将是速率限制步骤。

从先前氟刻蚀的硅表面去除氟而不损失任何额外的硅原子是一项挑战。在这种情况下，必须使用另一种表面反应，例如与水蒸气的反应，以除去 HF 形式的氟。涉及两个或更多分子或原子的多重表面反应也是热 ALE 的机理，将在第 4.1 节中介绍。

通过计算吉布斯自由能 $\Delta G°$，可以预测表面反应进行的可能性：

$$\Delta G° = \Delta H° - T \cdot \Delta S° \tag{2.4}$$

式中，$\Delta H°$ 是焓的变化，表示反应热；$\Delta S°$ 是反应的熵变化，反映了系统有序性的变化；上标表示标准温度和压力，分别为 273.15K 和 $10^5 Pa$。化学反应的吉布斯自由能可以使用商用软件程序计算。

当式（2.4）中 $\Delta G°$ 为负值时，则该反应在热力学上是有利的，并且称为自发的。需要自发反应来实现热刻蚀和热 ALE。因此，热力学计算是热刻蚀反应可行性的第一次检查。$\Delta H°$ 和 $\Delta S°$ 的单个值为刻蚀反应的温度行为提供指导。负 $\Delta H°$ 意味着反应是放热的。平衡将发生变化，有利于在较低的温度下进行刻蚀。如果 $\Delta S°$ 是负的，也更有利于反应在较低温度下进行。即使刻蚀反应在热力学上是有利的，反应动力学也可能阻碍有意义的刻蚀速率。反应路径可能包括必须克服的活化能势垒。这些势垒决定了反应速率。反应动力学的计算要复杂得多。

涉及一种以上吸附质的表面反应可根据其动力学进行分类，如图 2.6 所示。在 Langmuir - Hinshelwood 机制中，两个分子吸附在相邻的位置上，被吸附的分子发生反应。对于 Eley - Rideal 反应，只有一个分子吸附，另一个分子直接从气相中与之反应，例如，通过直接碰撞。

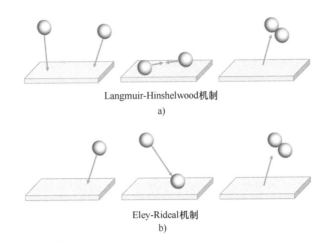

Langmuir-Hinshelwood机制
a)

Eley-Rideal机制
b)

图 2.6　Langmuir – Hinshelwood（图 a）和 Eley – Rideal（图 b）表面反应机制示意图

2.5　溅射

溅射是通过高能（数个 10eV）粒子（如离子或快原子）的轰击来喷射表面原子的过程。除了刻蚀，溅射还用于沉积［物理气相沉积（PVD）］和分析技术，例如二次离子质谱（SIMS）。溅射是在 1852 年发现的，但直到大约 100 年后，人们才了解其潜在机制。直到发现所谓的 Wehner 斑点，溅射才被归因于一系列原子碰撞过程，而不是局部蒸发的结果（Wehner，1955）。

溅射通常由碰撞级联理论描述，该理论最初是作为确定快中子产生的辐射损伤量的工具开发的（Sigmund，2012）。这种级联可以使用二元碰撞近似（BCA）模拟方法进行理论处理，该方法将能量传递计算为两个原子之间的二元弹性碰撞：

$$\frac{E_2}{E_1} = \frac{4M_1 M_2}{(M_1 + M_2)^2}\cos^2\theta \qquad (2.5)$$

散射角 θ 是两个原子之间排列（称为碰撞参数）和原子间势的函数。式（2.5）表明，对于具有相似质量的原子，能量传递是最有效的。氢等非常轻的原子不能有效地传递能量。它们可以深入材料并在材料内部造成损伤。例如，当选择含有氢的等离子体（例如 HBr）进行刻蚀时，这一点很重要。一个例子是含 HBr 的 RIE 过刻蚀的栅极氧化物下方的损伤（见第 7.3.2 节）。

在碰撞级联中，如果向表面原子施加动量的能量大于表面结合能，则该原子可以根据其动量矢量的方向从表面喷射出来。撞击离子的能量在几个反冲原子之间共享。原子从表面溅射的最小能量大于键能，通常约为键能的 10 倍。例如，硅的键能为 4.7eV（Yamamura 和 Tawara，1996），而在正入射下观察到的 Ar 离子碰撞硅溅射的最低能量为 30~40eV（Oostra 等人，1987）。后一个值称为溅射阈值能量 E_{th}。

通过碰撞级联的溅射有两个重要的含义。首先，溅射总是伴随着对溅射材料的一些损伤。在晶体材料中产生空位和间隙。根据离子能量和剂量，晶体材料的表面区域可以变成非晶态。能量在 10～200eV 之间的氩离子的分子动力学（MD）模拟揭示了离子诱导的损伤和表面再结晶之间的动态平衡（Graves 和 Humbird，2002）。在 200eV 下非晶化的表面可以在 10eV 下再结晶，但再结晶区域并非没有缺陷。溅射所使用的能量超过键能量级这一事实也大大降低了涉及离子的刻蚀技术的选择性。这会降低刻蚀选择性（见第 7.2 节）。

其次，由于碰撞级联的性质，碰撞离子不仅在垂直方向上，而且也在水平方向上穿透固体表面。这种效应称为蔓生。由一次离子触发运动的原子也表现出蔓生。图 2.7 显示了位移原子的轨迹，表示 1000eV Ar⁺ 离子在法线方向（0°到表面）和 45°到表面的碰撞级联（Berry 等人，2020）。碰撞级联的水平方向运动清晰可见。蔓生会对 RIE 刻蚀的形貌侧壁造成损坏（Eriguchi 等人，2014）。

图 2.7　左图（图 a）：导致原子 1 和 4 溅射的一系列碰撞过程。资料来源：改编自 Sigmund（2012）。第一次碰撞中撞击离子反冲并在第二次碰撞中溅射表面原子的情况也称为"单次撞击机制"，并且发生在 10～30eV 范围内的离子能量上，即在溅射阈值附近。右图：1000eV Ar⁺ 离子以 45°（图 b）和 0°（图 c）的角度撞击硅表面，在硅中产生碰撞级联。资料来源：Berry 等人（2020）

溅射效率的度量指标称为溅射产率。它等于每个入射离子的溅射原子数。溅射率可以在已知离子通量的情况下进行计算。溅射产率 Γ 与离子能量 E_i 和溅射阈值能量 E_{th} 的平方根之差成比例（Steinbruechel 等人，1989）：

$$\Gamma(E) = k(E_i^{1/2} - E_{th}^{1/2}) \tag{2.6}$$

式中，k 是一个常数，取决于撞击离子和靶材料的组合。根据式（2.6），溅射产率的增加在较高能量下减缓。Eckstein 等提出了更复杂的关系（Eckstein 和 Preuss，2003）。大量系统的溅射产率曲线可在文献中找到（Yamamura 和 Tawara，1996；Eckstein，2007）。

溅射阈值能量很难精确测量，因为产率在阈值附近接近零（Hotston，1975）。理论或半经验模型有助于推知在具有可观溅射产率的能量下测得的数据。下面给出了其中一个方程（Mantenieks，1999）：

$$\frac{E_{th}}{E_0} = 4.4 - 1.3\log\left(\frac{M_2}{M_1}\right) \tag{2.7}$$

式中，E_0 是目标材料的升华能或键能；M_1 是撞击离子的质量；M_2 是目标材料原子质量。对于升华能或键能较高的材料和较重的离子，溅射阈值较高。表 2.1 列出了用于半导体制造的材料的 Ar^+ 离子轰击溅射阈值。

表 2.1   对半导体器件刻蚀很重要的材料的 Ar^+ 离子轰击的溅射阈值

材料	溅射阈值/eV	数据来源
硅	27	Yamamura 和 Bohdansky（1985）
	~20	Oehrlein 等人（2015）
SiO₂	>50	Oostra 等人（1987）
	30	Todorov 和 Fossum（1988）
	45	Oehrlein 等人（2015）
	65	Kaler 等人（2017）
碳	34	Nishi 等人（1979）
钨	20（模拟）	Nakamura 等人（2016）
	28	Nishi 等人（1979）
钛	19	Nishi 等人（1979）
钽	32	Nishi 等人（1979）
钼	35	Nishi 等人（1979）

键能对溅射阈值的影响表明，离子溅射可以用来去除因吸附而削弱的表面层。这是实现定向或离子辅助 ALE 的机制，将在第 6.1 节中详细介绍。

溅射产率与靶离子的表面结合能成反比。如果离子停留在材料的最外表面上，则该结合能为 E_S。如果溅射原子来自于表面下方，则结合能为 E_0。升华热通常用于使用下式计算各种材料的溅射产率（Sigmund，1969）：

$$\Gamma = \frac{3f(M_1, M_2, \theta_i) 4M_1 M_2 E_i}{4\pi^2 (M_1 + M_2)^2 E_0} \tag{2.8}$$

式中，f 是 M_1 和 M_2 以及入射角 θ_i 的函数；E_0 是体原子的结合能或升华热。

当碰撞级联深入固体时，溅射的原子和分子来自表面。溅射原子的来源深度对粒子束特性不敏感，但取决于材料。它相当小，相当于原子间距离的数量级（Sigmund，2012）。

对于液态共晶 InGa 合金的 4keV Ar^+ 撞击，直接测量了溅射原子和团簇的起源深度，其中表层含有 94% 的铟，而体区含有 16.5% 的铟（Lill 等人，1994）。合金是液态的这种情况允许表面在离子轰击期间恢复平衡成分。由于这种特殊性质，混合 In 和 Ga 团簇的组成决定了它们起源的深度。结果如图 2.8 所示。虽然原子、二聚体和三聚体起源于最上表面，但是包含 6 个或更多原子的团簇从横截面约为 5.7 个原子的圆柱形区域中被去除。由于原子团簇的丰度随着原子数量的增加而迅速减少，几乎所有的溅射物种都起源于最上表面，尽管事实上 keV 离子轰击的碰撞级联达到表面数纳米深，如图 2.7b 所示。离子刻蚀可能的结果是，虽然从表面去除了主要的原子，但是碰撞级联会损坏几纳米深的体材料。

溅射产率和速率是离子碰撞角的函数。原因如图 2.7 所示，图中给出 1000eV Ar^+ 以 0°

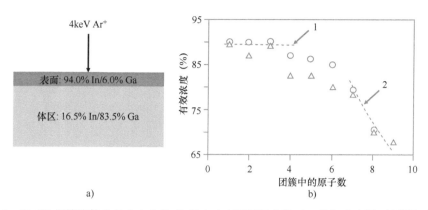

a)   b)

图 2.8　16.5% 铟镓液体共晶合金上的 4keV Ar⁺ 离子溅射中性（三角）和离子（圆圈）团簇
的有效铟浓度与团簇大小的关系。曲线 1 由基于起源深度恒定的假设的模型计算。曲线 2 表
示从横截面为 5.7 个原子的圆柱形区域团簇发射的拟合。资料来源：Lill 等人（1994）

和 45°撞击硅表面的碰撞级联。45°碰撞角的碰撞级联更靠近表面，因此产生更多的溅射
事件。

　　图 2.9 显示了制造磁性随机存取存储器（MRAM）器件所需材料的 500eV Ar⁺ 离子轰击
溅射速率与离子束入射角的函数关系（Ip 等人，2017）。这些曲线总体形状的特征是，在法
向入射附近有一个相对不敏感的平台，在 45°～60°附近有一峰值，并且在倾斜入射超过 70°
时溅射产率迅速衰减。对于晶体材料，可以观察到由晶格晶向引起的局部峰（Sigmund，
2012）。粗糙表面会使溅射速率的角度相关性发生畸变。

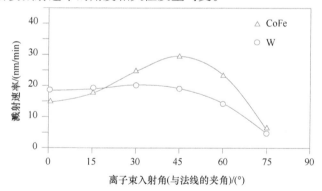

图 2.9　CoFe 和 W 的 500eV Ar⁺ 离子轰击的溅射速率作为离子束入射角的函数

　　这种角度相关性对于刻蚀有两个非常重要的影响。首先，在法向离子入射下，不可能通
过物理离子轰击来刻蚀垂直轮廓。在与溅射表面直接接触的等离子体中产生的离子就是这种
情况（见第 9.1 节）。通过物理溅射刻蚀的轮廓显示出锥形侧壁，因为 90°的溅射产率是 0。
为了获得垂直轮廓，必须利用化学效应。该方法将在第 7.2 节讨论。在没有化学介入的情况
下，可使用具有离子入射撞击角可变的离子束工具（见第 8.1 节）。

　　其次，碰撞角接近 90°的掠入射离子不会导致溅射，而是引起离子散射。这种效应对于
将离子和快原子传输到高深宽比形貌的底部非常重要，第 7.3.3 节将对此进行讨论。

半导体制造中使用的很多材料是化合物，例如 SiO_2、SiN、HfO_2 等。多组分材料的溅射更为复杂。例如，对合金的离子轰击在一个可能远超溅射原子起源深度的深度范围内产生成分变化（Sigmund，2012）。化合物材料的溅射是优先的，也就是说是非化学计量的。二元材料的溅射速率之比可由下式表示（Sigmund，2012）：

$$\frac{\Gamma_j}{\Gamma_k} \sim \frac{c_i}{c_j} \left(\frac{M_k}{M_j}\right)^{2n} \left(\frac{E_{0,k}}{E_{0,j}}\right)^{1-2n} \tag{2.9}$$

式中，j 和 k 表示材料的两个成分；Γ 是溅射产率；M 是原子质量；E_0 是结合能；n 是表征低能量下能量损失截面的幂指数。根据式（2.9），具有较低质量和较低结合能的元素将优先溅射。这对定向或离子辅助 ALE 有影响，将在第 6.1.2 节中详细讨论。从 Seah 和 Nunney（2010）的一篇综述论文中可以找到关于化合物材料溅射产率的更详尽信息。

2.6   注入

离子或快原子以几百电子伏特或更高的能量撞击表面，产生碰撞级联和原子位移，如第 2.5 节所述。高能粒子还将通过在特征深度附近停止和积累来改变材料的组成。在 RIE 中，活性粒子的吸附和注入同时发生。离子注入会在 RIE 刻蚀期间造成器件损伤。第 7.3.2 节将讨论注入对 RIE 结果的影响。

注入也可以在金属的热 ALE 的改性步骤中进行（Chen 等人，2017b）。注入的原子可以与周围的基体形成化学键，形成新的化合物材料。通过适当选择注入元素，可以削弱注入区域中的键，并且可以实现刻蚀。第 6.1.1 节将介绍这种影响。

要了解注入对刻蚀的影响，重要的是要了解注入离子的深度分布与其能量和质量以及固体的原子质量的函数关系。类似"在栅极刻蚀过程中，氢将进入栅极氧化物下方的硅中有多深？"或者"在 ALE 改性步骤中，我应该使用什么离子能量来氧化 1nm 的铁？"之类的问题，需要离子注入基础知识。

在大多数情况下，注入离子的分布可以近似为高斯分布。注入浓度峰值的深度称为投影射程 R_p，分布的宽度称为纵向投影偏差 ΔR_p。投影射程是粒子在固体中行进时减速速度的函数。有两种阻止机制：核阻止和电子阻止。较重和较慢的原子通过二元弹性碰撞与基底原子碰撞。这种效应被称为核阻止。它导致原子位移和晶体损伤。能量高于 2keV 的更轻和更快的原子与基底原子的电子壳层相互作用，导致非弹性能量损失。通过电子阻止而损失的动能被转换成热量。

Lindhard、Scharff 和 Schiott 首先确立了阻止和注入距离理论，通常称为 Lindhard、Scharff 和 Schiott（LSS）理论（Lindhard 等人，1963）。自那时以来，已经开发了包括核阻止和电子阻止在内的几种半经验阻止能量公式，其中包括 Ziegler、Biersack 和 Littmark 的阻止模型（ZBL 模型）（Ziegler 等人，1985）。广泛使用的"物质中的离子传输"（TRIM）和"物质中离子的阻止和范围"（SRIM）程序利用了 ZBL 模型。表 2.2 显示了与刻蚀能量相关的离子/固体组合的投影射程和偏差。

表 2.2 与半导体器件刻蚀相关的系统和能量的投影射程和偏差

	200eV		500eV		1000eV		5000eV	
	R_p/Å	ΔR_p/Å	R_p/Å	ΔR_p/Å	R_p/Å	ΔR_p/Å	R_p/Å	ΔR_p/Å
非晶硅								
H^+	68	36	128	68	217	107	760	290
Br^+	18	4	25	7	35	10	8	27
非晶碳								
H^+	50	27	105	51	190	86	690	215
Br^+	15	2	22	3	30	5	70	15
钨								
H^+	37	20	62	34	100	53	510	160
Br^+	6	3	8	5	12	7	26	16

资料来源：Berry 等人（2020）。

表 2.2 给出了 H^+ 和 Br^+ 离子注入非晶碳、硅和钨的投影射程和偏差。这些值是使用 TRIM（Berry，2020）计算得出。有几个趋势是显而易见的。氢离子比溴离子渗透得更深。投影射程按硅 > 碳 > 钨的顺序增加。通常，离子更深地渗透到原子质量较小的材料中。然而，碳的投影射程小于硅，因为碳的原子密度远大于硅的原子密度。计算中使用了碳密度 1.3×10^{23} 原子/cm^3 和硅密度 5×10^{22} 原子/cm^3。

为了改性约 1nm 的厚度，需要 100eV 的离子能量。这远远高于大多数材料的溅射阈值（见表 2.1）。这意味着有意义射程的注入伴随着溅射。如果使用注入来改性表面以实现刻蚀，则必须考虑材料损失（Chen 等人，2017a）。溅射还限制了注入物种的最大浓度。Liau 和 Mayer（1978）提出了 keV 能量范围内最大浓度的模型。Liau 发现，作为经验法则，可以估计最大浓度将与优先溅射因子除以总溅射产率成比例。由于较低质量元素倾向于优先溅射，因此可以在衬底中获得比较轻元素浓度更高的重元素浓度。

2.7 扩散

扩散是分子从高浓度区域到低浓度区域的运动。刻蚀通过吸附（见第 2.2 节）和注入（见第 2.6 节）在表面产生高浓度的活性物质。刻蚀形貌的表面和体区之间的浓度差将驱动扩散过程，这可能是有意的，也可能是无意的，具体取决于特定的刻蚀技术。

直到最近，由扩散引起的表面氧化并不是刻蚀中非常重要的机制，因为器件相当大，并且 RIE 和其他刻蚀技术在扩散相对缓慢的近室温下进行。先进器件的情况正在发生变化，其尺度只有几纳米。在刻蚀之后和清洗之前的时间内，粒子持续从表面扩散到体内。扩散作为与刻蚀相关的机制越来越重要的另一个原因是出现了基于金属的器件，如 MRAM 和相变存储器（PCM）。由于氧的扩散和由此产生的材料氧化，这些器件对环境空气暴露很敏感（见第 7.3.4 节和第 8.2 节）。

刻蚀和环境气体的扩散导致器件材料的化学氧化。两种氧化理论可应用于半导体器件：

基于 Deal – Grove（DG）的硅氧化模型（Deal 和 Grove，1965）和基于 Cabrera – Mott（CM）的金属氧化模型（Cabrera 和 Mott，1948）。两种模型都假设了不同的扩散驱动力，DG 情况下的化学势和 CM 情况下的静电力。这些驱动力的性质导致与时间和气体压力有关的不同速率，这对刻蚀应用具有深远的影响。在以下段落中，我们将简要描述这两种模型。

硅基集成电路的成功在很大程度上归功于这样一个事实：高质量的氧化硅膜，即所谓的热氧化物，可以通过硅的直接氧化来生产。热氧化在 Jean Hoerni 的平面工艺的实施中发挥了重要作用，该工艺使仙童公司在 20 世纪 50 年代末成为新兴半导体行业的领先者（Hoerni，1962）。硅掺杂是在特定位置形成半导体结所必需的，首先通过在硅晶圆表面上热生长一层氧化硅，然后在需要结的地方湿法刻蚀氧化硅窗口来实现。第一个金属氧化物半导体场效应晶体管（MOSFET）由 Kahng 和 Atala 于 1960 年在贝尔实验室发明（Kahng 和 Atala，1960）。在 MOS 晶体管中，通过控制硅和热生长氧化硅之间界面处的载流子的传导来实现信号放大。硅的局部氧化（LOCOS）在 20 世纪 70 年代早期引入（Appels 等人，1970）。

这些例子说明了硅中氧扩散对半导体行业的巨大重要性。DG 模型可以预测热生长氧化硅的厚度，作为工艺参数（如温度、时间和压力）的函数。DG 模型考虑了从气相到表面、从表面到氧化界面的氧化物种的通量，以及氧化反应消耗的氧化剂通量。这三种通量必须相等，以满足通量守恒的要求。可以导出以下表达式（Deal 和 Grove，1965）：

$$d_{ox}^2 + A d_{ox} = B(t - t_0) \tag{2.10}$$

式中，t_0 是对应于起始氧化层引起的时间坐标平移；A 和 B 是参数。当氧化时间短时，氧化层厚度是时间的线性函数：

$$d_{ox} \approx \frac{B}{A} t \tag{2.11}$$

比值 B/A 称为线性 DG 参数：

$$\frac{B}{A} = \frac{k_{ox} h_G}{k_{ox} + h_G} \left(\frac{c_G}{N_{ox}} \right) \tag{2.12}$$

式中，h_G 是气相传输系数；k_{ox} 是氧化速率常数；c_G 是气相中氧化剂的浓度；N_{ox} 是单位体积氧化层中掺入的氧化剂分子数。

在现在的刻蚀条件下，气相传输不是氧化的速率限制步骤。压力乘以时间的单位称为朗缪尔（L）。10^{-6} Torr 压力下表面暴露持续 1s 对应于 1L。如果粘附系数为 1，则 1L 的暴露剂量产生约一个分子层的吸附质。典型的转移和刻蚀压力高 4 个数量级，约为 10^{-2} Torr 量级。对于非常大的 h_G，线性速率常数与氧化速率常数 k_{ox} 成比例。

对于长氧化时间，式（2.10）简化为对时间的抛物线依赖关系：

$$d_{ox} \approx \sqrt{Bt} \tag{2.13}$$

抛物线 DG 参数 B 是气相中氧化剂压力的函数：

$$B = \frac{2 D_{ox} c_G}{N_{ox}} \tag{2.14}$$

式中，D_{ox} 是氧化剂的扩散系数。D_{ox} 是温度和活化能 $E_{a,ox}$ 的阿伦尼乌斯（Arrhenius）函数：

$$D_{ox} = D_{0,ox}e^{-E_{a,ox}/RT} \tag{2.15}$$

用于刻蚀的 DG 模型的主要含义是，通过在低温下及在真空中工作，可以有效地抑制这种类型的氧化及由此引起的器件损坏。然而，一些刻蚀工艺，例如抗蚀剂去除，使用几百摄氏度的温度。当晶圆在离开工具的真空侧之前没有充分冷却时，空气中的氧气和水蒸气会导致 DG 氧化（见图 2.10）。

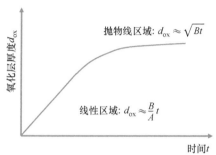

图 2.10　根据 DG 模型的氧化层厚度与时间关系的示意图

DG 模型在预测厚度低于约 10nm 的氧化初始阶段时不准确。该机制对于尺寸为 10nm 或更小的先进器件显然很重要。针对较薄的薄膜氧化，已对 DG 模型进行了各种改进。

金属氧化可以用 CM 模型描述（Cabrera 和 Mott，1948；Fehlner，1984）。该模型基于以下假设：①氧化是通过离子而不是中性粒子的扩散来维持的；②氧离子（O^-）由电子产生，电子从金属穿过金属氧化物隧穿到氧化物表面，使吸附的氧原子电离；③这在氧化物内建立了一个均匀场，该场与氧化物和金属层之间的电势差成比例，即所谓的 Mott 势 $\Delta\Phi_{Mott}/e$；④Mott 势驱动较慢的金属离子向金属氧化物/金属界面传输，在那里它们反应并有助于金属氧化物膜的生长。整个反应可以写成 $1/2O_2$（气体）$+2e$（金属）$\rightarrow O_2^-$（表面）；⑤薄膜非常薄，以至于溶解离子建立的任何空间电荷的影响都可以忽略不计。

由于 $\Delta\Phi_{Mott}$ 是由电子隧穿产生的，因此 CM 模型仅限于薄的薄膜，膜厚度通常低于 10nm。当假设电子通过热电子发射或通过半导体氧化物传输时，它可以扩展到更厚的薄膜。速率限制步骤是将金属离子注入金属氧化物中的间隙位置或在金属氧化物表面产生金属空位。由于与上述 DG 模型相同的原因，吸附速度非常快。氧离子扩散也非常快，因为它是由 $\Delta\Phi_{Mott}$ 驱动的。然而，电场与膜厚度成反比。因此，CM 氧化物生长具有以下特性：①CM 氧化最初非常迅速，但在形成 2～10nm 薄膜后，几分钟或几小时后降至非常低或可忽略的值。CM 氧化似乎是一个准自限过程。②CM 氧化发生在低温下。铝在室温下表现出这种行为；铜、铁、钡和其他金属在液态空气温度下也有同样的行为（Cabrera 和 Mott，1948）。③对于半导体制造中使用的典型真空条件，CM 氧化与压力无关（工艺和真空转移室中为几十毫托；从器具到器具的运输过程中为大气压）。④由于 $\Delta\Phi_{Mott}$ 是 1～2V 量级（Cabrera 和 Mott，1948），温度的影响很小。然而，CM 模型预测了临界温度的存在，高于该临界温度，氧化物生长不是自限制的。高于此温度，氧化物生长减慢，但不会完全停止。该临界温度近似等于 $(H_{sol} + E_{a,diff}) \times 39\kappa$，其中，$H_{sol}$ 是正离子的溶液焓，$E_{a,diff}$ 是扩散活化能，κ 是介电常数。

对于 CM 模型，氧化层厚度是时间的对数函数倒数：

$$d_{ox}^{-1} = k_1 - k_2 \ln(t) \qquad (2.16)$$

式中，k_1 和 k_2 是参数。图 2.11 显示了铝在 10℃ 下 CM 氧化的实验结果（Cabrera 和 Mott，1948）。

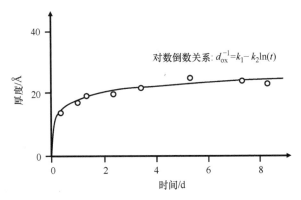

图 2.11　根据 CM 模型，氧化铝的厚度作为时间的函数，显示
出对数倒数行为。资料来源：基于 Cabrera 和 Mott（1948）

CM 氧化对于先进形貌的刻蚀非常重要并且可能会减少，原因有三：①自限制氧化层厚度在最终尺寸的范围内；②它在几分钟内发生；③不能通过降低压力或温度来抑制。

并非所有金属都通过 CM 机制氧化。图 2.12 显示了在 2.5mTorr 的氧等离子体中氧化钴、铜、铁、钯和铂后，用 X 射线光电子谱（XPS）获得的实验结果（Chen 等人，2017a）。等离子体被电感耦合并用 500W 的射频功率激励，这产生 5eV 的离子能量，该能量太低而不能引起溅射。数据分析表明，活性金属钴、铜和铁遵循时间对数倒数的速率定律（CM），而贵金属钯和铂的氧化可以用抛物线关系（DG）来描述。

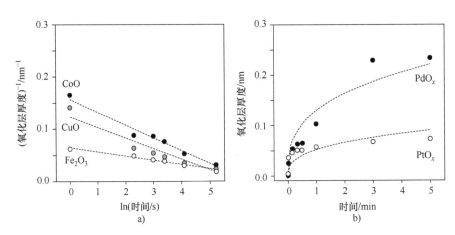

图 2.12　各种金属氧化的实验和建模结果。资料来源：Chen 等人（2017a）。©2017，美国真空学会

2.8　三维形貌中的输运现象

先进的半导体器件包含深宽比为 50 或更高的结构。图 2.13 显示了在单晶硅中刻蚀的深宽比为 80∶1 的孔洞结构,以形成所谓的深沟槽动态随机存取存储器(DRAM)器件中的电容(Lill 和 Joubert,2008)。显然,对这种结构来说,从这种高深宽比结构中将离子和反应中性粒子输运到反应产物的刻蚀前端是一个挑战。

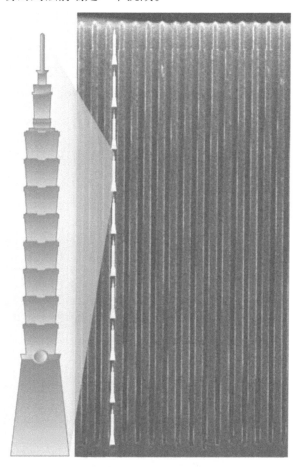

图 2.13　先进 DRAM 和 NAND 器件中的孔洞和沟槽微结构达到了非常高的深宽比。该图显示了在硅中刻蚀的深宽比为 80∶1 的孔洞。台北 101 大楼微缩到沟槽渠宽度,可以容纳 10 倍的沟槽。资料来源:Lill 和 Joubert(2008)

2.8.1　中性粒子输运

在 RIE 和 ALE 工艺条件下,气相中碰撞的平均自由程远长于微观结构的特征尺寸。不包括与体等离子体中离子的电荷交换反应产生的快中性粒子,中性角分布几乎是各向同性的，能量分布几乎是麦克斯韦分布。如果只有轨迹在形貌底部的撞击点和顶部的开口所形成的立体角内的中性粒子才能到达刻蚀前端，刻蚀速率的衰减将非常快。因此，中性粒子阴影的这种影响并不是控制刻蚀形貌内部中性粒子输运的唯一影响（Gottscho 等人，1992）。另外的中性粒子通过一种叫作 Knudsen 扩散的机制到达底部。Knudsen 扩散考虑了中性粒子与形貌侧壁的相互作用。

形貌底部和顶部的中性粒子通量之比可以表示为粘附系数 s 和传输概率 K 的函数，传输概率 K 是入射在垂直壁圆孔或沟槽的顶部的随机定向分子将到达另一端的概率（Coburn 和 Winters，1989）：

$$J_{n,t} - (1 - K)J_{n,t} - K(1 - s)J_{n,b} = sJ_{n,b} \tag{2.17}$$

该表达式中的第一项是形貌顶部的中性粒子通量；第二项表示入射通量的一部分，其从形貌反射回来而不到达底部表面；第三项表示到达底部表面但不反应并最终通过开口端逃逸的物质；等式右侧的项表示刻蚀底部表面所消耗的物种（Coburn 和 Winters，1989）。中性粒子通量的衰减可以写为

$$\frac{J_{n,b}}{J_{n,t}} = \frac{K}{K + s - Ks} \tag{2.18}$$

各种深宽比管和槽的 K 值表可在真空技术标准文本中找到。式（2.18）描述了中性或自由基刻蚀的 ARDE。中性 ARDE 对粘附系数 s 非常敏感。图 2.14 描述了在两种不同工艺条件下，衬有氧化硅的高深宽比结构内电感耦合氟等离子体的多晶硅刻蚀速率随深宽比的变化。使用原位干涉法测量瞬时刻蚀速率。当用式（2.18）拟合实验数据时，可以导出氟原子与氧化硅表面的有效粘附系数在 0.03 ~ 0.11 之间。图 2.14 中实线显示了粘附系数为 1 的最坏 ARDE 情况。

Knudsen 扩散假设物质被"漫反射"，这意味着在所有方向上的概率大致相同。显然，如果中性粒子在与形貌侧壁相互作用时能够保持尽可能大的前向动量，则到形貌底部的通量将更大。中性粒子如何与固体表面相互作用已在分子束表面散射实验中得到广泛研究。当气体粒子与固体表面碰撞时，它可以弹性或非弹性地相互作用。在弹性散射的情况下，反射角将接近碰撞角，这称为镜面反射。这是将中性粒子输运到高深宽形貌的理想场景。然而，由于刻蚀中使用的大多数中性粒子是反应性的，它们将与表面相互作用，散射很可能是非弹性的。

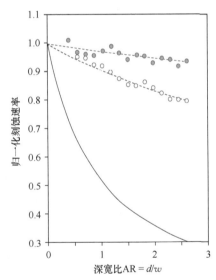

图 2.14 从衬有氧化硅的沟槽中刻蚀多晶硅的氟等离子体的归一化刻蚀速率作为深宽比的函数。资料来源：Lill 等人（2001）

对于非弹性散射，可以区分三种情况。在第一种情况下，分子可能失去足够多的能量，从而被捕获或吸附在表面上（见第 2.2 节）。如果吸附的分子随后被解吸，它将继续对刻蚀

形貌内部的中性粒子通量做出贡献。由于这些分子有机会与表面达到平衡，它们很可能以余弦空间分布和以表面温度表征的麦克斯韦速度解吸（Somorjai 和 Brumbach，1973）。这种情况如图 2.15 中的曲线 b 所示。这意味着它们的方向性将低于原始中性粒子。这是 Knudsen 扩散中要考虑的场景。

在第二种情况下，分子可能会失去一些能量，但仍会直接散射回气相。散射角取决于相互作用的细节，但一般而言，这些中性粒子散射接近镜面，如图 2.15 中的曲线 a 所示。这些散射的分子继续向形貌底部移动。在第三种相互作用中，分子可能失去不太多的能量来吸附，但也不会立即散射。它们成为沿着表面"跳跃"或扩散的分子。

从概念上讲，当中性粒子弹性散射或镜面散射时，可以获得最佳刻蚀结果，这意味着没有化学相互作用，但以高概率粘附到刻蚀前端。这似乎是两个相互矛盾的要求。散射在侧壁上掠过并且垂直于刻蚀前端这一事实很有帮助。对于定向刻蚀，侧壁的组成不同于刻蚀正面，因为钝化层保护侧壁。这也有助于降低中性粒子对侧壁的粘附系数，同时保持刻蚀表面的反应性。虽然我们了解这些机制的存在，但是实际实现是一项挑战。还有很多有待于实验测试，例如在 RIE 情况下高温（>150℃）

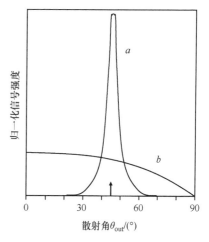

图 2.15　中性束的角度分布。曲线 a：镜面散射束的角度分布，$\theta_{out} = \theta_{in}$。箭头表示入射角 θ_{in}。曲线 b：具有余弦角分布的散射束

和低温（<50℃）的探索。分子散射将成为热或各向同性 ALE 的一个更重要的机制，因为可以形成大而脆弱的分子（见第 4.2 节）。

中性粒子通过表面扩散的输运对于刻蚀很重要。当被吸附的原子被热激活时，它们可以从一个吸附位点跳到下一个空位点。相应的表面扩散系数可由类似于式（2.14）中的体扩散系数的阿伦尼乌斯方程描述：

$$D_S = D_{0,S} e^{-E_{a,S}/RT} \tag{2.19}$$

表面扩散的活化能 $E_{a,S}$ 是被吸附原子从一个吸附位点移动到下一个吸附位置的能量势垒高度。该能量为解吸热 E_A 的 5% ~20%。表面扩散可根据覆盖率 Θ 进行分类。对于低 Θ，发生示踪剂扩散，而对于中 Θ 和高 Θ，该过程称为化学扩散。后一种机制适用于刻蚀，因为刻蚀工艺被设计为产生具有有意义的粘附系数的大通量活性物质。吸附原子之间的吸引和排斥相互作用影响化学表面扩散速率。

表面扩散的存在可能在具有如此高深宽比的形貌刻蚀中起作用，使得只有可忽略的中性粒子通量直接到达底部的刻蚀前端而不与形貌侧壁碰撞。中性粒子可在低到足以防止解吸但高到足以允许化学表面扩散的温度下吸附在侧壁上。一旦它们到达形貌的刻蚀底部，它们就聚集在那里并有助于刻蚀。这种机制可以解释低温下氧化硅和氮化硅中高深宽比形貌的一些高刻蚀速率。

2.8.2　离子输运

由于电荷的作用，离子可以朝着刻蚀表面加速，并且它们的动能比中性粒子高几个数量级。在高深宽比形貌的底部创建大离子通量似乎是一个简单得多的任务。然而，低温等离子体中的离子密度比中性粒子密度低几个数量级（见第9.1节）。因此，缩小角度分布是刻蚀技术发展中需要持续努力的。第7.3.3节将对此进行讨论。

基于离子如何在等离子体中产生及如何在等离子体鞘层中或通过附加的提取格栅加速，离子具有一定的有限角分布。这意味着一些离子将撞击形貌侧壁，在那里它们被注入、被散射或被溅射表面原子。侧壁上的散射与溅射事件的百分比大当然优选用于刻蚀具有低 ARDE 的垂直轮廓。

如第2.5节所示，对于从表面法线接近90°的离子入射角，溅射产率变为零。在这些撞击角下，离子从表面散射出去，而没有将足够的能量转移到表面以引起有意义的溅射。这如图2.16所示，其中显示了 600eV Xe$^+$ 离子与硅碰撞时溅射速率（图 a）和离子反射系数（图 b）的角度依赖性模拟结果（Teichmann 等人，2014）。图 2.16 说明了从表面法线的入射角超过60°时，从注入和溅射到散射的转变。入射角大于60°时，几乎所有的离子都是散射的。

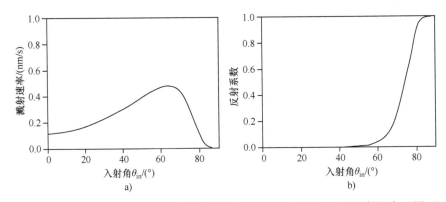

图 2.16　基于 TRIM 计算，对于不同材料系统的 600eV Xe$^+$ 离子，硅的溅射速率（图 a）和反射系数（图 b）作为入射角的函数。使用 300μA/cm^2 的离子电流密度计算溅射速率。资料来源：Teichmann 等人（2014）

虽然根据宏观射弹的经验，这种行为凭直觉是有道理的，但是原子层面上的基本物理是复杂的，而且还没有一个封闭的理论来处理离子的极端掠入射散射。各种复杂的理论阐明了表面散射的各个方面（Winter，2002）。

从单晶表面的离子散射研究中可以获得一些见解，单晶表面是完全有序和周期性的。当入射离子与这种表面上的目标原子碰撞时，它会被原子间势排斥。目标离子后面的一些空间对于散射的入射离子是不可接近的。这种效应称为阴影或阻挡，并产生所谓的散射或阻挡锥。图2.17a中的二维图显示了此类圆锥体的示例。这里，单离子 – 原子碰撞的撞击参数是连续变化的。目标原子后面的禁区具有抛物面形状，其半径 r 可表示为（Stensgaard 等，1978）

$$r = 2\sqrt{\frac{Z_1 Z_2 e^2 d}{E_i}} \tag{2.20}$$

式中，E_i 是入射离子的动能；Z_1 和 Z_2 是入射离子和目标或表面原子的原子序数；e 是基本电荷；d 是相邻原子之间的距离。离子通量在阴影锥边缘附近增加，从而产生聚焦效果。对于某一入射角（称为临界角），圆锥的边缘与相邻原子相交，如图 2.17b 所示。结果是聚焦的离子通量撞击下一个表面原子并再次散射。这种效应被称为表面沟道，与注入离子的沟道有关，注入离子可以在单晶材料的内部平面受到同样的效应。表面沟道导致所有入射离子的几乎完全散射和散射离子的聚焦。

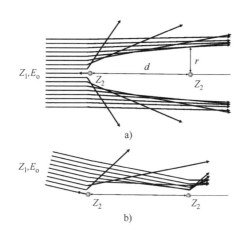

图 2.17　阻挡或散射圆锥体示意图（图 a）以及离子表面沟道的示意图（图 b）

　　侧壁散射是 RIE 刻蚀的重要机制。在保持体等离子体条件不变的情况下，形貌尺度模拟中侧壁散射处理的变化可以解释形貌形状的显著差异（Vyvoda 等人，2000）。当散射离子通量撞击侧壁时，结构可能发生弯曲（见第 7.3.3 节）。

　　然而，表面沟道效应并不直接适用于非晶或粗糙形貌侧壁上的散射。尽管如此，可以从这个理想情况中获得一些见解。式（2.20）预测了对于较高离子能量，相对于侧壁表面法线的较大入射角下的沟道。这是高深宽比刻蚀需要高离子能量的原因之一。非晶表面的散射离子通量和能量的相关性可以用蒙特卡罗法模拟（Berry 等，2020）。第 7.3.3 节将对此进行更详细的讨论。

　　离子束散射也用于探测表面缺陷，如吸附质、杂质和台阶以及电子阻挡能力。例如，一种这样的分析技术是低能离子谱（LEIS）。

　　散射离子与表面原子的电子结构相互作用，并能与散射表面交换电荷。这会导致非弹性能量损失。电荷交换的概率取决于入射粒子与目标电子的有效相互作用时间，在掠面沟道条件下和离子能量较低时，有效相互作用的时间较长。对于具有较低功函数的材料，例如金属，电荷转移也得到增强。低速离子在散射过程中大多被中和。

　　实验结果表明，对于 keV 范围内的离子能量，只有 1% ~5% 在从金属表面散射后带电

（Robin，2003）。例如，这种效应用于通过在具有高深宽比和轻微倾斜孔的格栅中进行表面中和来产生中性粒子（Park 等人，2005；Samukawa，2006）。在高深宽比形貌的刻蚀期间，在与形貌侧壁的第一次相互作用中，表面中和使离子放电。它们作为不受局部电荷影响的中性粒子继续向刻蚀前端行进（Huang 等人，2019）。在第一次散射事件之前，离子将主要在形貌的顶部看到电荷，因此中和由电子和带正电荷的离子之间的通量不平衡引起的表面电荷非常重要。这可以通过等离子体脉冲来实现（见第 9.5 节）。

2.8.3 反应产物输运

化学辅助刻蚀技术的反应产物通常被称为"挥发性"的。从刻蚀技术的角度来看，反应产物必须满足两个条件才能被视为"挥发性"：它们必须从表面解吸，并且在从晶圆表面去除离开形貌的路上不能再沉积。通常，如果去除过程在热力学平衡中发生，并且刻蚀正面和侧壁的组成相同，则容易满足这两个条件。这是大多数热刻蚀和自由基刻蚀技术以及热 ALE 的情形。对于这些技术，不存在明显的侧壁，因为刻蚀是各向同性的，也即刻蚀在所有方向上进行。

从非晶表面解吸的分子的角分布几乎是余弦函数，反应产物将在很大程度上与形貌侧壁发生碰撞。根据刻蚀产物的复杂性和具体结构，部分离解的可能性是有意义的，这可能导致在随后的碰撞中粘附。具有复杂分子作为反应产物的热 ALE 将被更详细地讨论（见第 4.1 节）。

离子辅助解吸的情况非常不同，它不是一个平衡过程。大多数溅射物种的能量为表面结合能 E_S 的数量级，低于 10eV。一些碰撞级联可以产生能量为数十 eV 的溅射物种。实验研究表明，溅射物质的角分布是离子能量的函数。例如，在 5keV Ar^+ 离子轰击下，多晶铑的角分布是 2eV 溅射原子的余弦函数和 12eV 溅射原子的余弦平方函数（Baxter 等人，1985）。刻蚀表面暴露于离子通量，并且大部分是非晶的。因此，我们可以假设角分布在余弦和余弦平方之间，因此比入射离子通量宽得多，后者对于 RIE 和 IBE 的入射离子通量在 1°。因此，从高深宽比形貌中去除溅射物种是一个挑战。

无化学辅助的溅射刻蚀将导致严重的再沉积。这是为什么 IBE 不是半导体器件刻蚀的首选技术的原因之一。在 RIE 和定向 ALE 中，引入了反应性物质，其改性表面并形成卤化或者完全或部分氧化的分子。例如，氯化硅表面的溅射将导致 $SiCl$、$SiCl_2$、$SiCl_3$ 和 $SiCl_4$ 物种（Gou 等人，2010）。这些物种具有几电子伏特的离子能量和近余弦角分布。当它们与侧壁表面碰撞时，它们将以与溅射分子中氯原子数量成反比的概率粘附（Kiehlbauch 和 Graves，2003）。因此，刻蚀前端的充分氯化对控制侧壁再沉积很重要。另一种方法是使用卤素基团，例如 Cl^* 或 F^*，各向同性地刻蚀再沉积材料。然而，添加自由基以去除再沉积材料不是定向 ALE 的选项，因为它将引入一个不自限的工艺步骤（见第 6.2 节）。

2.9 刻蚀技术的分类

正在提出并已经用于半导体器件图案化的刻蚀技术越来越多，其命名和分类有时令人困惑。随着各种 ALE 仪器设备的出现，这种情况变得越来越严重。因此，需要一种对所有刻蚀技术进行分类的逻辑方法。

除反应性 IBE 外，所有用于半导体器件的刻蚀技术都具有削弱顶表面的化学成分，并且需要能量来去除表面原子。基于这些共同特征，使用三个分类标准是有意义的：①将表面结合能从 E_0 降低到 E_S 的表面改性方法（见图 2.1）；②用于去除的方法或能量种类；③改性和去除过程是同时进行还是以空间或时间上分离的、自限制的、顺序的步骤进行。第三个标准描述了连续刻蚀技术的 ALE 方法。

表 2.3 列出了最相关的连续刻蚀技术。RIE 是迄今为止使用最广泛和最重要的刻蚀方法。RIE 利用与晶圆接触的反应等离子体。晶圆表面暴露于反应和非反应离子、中性粒子、自由基、电子和光子同时存在的通量中。通过反应离子注入以及自由基和中性粒子的吸附和扩散对表面进行改性。同时，通过溅射和解吸完成去除。解吸可以是纯热能的，但也可以通过等离子体产生的光子和电子来增强。创建满足所有要求的 RIE 工艺是一项高度复杂的工作，仍然主要是到达平衡晶圆表面的所有粒子和能量通量的经验工作。我们将在第 7 章详细研究 RIE。

表 2.3　连续刻蚀技术的分类

去除	改性		
	注入	自由基吸附/扩散	中性吸附/扩散
溅射	RIBE、RIE	RIE	CAIBE、RIE
解吸	RIE	自由基刻蚀、RIE	热刻蚀、RIE

自由基刻蚀在去除过程中不使用离子。表面被自由基改性，自由基是具有未配对电子的原子或分子。这使得它们具有高反应性。通过热解吸去除弱化的顶表面层。这种技术在历史上也被称为化学引发刻蚀（CDE），因为离子溅射的物理成分不存在或被大大抑制。在许多设备实例中，所谓的引发源用于生成自由基。第 5 章将介绍自由基刻蚀。

热刻蚀使用分子通过吸附来改性表面。一些被吸附的原子扩散到亚表面层并改性不止一层。与自由基刻蚀的情况一样，通过热解吸完成去除。这种技术有时也称为"蒸汽刻蚀"。第 3 章专门讨论热刻蚀。

表 2.3 还列出了两种化学增强 IBE 技术，反应离子束刻蚀（RIBE）和化学辅助离子束刻蚀（CAIBE）技术。RIBE 使用活性离子，而 IBE 使用惰性气体离子，这些离子在化学上不具有活性。在这两种情况下，只有离子参与该过程。通过将反应离子注入表面来改性表面，如果使用气体混合物，则通过反应或非反应离子溅射来完成去除。RIBE 优于 RIE 的优点在于，由于离子通过格栅和与晶圆表面直接接触的等离子体加速，离子入射角可以变化。为了使 RIBE 生产有价值，必须解决格栅腐蚀等挑战。

CAIBE 使用反应性气体来改性表面，惰性气体离子来溅射弱化的表面层。反应性背景气体的压力必须足够低，以防止加速离子和背景气体分子之间的气相碰撞。第 8 章将描述 IBE 及其衍生技术 RIBE 和 CAIBE。

接下来，我们将对表面改性和去除过程在时间或空间上分离的刻蚀技术进行分类。ALE 技术属于此类。ALE 承诺满足制造 10nm 及以下节点集成电路器件的原子级保真度要求。与 ALD 类似，ALE 的特征是独立处理步骤的自限制（George，2010；Kanarik 等人，2015；Faraz 等人，2015）。自限制赋予 ALE 协同性（Kanarik 等人，2017）。对于具有 $S = 100\%$ 协同效应的 ALE 工艺，当单独应用时，没有任何步骤能刻蚀表面。仅当顺序执行步骤时才观察到刻蚀。

如果粒子剂量高到足以达到饱和，则自限制使 ALE 过程与通量无关。当在晶圆的所有位置达到饱和时，在晶圆上补偿通量不均匀性。离子和中性粒子之间传输机制的差异，导致 RIE 的 ARDE，就不那么重要了。因此，ALE 工艺原则上具有优异的均匀性以及无 ARDE。如果所有步骤都是无方向的，则 ALE 在概念上也是完全各向同性的，这意味着刻蚀在形貌内的所有方向上以相同的速率进行。第 4 章和第 6 章将讨论这种理想行为的偏差。

表 2.4 显示了 ALE 技术的分类，描述了各种表面改性和去除方法。所有这些 ALE 过程的总体特征是，改性和去除以空间或时间上分离、自限制、顺序的步骤进行。

表 2.4　原子层刻蚀（ALE）技术的分类

去除	改性		
	注入	自由基吸附/扩散	中性吸附/扩散
溅射	定向 ALE		
解吸 1（直接）	自由基刻蚀		热刻蚀
解吸 2（反应辅助）	定向 ALE	等离子体辅助各向同性 ALE	热各向同性 ALE

对于 ALE 工艺，将解吸去除细分为"解吸 1（直接）"和"解吸 2（反应辅助）"是很有见地的。虽然这两种类型的解吸很可能也存在于连续刻蚀方法（如 RIE）中，但是它们并不是有意实施的，因此为了简单起见，在表 2.3 中分组在一起。

第 2.3 节描述了"直接"解吸的基本原理。对于 ALE 体系中改性层的直接解吸，晶圆的温度必须周期循环。改性步骤必须在低于去除步骤的温度下进行，否则表面改性和去除同时进行，结果是表 2.3 中的连续刻蚀技术之一，例如热刻蚀或自由基刻蚀。具有温度循环的 ALE 面临的挑战是步骤之间的循环必须快。由于 EPC 通常只有几纳米，故整个循环不应超过几秒。根据每个温度循环所涵盖的温度范围，工程挑战可能会令人望而生畏。

作为具有温度循环的热 ALE 的替代方案，解吸也可通过第二表面反应诱导（见第 2.4 节）。在这种方法中，新的吸附质在表面形成，可以在与表面改性步骤相同的温度下解吸。该解吸机制在表 2.4 中标记为"反应辅助"。反应辅助解吸是几种热各向同性 ALE 反应的基本机制，如螯合/缩合 ALE（见第 4.1.1 节）、配体交换 ALE（见第 4.1.2 节）、转化 ALE（见第 4.1.3 节）和氧化/氟化 ALE（见第 4.1.4 节）。

氧化/氟化 ALE 的一个示例是在 250℃ 及更高的温度下交替暴露于 O_3 和 HF 中对 TiN 的刻蚀（Lee 和 George，2017）。在该过程的第一步中，O_3 吸附在表面并离解形成氧原子。它们在顶表面置换氮并将 TiN 转化为 TiO_2。TiO_2 的沸点超过 2900℃ 并且不会解吸。在第二步中，HF 与 TiO$_2$ 反应形成 TiF$_4$，TiF$_4$ 在 250℃ 以上真空中解吸（Lee 和 George，2017）。由于 HF 的反应性不足以在与 TiN 的直接反应中形成 TiF$_4$，因此去除步骤受到 TiO$_2$ 层厚度的自限制，该厚度受到氧化深度的限制。实验表明，TiO$_2$ 层形成扩散势垒，阻碍进一步氧化，并通过第 2.7 节中讨论的 DG 或 CM 氧化机制导致自限制或减速氧化反应（Lee 和 George，2017）。

当通过直接去除或反应辅助解吸与中性粒子吸附相结合时，产生的 ALE 过程称为热各向同性 ALE。术语"热"表示去除过程涉及热过程，"各向同性"反映了该过程在所有方向上以类似 EPC 进行的特性。作为中性粒子的替代，自由基可用于表面改性。这类 ALE 过程被称为"等离子体辅助热各向同性 ALE"，因为产生自由基的主要方法是等离子体激励。第 4.3 节将讨论等离子体辅助热各向同性 ALE。

表 2.4 还显示了三类"定向 ALE"。这些 ALE 工艺在使用溅射的去除步骤（见第 2.5 节）或使用离子注入的改性步骤（见 2.6 节）中使用离子。术语"定向"反映了离子被加速向表面并因此沿首选方向行进的事实。在用于溅射改性表面的 ALE 实现中，在形貌底部的溅射速率将更高。侧壁将主要看到掠射离子入射和散射（见第 2.8.2 节）。当注入离子以改性表面时，这也主要发生在形貌的底部，因为离子从侧壁散射。第 6 章专门讨论定向 ALE。表 2.4 中未填写通过注入和通过溅射去除或直接解吸的改性组合。虽然基于这些机制的组合的刻蚀方法是可能的，但是它们尚未被证明或认为是半导体器件刻蚀的可行选择。

表 2.3 涵盖了连续刻蚀工艺，表 2.4 涵盖了具有独立、自限制步骤的顺序刻蚀。当然，刻蚀工艺步骤可以在时间或空间上分离，而没有自限制的条件，事实上，这种工艺广泛用于半导体器件的制造。这些过程中的大多数是所谓的脉冲 RIE 过程。脉冲可以通过称为等离子体脉冲的交替等离子体特性的重复循环或称为混合模式脉冲（MMP）的等离子体和气流变化的组合来实现。第 7.1.1 节将讨论这些技术。脉冲 RIE 工艺可以表现出一定程度的自限制。根据脉冲 RIE 过程的协同性 S，这些过程也可以被视为准定向 ALE（见第 6 章）。

问题

P2.1 在受吸附步骤限制的热刻蚀过程中分析式（2.2）。

P2.2 使用式（2.7）和硅结合能 E_0（4.7eV），计算用氩溅射硅的 E_{th}。与表 2.1 中的实验结果进行比较。

P2.3 使用式（2.18），计算在 0 和 1 之间的几个反应概率下，深宽比为 50 的圆管底部的中性粒子相对通量。

P2.4 使用式（2.3），计算激活能 $E_{a,D}$ 减少 x（$x<1$）倍时，解吸速率 R_D 的变化。在受刻蚀产物解吸限制的热刻蚀过程中解释结果。

P2.5 一艘宇宙飞船进入了一颗假想的太阳系外行星富含氩的大气层。隔热罩由钨制成。快中性粒子轰击是否可能引发溅射？计算中使用表 2.1。

参 考 文 献

Appels, J., Kooi, E., Paffen, M.M. et al. (1970). Local oxidation of silicon and its application in semiconductor-device technology. *Philips Res. Rep.* 25: 118–132.

Baxter, J.P., Schick, G.A., Singh, J. et al. (1985). Angular distribution of sputtered particles. *J. Vac. Sci. Technol., A* 4: 1218–1221.

Berry, I.L., Park, J.C., Kim, J.K. et al. (2020). Patterning of embedded STT-MRAM devices: challenges and solutions. *ECS and SMEQ Joint International Meeting 2018*, Cancun, Mexico.

Berry, I.L., Kim, Y., and Lill, T. (2020). High aspect ratio etch challenges and co-optimized etch and deposition solutions. *Seminar at KAIST*, June 2020.

Cabrera, N. and Mott, N.F. (1948). Theory of the oxidation of metals. *Rep. Prog. Phys.* 12: 163–184.

Chen, J.K.C., Altieri, N.D., Kim, T. et al. (2017a). Directional etch of magnetic and noble metals. I. Role of surface oxidation states. *J. Vac. Sci. Technol., A* 35: 05C304 1–6.

Chen, J.K.C., Altieri, N.D., Kim, T. et al. (2017b). Directional etch of magnetic and noble metals. II. Organic chemical vapor etch. *J. Vac. Sci. Technol., A* 35: 05C305 1–8.

Chen, L., Wen, J., Zhang, P. et al. (2018). Nanomanufacturing of silicon surface with a single atomic layer precision via mechanochemical reactions. *Nat. Commun.* 9: 1542 1–7.

Coburn, J.W. (1994). Surface-science aspects of plasma-assisted etching. *Appl. Phys. A* 59: 451–458.

Coburn, J.W. and Winters, H.F. (1989). Conductance considerations in the reactive ion etching of high aspect ratio features. *Appl. Phys. Lett.* 55: 2730–2732.

Deal, B.E. and Grove, A.S. (1965). General relationship for the thermal oxidation of silicon. *J. Appl. Phys.* 36: 3770–3778.

Eckstein, W. (2007). Sputtering yields. In: *Sputtering by Ion Bombardment*, Topics in Applied Physics, vol. 110 (eds. R. Behrisch and W. Eckstein), 33–187. Berlin, Heidelberg: Springer-Verlag.

Eckstein, W. and Preuss, R. (2003). New fit formulae for the sputtering yield. *J. Nucl. Mater.* 320: 209–213.

Engstrom, J.R., Nelson, M.M., and Engel, T. (1988). Thermal decomposition of a silicon-fluoride adlayer: evidence for spatially inhomogeneous removal of a single monolayer of the silicon substrate. *Phys. Rev. B* 37: 6563–6566.

Eriguchi, K., Matsuda, A., Takao, Y., and Ono, K. (2014). Effects of straggling of incident ions on plasma-induced damage creation in "fin"-type field-effect transistors. *Jpn. J. Appl. Phys.* 52: 03DE02 1–6.

Faraz, T., Roozeboom, F., Knoops, H.C.M., and Kessels, W.M.M. (2015). Atomic layer etching: what can we learn from atomic layer deposition? *ECS J. Solid State Sci. Technol.* 4: N5023–N5032.

Fehlner, F.P. (1984). Low temperature oxidation of metals and semiconductors. *J. Electrochem. Soc. Solid State Sci. Technol.* 131: 1645–1652.

George, S.M. (2010). Atomic layer deposition: an overview. *Chem. Rev.* 110: 111–131.

Gottscho, R.A., Jurgensen, C.W., and Vitkavage, D.J. (1992). Microscopic uniformity in plasma etching. *J. Vac. Sci. Technol., B* 10: 2133–2147.

Gou, F., Neyts, E., Eckert, M. et al. (2010). Molecular dynamics simulations of Cl^+ etching on a Si(100) surface. *J. Appl. Phys.* 107: 113305 1–6.

Graves, D.B. and Humbird, D. (2002). Surface chemistry associated with plasma etching processes. *Appl. Surf. Sci.* 192: 72–87.

Hoerni, J.A. (1962). Method of manufacturing semiconductor devices. US Patent 3,025,589.

Hotston, E. (1975). Threshold energies for sputtering. *Nucl. Fusion* 15: 544–547.

Huang, S., Huard, C., Shim, S. et al. (2019). Plasma etching of high aspect ratio features in SiO_2 using $Ar/C_4F_8/O_2$ mixtures: a computational investigation. *J. Vac. Sci. Technol., A* 37: 031304 1–26.

Ip, V., Huang, S., Carnevale, S.D. et al. (2017). Ion beam patterning of high density STT-RAM devices. *IEEE Trans. Magn.* 53: 2400104 1–5.

Kahng, D. and Atalla, M.M. (1960). Silicon-silicon dioxide field induced surface devices. *IRE-AIEE Solid-State Device Research Conference.*

Kaler, S.S., Lou, Q., Donnelly, V.M., and Economou, D.J. (2017). Atomic layer etching of silicon dioxide using alternating C_4F_8 and energetic Ar^+ plasma beams. *J. Phys. D: Appl. Phys.* 50: 234001 1–11.

Kanarik, K.J., Lill, T., Hudson, E.A. et al. (2015). Overview of atomic layer etching in the semiconductor industry. *J. Vac. Sci. Technol., A* 33: 020802 1–14.

Kanarik, K.J., Tan, S., Yang, W. et al. (2017). Predicting synergy in atomic layer etching. *J. Vac. Sci. Technol., A* 35: 05C302 1–7.

Kiehlbauch, M.W. and Graves, D.B. (2003). Effect of neutral transport on the etch product lifecycle during plasma etching of silicon in chlorine gas. *J. Vac. Sci. Technol., A* 21: 116–126.

Lee, Y. and George, S.M. (2017). Thermal atomic layer etching of titanium nitride using sequential, self-limiting reactions: oxidation to TiO_2 and fluorination to volatile TiF_4. *Chem. Mater.* 29: 8202–8210.

Liau, Z.L. and Mayer, J.W. (1978). Limits of composition achievable by ion implantation. *J. Vac. Sci. Technol.* 15: 1629–1635.

Lill, T. and Joubert, O. (2008). The cutting edge of plasma etching. *Science* 319: 1050–1051.

Lill, T., Callaway, W.F., Pellin, M.J., and Gruen, D.M. (1994). Abundance and depth of origin of neutral and ionic clusters sputtered from a liquid gallium-indium eutectic alloy. *Phys. Rev. Lett.* 73: 1719–1722.

Lill, T., Grimbergen, M., and Mui, D. (2001). In situ measurement of aspect ratio dependent etch rates of polysilicon in an inductively coupled fluorine plasma. *J. Vac. Sci. Technol., B* 19: 2123–2128.

Lindhard, J., Scharff, M., and Schiott, H.E. (1963). Range concepts and heavy ion ranges (Notes on atomic collisions). *Mat. Fys. Medd. Dan. Vid. Selsk.* 33: 1–42.

Mantenieks, M.A. (1999). Sputtering Threshold Energies of Heavy Ions. *NASA report NASA/TM-1999-209273.*

Nakamura, H., Saito, S., and Ito, A.M. (2016). Sputtering yield of noble gas irradiation onto tungsten surface. *J. Adv. Simul. Sci. Eng.* 3: 165–172.

Nishi, M., Yamada, M., Suckewer, S., and Rosengaus, E. (1979). *Measurements of Sputtering Yields for Low-Energy Plasma Ions.* Princeton University Plasma Lab, Publication, PPPL-1521.

Oehrlein, G.S., Metzler, D., and Li, C. (2015). Atomic layer etching at the tipping point: an overview. *ESC J. Solid State Sci. Technol.* 4: N5041–N5053.

O'Hanlon, J.F. (2003). *A User's Guide to Vacuum Technology*, 3e. Wiley.

Oostra, D.J., van Ingen, R.P., Haring, A. et al. (1987). Near threshold sputtering of Si and SiO$_2$ in a Cl$_2$ environment. *Appl. Phys. Lett.* 50: 1506.

Park, S.D., Lee, D.H., and Yeom, G.Y. (2005). Atomic layer etching of Si(100) and Si(111) using Cl$_2$ and Ar neutral beam. *Electrochem. Solid-State Lett.* 8: C106–C109.

Robin, A. (2003). Trajectory and channeling effects in the scattering of ions off a metal surface: probing the electronic density corrugation at a surface by grazing axial ion channeling. PhD thesis. University Osnabrueck.

Samukawa, S. (2006). Ultimate top-down etching processes for future nanoscale devices: advanced neutral-beam etching. *Jpn. J. Appl. Phys.* 45: 2395–2407.

Seah, M.P. and Nunney, T.S. (2010). Sputtering yields of compounds using argon ions. *J. Phys. D: Appl. Phys.* 43: 253001 1–13.

Sigmund, P. (1969). Theory of sputtering. I. Sputtering yield of amorphous and polycrystalline targets. *Phys. Rev.* 184: 384–416.

Sigmund, P. (2012). Recollection of fifty years with sputtering. *Thin Solid Films* 520: 6031–6049.

Somorjai, G.A. and Brumbach, S.B. (1973). The interaction of molecular beams with solid surfaces. *Proceedings of the International Summer Institute in Surface Science*, Milwaukee, WI, USA.

Steinbrüchel, C. (1989). Universal energy dependence of physical and ion-enhanced chemical etch yields at low ion energy. *Appl. Phys. Lett.* 55: 1960–1962.

Stensgaard, I., Feldman, L.C., and Silverman, P.J. (1978). Calculation of the backscattering-channeling surface peak. *Surf. Sci.* 77: 513–522.

Teichmann, M., Lorbeer, J., Frost, F., and Rauschenbach, B. (2014). Ripple coarsening on ion beam-eroded surfaces. *Nanoscale Res. Lett.* 9 (439): 1–8.

Todorov, S.S. and Fossum, E.R. (1988). Sputtering of silicon dioxide near threshold. *Appl. Phys. Lett.* 52: 365–367.

Vyvoda, M.A., Li, M., Graves, D.B. et al. (2000). Role of sidewall scattering in feature profile evolution during and HBr plasma etching of silicon. *J. Vac. Sci. Technol., B* 18: 820–833.

Wehner, G.K. (1955). Sputtering of metal single crystals by ion bombardment. *J. Appl. Phys.* 26: 1056–1057.

Winter, H. (2002). Collisions of atoms and ions with surfaces under grazing incidence. *Phys. Rep.* 367: 387–582.

Yamamura, Y. and Bohdansky, J. (1985). Few collisions approach for threshold sputtering. *Vacuum* 35: 561–571.

Yamamura, Y. and Tawara, H. (1996). Energy dependence of ion-induced sputtering yields from monatomic solids at normal incidence. *At. Data Nucl. Data Tables* 62: 149–345.

Ziegler, J.F., Biersack, J.P., and Littmark, U. (1985). *The Stopping and Range of Ions in Solids*. New York: Pergamon.

第 3 章

热 刻 蚀

3.1 热刻蚀的机理和性能指标

该技术有时也称为"蒸汽刻蚀",因为该工艺中使用的一些反应物在大气压下为液体,在真空室中"蒸发"。图 2.5 示意性地说明了热刻蚀的机理及其物理吸附、化学吸附、表面反应和解吸的基本步骤。

为了使分子发生离解化学吸附,它必须首先物理吸附到表面上,然后克服活化势垒。这称为前驱体介导的吸附模型。物理吸附的活化能很小,势阱 ε 较浅(见图 2.3)。在更高的温度下,物理吸附分子的解吸速度与其吸附速度一样快,因此可能不会进行下一步的化学吸附。同时,化学吸附态的存在和活化势垒 $E_{a,A}$ 意味着该过程通过温度激活。因此,对于许多系统,表面的化学吸附速率在较高温度下下降。它可以在最佳温度下具有最大值,或者可以具有更复杂的形状。然而,根据前驱体介导的吸附模式,重要的行为是化学吸附速率随温度的下降,如图 3.1 所示。

图 3.1 还示意性地显示了解吸曲线,根据式(2.3),解吸曲线为指数上升曲线。热刻蚀工艺

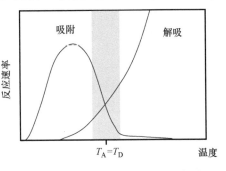

图 3.1 热刻蚀温度过程窗口示意图

在反应物的化学吸附曲线和反应产物的解吸曲线交叠的温度范围内工作。该区域表示热刻蚀工艺的工艺窗口。

3.1.1 刻蚀速率和 ERNU

热刻蚀的速率受到具有最低速率的基本步骤的限制。如果该工艺受到传输或吸附限制,则可以增加压力以提高刻蚀速率。晶圆上的流动均匀性对于实现良好的刻蚀速率不均匀性(ERNU)至关重要。如果该工艺是反应或解吸受限的,则可以提高温度以提高刻蚀速率。在这种情况下,晶圆温度均匀性是改善 ERNU 的主要参数。一些热刻蚀工艺,例如用 HF 刻蚀 SiO_2,在刻蚀开始之前有孵育时间。开始刻蚀所需的时间可能取决于晶圆的表面状态和历史。这会对刻蚀速率或刻蚀量的重复性产生负面影响。

3.1.2 选择性

热刻蚀工艺的固有选择性通常非常高。与热原子层刻蚀（ALE）一起，热刻蚀是具有最高固有选择性的刻蚀工艺，因为"过剩能量"接近于零。这种高选择性的缺点是热刻蚀容易产生表面缺陷。例如，表面污染或少量残留物会阻碍热刻蚀工艺，并形成未刻蚀材料的很大缺陷。据报道，由于局部刻蚀阻挡，用各种含氟气体对硅进行热刻蚀会导致粗糙表面（Ibbotson 等人，1984）。

3.1.3 轮廓和 CD 控制

热刻蚀是各向同性刻蚀过程，因为反应物和反应产物随热能和随机方向移动。当热刻蚀工艺应用于具有掩模结构的表面时，孔洞掩模和沟槽掩模分别形成近似球形或圆柱形形状（见图 2.2）。各向同性刻蚀工艺可用于从厚的覆盖层表面或受给定热刻蚀工艺具有高选择性的材料限制的结构中去除材料。

热刻蚀工艺的关键尺寸（CD）通常是凹陷深度或部分刻蚀薄膜剩余材料厚度。如上所述，如果热刻蚀工艺具有对表面条件敏感的孵育时间，则热刻蚀工艺不太适合去除精确厚度。对于在所有方向上存在刻蚀停止层的完全去除工艺，例如，如果选择性小于无限大，则 CD 可以是停止层的厚度损失。

3.1.4 ARDE

通过增加压力可以有效地减少深宽比相关刻蚀（ARDE）。目标是使表面反应和解吸步骤成为速率限制步骤。

对于使用一种以上气体的热刻蚀工艺，例如，使用 HF 和 H_2O 刻蚀 SiO_2，两种气体的分压必须足够高，以避免传输受限的工艺状态。因为 ARDE 在足够高的压力下很小，所以即使是停止层中的非常小的孔洞也会导致该层以外的破坏性各向同性刻蚀。

3.2 应用示例

热刻蚀的典型应用是用氟刻蚀硅和用 HF 刻蚀 SiO_2。这两种应用都用于制造微机电系统（MEMS）器件，其中底切刻蚀工艺需要高刻蚀速率。

我们首先回顾氟对硅的刻蚀。使用图 2.1 中的框架，氟化硅表面由 $E_A = 5.6eV$、$E_O = 5.7eV$（Dean，1999）、$E_S = 0.9eV$（Engstrom 等人，1988）表征。在三种能量中，E_S 最小，因此根据我们简化的刻蚀框架，解吸将导致刻蚀。

Engstrom 的数据是从超高真空条件下的程序升温解吸（TPD）实验中提取的，严格来说，E_S 的值是一种活化能（见图 2.4）。Engstrom 的 TPD 实验表明，对于高达 7L 和 3L 的 F_2 剂量，需要约 800K 的温度来解吸 SiF_2 和 SiF_4 分子。对于高于 3L 的剂量，在室温下观察到 SiF_4。这些结果可以通过氟原子离解和扩散到硅次表面层以及形成氟硅烷基层来解释，氟硅

烷基层是 SiF_4 的来源。最后一个单层在 800K 解吸为 SiF_2 和 SiF_4。

这种行为的一些重要含义是，用氟气或氟自由基刻蚀的硅总是氟封端的，这种氟只能在高于半导体制造中通常使用的温度下直接解吸，并且氟的去除将导致更多硅的损失。需要刻蚀后处理步骤以降低氟去除温度。

出于安全原因，在硅的热刻蚀中经常使用 XeF_2 而不是 F_2。XeF_2 和 F_2 分子都经历离解化学吸附以产生氟原子，氟原子与氟化表面反应形成 SiF_4。两种反应物的反应路径和相应的活化能一定很不一样，因为已经报道了 4 个数量级的刻蚀差异（Winters 和 Coburn，1979）。使用 XeF_2 对硅的刻蚀速率为几微米/min，这与反应离子刻蚀（RIE）相比非常快。关于这一过程的更多信息可在综述文章中找到（Donnelly，2017）。除 F_2 和 XeF_2 外，其他含氟卤素间化合物可用于刻蚀硅。表 3.1 给出了一览表（Ibbotson 等人，1984）。

表 3.1   硅刻蚀速率和卤素间化合物的反应概率。实验中使用了 n 型（100）硅片

反应物	压力/Torr	刻蚀速率/（Å/min）	反应概率
ClF_3	4.7	5500	4.5×10^{-5}
BrF_3	1.0	50000	2.4×10^{-3}
BrF_5	8.1	11800	7.8×10^{-5}
IF_5	4.6	9900	1.3×10^{-4}
ClF	5.0	<10	$<6 \times 10^{-8}$
XeF_2	0.2	45300	1.2×10^{-2}
F_2	10	3	9×10^{-9}
F	0.2	4600	4.1×10^{-4}

资料来源：Ibbotson 等人（1984）。

用 XeF_2 对硅的热刻蚀对硅的掺杂水平敏感。n 重掺杂硅比 p 掺杂、n 轻掺杂和未掺杂硅刻蚀更快。这已通过将 Cabrera - Mott（CM）扩散模型应用于氟硅烷基层来解释，氟硅烷基层对该刻蚀工艺非常重要（Winters 和 Haarer，1987；Winters 等人，2007）。刻蚀发生在氟硅烷基层的表面，硅必须扩散通过该层。用 n 型掺杂剂掺杂硅增加了作为扩散驱动力的 Mott 电势 $\Delta\Phi_{Mott}$ 的值（见第 2.7 节）。对于用氯刻蚀硅，这种效果甚至更强。即使在离子轰击下，氯刻蚀 n 掺杂硅也比刻蚀未掺杂硅更快。对于氟，当涉及离子时，这种影响会大大减弱。我们将在第 7.3.2 节中讨论双掺杂硅栅极的同步反应离子刻蚀（RIE）。

SiO_2 不会在 F_2 或 XeF_2 中自发刻蚀。这使得它成为用这些气体刻蚀硅的一种很好的停止或掩蔽材料。为了热刻蚀 SiO_2，可以使用 HF 气体。早期的研究报告指出：即使 H_2O 是反应产物，也需要 HF 和 H_2O 来实现有意义的刻蚀速率（Holmes 和 Snell，1966）。可使用以下化学方程式描述反应：

$$SiO_2 + 4HF \rightarrow SiF_4 + H_2O \tag{3.1}$$

解释需要 H_2O 的机制之一是，它在表面形成多层物理吸附层，作为 HF 的溶剂介质

（Helms 和 Deal，1992）。该层由气相中的水蒸气形成并引发反应。随着刻蚀反应的进行，其被作为反应产物的 H_2O 补充。在这些条件下，测量到了 $1000 \sim 2000Å/min$ 的刻蚀速率（Holmes 和 Snell，1966）。

该工艺的挑战是氟硅酸 H_2SiF_6 在表面上的沉淀，这会随着时间的推移减慢刻蚀速率，并且需要在工艺完成后进行冲洗。当温度升高到抑制多层 H_2O 吸附的值时，刻蚀也被强烈抑制。总的来说，该过程难以控制，因为初始多层 H_2O 层的形成是不可重复的，并且因为反应产物会干扰反应。

如果在工艺开始时表面上存在化学吸附的 H_2O，或者如果表面是氢封端的，则可以用无水 HF 刻蚀 SiO_2。反应一旦开始，将由反应中形成的 H_2O 维持。CH_3OH 等醇可用于在 H_2O 不会积聚的高温下水合 SiO_2 表面。对于 100Torr 压力下的热氧化，报道了 25℃ 时 $200Å/min$ 的刻蚀速率和在 95℃ 时 $10Å/min$ 的刻蚀速率（Ruzyllo 等人，1993）。在表面没有物理吸附层的情况下，在较高温度和较低压力下，刻蚀速率的可重复性大大提高。在相同的条件下，重掺杂硼和磷的 SiO_2，即所谓的硼磷硅玻璃（BPSG），以 $6000Å/min$ 的速率刻蚀。这意味着对于不同类型的 SiO_2，可以实现几百到 1 的刻蚀选择性。热刻蚀工艺可以具有极高的选择性。

SiO_2 的另一种重要的干法刻蚀方法涉及六氟硅酸铵 $(NH_4)_2SiF_6$ 的形成。这种化合物在温度高于 100℃ 的真空中升华。它可以在当 NH_3 和 NF_3 的混合物在充填器管中加热到 600℃ 以上时形成（Ogawa 等人，2002）。在这些温度下，NF_3 分解并形成游离氟，游离氟与 NH_3 结合形成气相 NH_4F。这种气体刻蚀 SiO_2。该过程中不涉及等离子体；这是一个热过程，反应物是由进料气混合物加热形成的。该工艺可在 100℃ 以上晶圆温度下以连续模式运行。它也可以按顺序运行，其中 $(NH_4)_2SiF_6$ 盐是 NH_4F 与硅表面在低于 100℃ 的温度下反应时形成的，并在第二步中去除，在第二步中，晶圆被快速加热至升华温度以上。在这种工作模式下，这个过程可以被视为一个热 ALE 过程，尽管这是一个不完美的过程，因为盐的增长率遵循抛物线定律（Ogawa 等人，2002），因此不是完全自限的。底层表面反应也可用于自由基刻蚀工艺，如第 5 章所示。

迄今为止讨论过的硅和 SiO_2 的热刻蚀示例，利用了卤素用于刻蚀的特性。氟、氯和溴等卤素缺少一个电子来完成其外层电子壳层。它们的电子亲和力，即当一个电子被添加到中性原子中形成负离子时能量的变化，使它们成为所有元素中电负性最强的元素。这意味着它们在接受自由电子时释放的能量比任何其他元素都多。如果这个电子在化学反应中从另一个元素捕获，结果是形成一个非常强的键。当提供电子的元素是表面原子时，表面原子周围的总电子密度向卤素吸附质原子转移，而远离将表面原子与体结合的键。这削弱了表面原子和体之间的键，使刻蚀能够进行，如图 2.1 所示。这就是为什么大多数金属和半导体刻蚀工艺都使用卤素气体的原因。这包括热刻蚀、自由基刻蚀和 RIE。氧需要两个电子来完成原子外层电子壳层，也是一种有用的刻蚀气体，特别是用于刻蚀碳和碳基聚合物，如光刻胶。由于卤素和氧的强电子亲和力，它们的表面反应通常是热力学有利的，并导致易挥发（也就是说"可以用热能解吸"）的反应产物。

当表面卤素和氧化物不能在热能下解吸时，必须进行二次反应以完成刻蚀过程。这些反应有更复杂的化学路径。一个典型的例子是在 140～400℃ 之间通过螯合反应用六氟乙酰丙酮（Hhfac）刻蚀 Fe_2O_3（George 等人，1996）：

$$6Hhfac_{(G)} + Fe_2O_{3(S)} \rightarrow 2Fe(hfac)_{3(G)} + 3H_2O_{(G)} \tag{3.2}$$

螯合是在单个中心金属离子和有机分子之间形成化学键，每个有机分子与中心原子形成多个键，成为配体。在这种特殊反应中，配体被称为螯合物。图 3.2 显示了 Hhfac 的酮互变异构体的结构式。它还显示了可用于热刻蚀 ZnO 的相关分子乙酰内酯（Hacac）（Mameli 等人，2018）。六氟乙酰丙酮和乙酰丙酮也作为烯醇互变异构体存在。

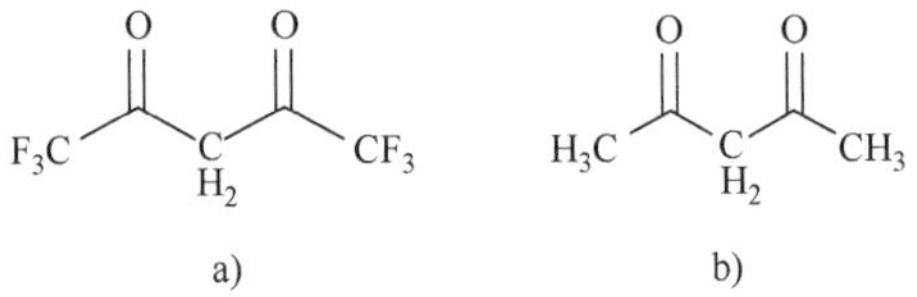

图 3.2　Hhfac（图 a）和 Hacac（图 b）的酮互变异构体的结构式

根据式（3.2）的反应，三个 hfac 配体必须与表面的氧化铁原子反应。反应动力学一定很复杂。虽然详细的反应路径尚不清楚，但是很可能有三种 hfac 配体以螯合构型与铁原子键合。这意味着同一 Hhfac 的两个氧原子以钳形方式与同一铁原子结合。生成的分子又大又复杂，由于三个 Hhfac 分子"包裹"在铁原子周围，并保护其免受与表面的化学相互作用的影响，因此能够将铁原子从表面移除。这需要分子的复杂重排。可以推测，涉及三个进入分子和复杂重排的表面反应是通过涉及 Hhfac 表面扩散的 Langmuir – Hinschelwood 机制进行。

如果任何原子在重排过程中丢失，分子可部分离解，反应产物会阻塞表面。事实上，用 Hhfac 刻蚀后，在 Fe_2O_3 表面上检测到氟化物和碳化物，这表明一些 Hhfac 分子从 CF_3 官能团中损失了氟（George 等人，1996）。反应物或反应产物的离解可能需要添加保持表面清洁的气体或单独的清洁步骤。氧等离子体已被证明可以在用 Hacac 刻蚀后清洁 ZnO 的表面（Mameli 等人，2018）。

Hhfac 不与金属铁反应（George 等人，1996）。式（3.2）要求铁处于完全氧化的 3^+ 价状态。螯合反应物如 Hhfac 和 Hacac 的反应性不足以与大多数金属表面结合。金属键的特征是电子在原子之间自由移动。这使得金属具有导电性能。然而，在刻蚀的情况下，这是一种递减性质，因为没有单独的键可供进入的反应物攻击。只有像卤素和氧这样的强电负性元素才能捕获金属表面自由移动的电子，并将其限制在共价键中。

一旦表面被氧化，螯合反应物就可以与表面结合，完成上述刻蚀过程。这有两个重要的含义。首先，螯合反应物的刻蚀对金属的氧化状态具有选择性。可以对金属氧化物进行选择性刻蚀。这对于在沉积另一种金属之前对金属进行预清洗非常有用。其次，金属可以通过结合氧或卤素的表面氧化和螯合反应物的去除来刻蚀。如果两种反应在相同温度下都有合理的速率，那么可以设计一种刻蚀工艺，其中氧化气体和螯合气体同时流动。如果没有，这两个步骤可以在空间或时间上分开。如果两个步骤都是自限的，则结果是热 ALE。

问题

P3.1　解释为什么热刻蚀的工艺窗口通常较小。为什么这对我们的日常生活来说是一个幸运的情况？

P3.2　假设给定的热刻蚀工艺解吸受限。由于气流不均匀性，晶圆上的最高刻蚀速率比最低刻蚀速率高 10%。使用式（2.3）计算晶圆上的温度增量，这是补偿流动均匀性所需的。假设基础温度为 250℃ 和活化能为 1.2eV。

P3.3　为什么添加醇并提高温度时，用 HF 对 SiO_2 进行热刻蚀的重复性会提高？

P3.4　为什么在热刻蚀中使用卤素？

P3.5　为什么螯合反应物腐蚀金属氧化物而不是金属？

P3.6　$\Delta G°$ 对热刻蚀工艺的刻蚀速率有何影响？

参 考 文 献

Dean, J.A. (1999). *Lange's Handbook of Chemistry*, 15e. McGraw-Hill, Inc.

Donnelly, V.M. (2017). Review Article: Reactions of fluorine atoms with silicon, revisited, again. *J. Vac. Sci. Technol., A* 35: 05C202 1–9.

Engstrom, J.R., Nelson, M.M., and Engel, T. (1988). Thermal decomposition of a silicon-fluoride adlayer: evidence for spatially inhomogeneous removal of a single monolayer of the silicon substrate. *Phys. Rev. B* 37: 6563–6566.

George, M.A., Hess, D.W., Beck, S.E. et al. (1996). Reaction of 1,1,1,5,5,5-hexafluoro-2,4-pentadione (H$^+$fac) with iron and iron oxide thin films. *J. Electrochem. Soc.* 143: 3257–3266.

Helms, C.R. and Deal, B.E. (1992). Mechanisms of the HF/H_2O vapor phase etching of SiO_2. *J. Vac. Sci. Technol., A* 10: 806–811.

Holmes, P.J. and Snell, J.E. (1966). A vapor etching technique for the photolithography of silicon dioxide. *Microelectron. Reliab.* 5: 337–341.

Ibbotson, D.E., Mucha, J.A., Flamm, D.L., and Cook, J.M. (1984). Plasmaless dry etching of silicon with fluorine-containing compounds. *J. Appl. Phys.* 56: 2939–2942.

Mameli, A., Verheijen, M.A., Mackus, A.J.M. et al. (2018). Isotropic atomic layer etching of ZnO using acetylacetone and O_2 plasma. *ACS Appl. Mater. Interfaces* 10: 38588–38595.

Ogawa, H., Arai, T., Yanagisawa, M. et al. (2002). Dry cleaning technology for removal of silicon native oxide employing hot NH_3/NF_3 exposure. *Jpn. J. Appl. Phys.* 41: 5349–5358.

Ruzyllo, J., Torek, K., Daffron, C. et al. (1993). Etching of thermal oxides in low pressure anhydrous HF/CH_3OH gas mixture at elevated temperature. *J. Electrochem. Soc.* 140: L64–L66.

Winters, H.F. and Coburn, J.W. (1979). The etching of silicon with XeF_2 vapor. *Appl. Phys. Lett.* 34: 70–73.

Winters, H.F. and Haarer, D. (1987). Influence of doping on the etching of Si(111). *Phys. Rev. B* 36: 6613–6623.

Winters, H.F., Graves, D.B., Humbird, D., and Tougaard, S. (2007). Penetration of fluorine into the silicon lattice during exposure to F atoms, F_2, and XeF_2: implications for spontaneous etching reactions. *J. Vac. Sci. Technol., A* 25: 96–103.

第 4 章

热各向同性 ALE

4.1 热各向同性 ALE 机制

热各向同性原子层刻蚀（ALE）使用非电离气体和热能进行刻蚀（Carver 等人，2015）。这类 ALE 反应需要自发的、连续的、自限制的热反应才能以原子级精度去除。自发意味着所有反应在热力学上都是有利的（$\Delta G < 0$）。与所有 ALE 技术一样，表面改性和去除被分为自限步骤。这些步骤可以依次应用于同一反应室中的晶圆（时间分离）或不同的反应室中的晶圆（空间分离）。ALE 的时间和空间实现之间的选择取决于工程复杂性和相关成本。在空间分离的情况下，在改性室和去除室之间移动晶片需要复杂的机械系统来克服吞吐量和微粒挑战（Roozeboom 等人，2015）。优点是两个腔室都可以针对每个步骤进行优化。

在时间分离的情况下，必须在数秒内或更快地更改工艺参数。气体之间的完全切换是气体停留时间的函数。首选体积较小的反应器。较小的反应器使室壁更靠近晶圆，这增加了对室壁效应的敏感性。最后，在几秒钟内以更快的速度使晶圆温度上升和下降是一项工程挑战。

然而，热各向同性 ALE 的基本机理与步骤分离的工程实现无关。图 4.1 为具有直接解吸的热各向同性 ALE 的工艺窗口示意图。与图 3.1 中的热刻蚀机制相比，其相似之处和差异是显而易见的。两种刻蚀技术的工艺窗口均由反应气体吸附和反应产物解吸的温度依赖性决定。与热刻蚀相反，解吸反应产物所需的温度不与吸附窗口重叠。吸附和解吸在不同的温度下进行，这需要晶圆温度快速循环。这种温差可能存在的原因是在吸附步骤中形成的化学键与在解吸步骤中断裂的化学键不同。前者是进入分子和表面原子之间的键，而后者是表面原子和体材料之间的键（见第 2.3 节和图 2.5）。

热各向同性 ALE 中的表面改性通常通过使用氧气或卤素的氧化反应来实现。当表面改性步骤时间增加达到饱和时，吸附的原子可以扩散到体材料中。扩散过程随着时间而变慢，但它们并没有达到完全饱和。在这方面，Cabrera – Mott（CM）氧化机制遵循对数时间倒数依赖性，比 Deal – Grove（DG）氧化机制具有更好的饱和或准自限性，后者初始线性时间依赖性遵循抛物线依赖性（见第 2.7 节）。在金属中观察到 CM 氧化，而作为例子，在硅中观察到 DG 氧化。当表面改性步骤中发生准自限扩散时，可以对几埃的体材料进行改性。在随后的去除步骤中，该材料将通过解吸被去除。

使用温度循环的热 ALE 已被证明在室温下使用 O_2 对锗进行氧化，然后使用快速热脉冲

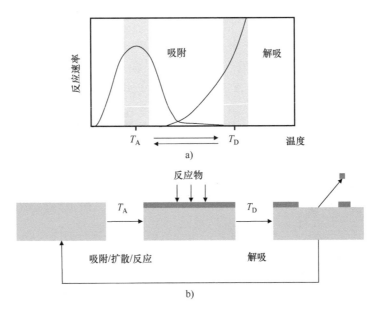

图 4.1　通过温度循环直接解吸的热各向同性 ALE 的温度过程窗口示意图（图 a）
以及热各向同性 ALE 的处理步骤（图 b）

光子源进行解吸（Paeng 等人，2019）。Shinoda 等人证明了 TiN 的热各向同性 ALE，其中表面改性是在室温下使用下游 CHF_3/O_2 等离子体完成的，随后进行红外辐射以对改性表面进行热解吸（Shinoda 等，2019）。Miyoshi 等人已将类似技术应用于 Si_3N_4 的热 ALE（Miyoshi 等人，2017）。

300mm 晶圆的温度循环，特别是当温度范围为数百摄氏度时，是一个复杂的工程挑战。通过引入第二个反应可以避免这种复杂性，该第二反应被设计为降低解吸温度并在吸附和解吸温度之间产生足够的重叠。去除过程的实施例在表 2.4 中标记为"解吸 2（反应辅助）"。

该机制的示意图如图 4.2 所示。图中描述了所谓的 ALE 窗口。该窗口类似于理想原子层沉积（ALD）窗口（George，2010）。ALE 窗口的下限 T_1 由第二表面反应后具有明显解吸的最低温度给出。上限 T_2 是由明显的吸附速率消失而得出的。一个循环周期内去除的材料量称为"每循环刻蚀深度"（EPC）。理论上，在无限步骤时间 t_∞ 内，EPC 在窗口的两端从 0 跳到有限数。对于有限步骤时间 t_1，窗口的边界是倾斜的。

具有反应辅助解吸的热各向同性 ALE 的工艺窗口的这一表示意味着该工艺不受高温下表面反应或反应产物离解的限制。换言之，热各向同性 ALE 的 ALE 窗口也可能受到表面反应的温度依赖性的限制，在这种情况下，上边界会移动到更高的温度，或受到离解反应的限制，在此情况下，上边界会移动到更低的温度。在热各向同性 ALE 的情况下，能量扫描测量作为温度函数的 EPC，是表征 ALE 过程的三个重要补充测试之一。另外两个测试是协同测试和饱和曲线测量（Kanarik 等人，2015）。

迄今为止，已知至少四类具有反应辅助解吸的热各向同性 ALE：螯合 ALE、配体交换 ALE、转化 ALE 和氧化/氟化 ALE。

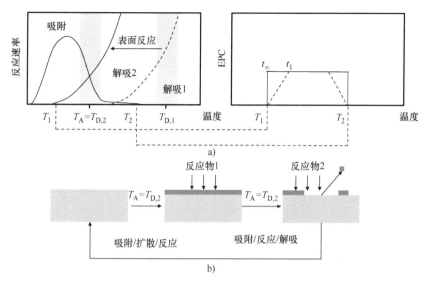

图 4.2　具有表面反应的热各向同性 ALE 的温度过程窗口示意图

4.1.1　螯合/缩合 ALE

为了说明反应辅助解吸的热各向同性 ALE 概念，我们将第 3.2 节中描述的具有六氟乙酰丙酮（Hhfac）的 Fe_2O_3 热刻蚀过程重新想象为金属铁的循环热 ALE 过程。金属铁的表面可以在氧气或臭氧环境中氧化。氧化对大多数金属是热力学有利的。氧化深度受 CM 氧化机制的准限制。Fe_2O_3 的升华温度不存在；它在 1500℃ 以上分解。然而，与 Hhfac 的第二个反应形成 $Fe(hfac)_3$，其解吸温度约为 300℃（George 等人，1996）。

解吸由第二个表面反应辅助，在这种情况下是螯合反应。这就是为什么我们称这种类型的 ALE 为反应辅助解吸的热各向同性 ALE 的原因。一旦清除所有 Fe_2O_3 并暴露金属 Fe，反应就会停止，因为 Hhfac 不刻蚀金属 Fe。因此，去除步骤是自限的。

任何 ALE 工艺的协同作用都可以表示为（Kanarik 等人，2017）

$$\text{ALE synergy } \% \, (S) = \frac{EPC - (\alpha + \beta)}{EPC} \times 100\% \tag{4.1}$$

式中，α 和 β 值是单个改性步骤 A 和去除步骤 B 的贡献。由于 Fe_2O_3 不能解吸，且 Hhfac 不与金属铁反应，只有当两个步骤依次应用于金属铁表面时，才会发生刻蚀。因此，这一过程的协同作用应接近 100%。

此类 ALE 工艺已被证明可用于铜的刻蚀（Mohimi 等人，2018）。当铜表面在 275℃ 被氧分子氧化时形成 3Å 厚的 Cu_2O 层。Hhfac 气体每循环去除 0.9Å。O_3 的使用将氧化物厚度增加到 150Å，EPC 增加到 84Å。图 4.3a、b 分别显示了在 7mTorr O_2 和 275℃ 下氧化铜以及用 Hhfac 去除氧化铜的所谓饱和曲线。

用螯合 ALE 刻蚀的其他金属包括钴（Zhao 等人，2018；Konh 等人，2019）和铁（Lin 等人，2018）。Basher 等人对金属镍和 NiO 进行了密度泛函理论（DFT）第一性原理模拟，以阐明烯醇 Hhfac 为什么可以稳定地吸附在金属氧化物上，但不能吸附在金属表面。模拟结果表明，当 Hhfac 接近 NiO 表面时，其带负电的氧原子被吸引到 NiO 表面的镍原子上，所有的镍原子都带正电。在金属镍表面上，每个镍原子都是电中性的。没有 Hhfac 可以稳定连接的特定优先位点。此外，Hhfac 分子的意外倾斜允许其碳原子和氟原子与表面镍原子结合，导致 Hhfac 在金属表面上离解（Basher 等人，2020）。这些结果解释了为什么 Hhfac 和 Hacac 可以刻蚀金属氧化物，但不能刻蚀金属。他们还预测了某些化学物质的前驱体离解的影响，这些化学物质如果不去除，可能会污染表面并导致刻蚀停止或缺乏各向同性。

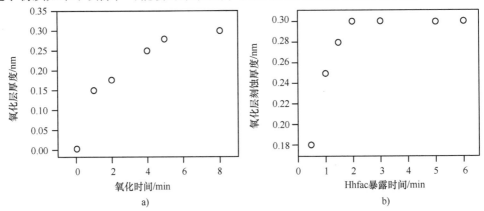

图 4.3　通过 O_2/Hhfac 配体交换反应的 Cu 热各向同性 ALE 的饱和曲线。资料来源：Mohimi 等人（2018）。© 2018，美国电化学学会

4.1.2　配体交换 ALE

配体交换 ALE 的典型例子是在 200℃ 左右交替地用 HF（例如，以 HF 吡啶的形式）和 Sn(acac)$_2$ 气体刻蚀 Al_2O_3（Lee 和 George，2015）。Lee 的工作中的实验装置是一个热壁层流反应器（Elam 等人，2002）。在改性步骤中，金属氧化物表面被 HF 转化为金属氟化物。这一步骤通过 HF 吸附、与 Al_2O_3 反应生成 AlF_3 和反应产物 H_2O 的解吸等基本步骤进行。该表面反应为放热反应，在 200℃ 时，$\Delta G° = -58\text{kcal}$（Lee 和 George，2015）。根据原位傅里叶变换红外光谱（FTIR）测量，AlF_3 在表面形成（Lee 等人，2015b）。Natarajan 和 Elliott 使用 DFT 方法研究了氟化 Al_2O_3，预测了化学吸附 HF 分子和氟原子的存在（Natarajan 和 Elliott，2018）。

为了实现几个单层的氟化，氟必须扩散到晶格中并取代氧。释放的氧必须扩散到表面，并与 HF 反应，形成 H_2O 和自由氟自由基，这些自由基反过来可以扩散到 AlF_3/Al_2O_3 界面。HF 与 Al_2O_3 反应的氟化深度取决于压力和时间（Cano 等人，2019）。Cano 等人建立了氟化深度随时间和 HF 压力变化的模型。该方程基于抛物线区域中的 DG 扩散机制（见图 2.10）。实验结果和最佳拟合如图 4.4 所示。

除 HF 外，通过使用 Sn(acac)$_2$ 作为去除反应物的配体交换反应，已证明 SF_4 作为氟化反应物用于 Al_2O_3 和 VO_2 的各向同性热 ALE（Gertsch 等人，2019）。虽然 SF_4 和 HF 在 Al_2O_3 方面表现出相似的 EPC（SF_4 为 0.20Å，HF 为 0.28Å），但是 SF_4 对 VO_2 的 ALE 更有效（SF_4 是

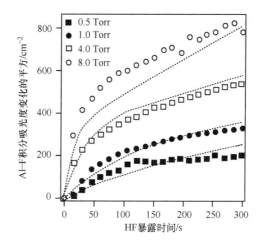

图 4.4　氟化深度作为 HF 压力的函数，用 XPS 测量，并用基于抛物线区域中 DG 扩散的模型拟合。资料来源：基于 Cano 等人（2019）

0.30Å，HF 是 0.11Å）。与 HF 相比，SF_4 的有效性提高是更有利的热力学结果。预测 F_2 和 XeF_2 的氟化反应物比 SF_4 更强，如图 4.5 所示。研究发现，对于含有三甲基铝（TMA）的 Al_2O_3 ALE，氟仿（CHF_3）作为 HF 的替代品并不有效（Rahman 等人，2018）。

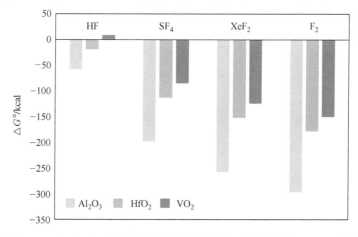

图 4.5　200℃ 时 Al_2O_3、HfO_2 和 VO_2 氟化的标准吉布斯自由能。资料来源：Gertsch 等人（2019）的数据

通过配体交换反应去除铝原子如图 4.6 所示。$Sn(acac)_2$ 在 AlF_3 表面与氟交换其 acac 配体。这导致形成挥发性的 $SnF(acac)$ 和 $Al(acac)_3$ 反应产物。术语"配体交换"来自于这种反应机制。改性和去除步骤需要三个连续或平行的表面反应，首先将 Al_2O_3 转化为 AlF_3，然后转化为 $Al(acac)_3$。根据 Langmuir – Hinschelwood 机制，反应物的扩散可能参与了 $Sn(acac)_2$ 分子向反应位点的传输。

通过形成易挥发的 $Al(acac)_3$ 和 $SnF(acac)$ 产物，将 AlF_3 层刻蚀至饱和后，仍然可以在暴露的 Al_2O_3 底层上检测到 $SnF(acac)$。表面温度越高，其浓度越低。在下一个表面改性步

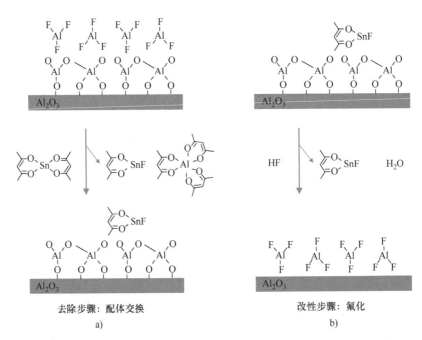

骤中，该残留的 SnF(acac) 随后被 HF 解吸（Lee 和 George，2015；Lee 等人，2015c）。残余 SnF(acac) 可能是该工艺各向同性性能差的根本原因（Lill 等人，2018）。

对 Al_2O_3 用 HF 和 TMA（$Al(CH_3)_3$）配体交换 ALE 反应产物的质谱分析表明，存在含有 $AlF(CH_3)_2$ 反应产物的二聚体。它们可以在二聚体自身（$AlF(CH_3)_2 \cdot AlF(CH_3)_2$）中或在前驱体分子（$AlF(CH_3)_2 \cdot Al(CH_3)_3$）中发现（Clancey 和 George，2017；Clancey 等人，2020）。

这一发现指出了另一种反应途径，反应物分子直接与表面分子结合，通过卤素桥形成二聚体，削弱表面分子与表面之间的键，解吸为二聚体。这将是 Eley‐Rideal 类型的反应（见图 2.6）。使用 DFT 的从头计算可以阐明反应途径和相关的能量势垒。

4.1.3　转化 ALE

我们使用典型工艺解释机制：通过连续暴露于 TMA 和 HF 对 SiO_2 进行刻蚀（DuMont 等人，2017）。这一过程依赖于 SiO_2 转化为可刻蚀的材料，例如通过配体交换反应。这个反应步骤产生了转化 ALE 或转化刻蚀这一术语。

TMA 通过以下反应将 SiO_2 转化为 Al_2O_3/铝硅酸盐中间体：

$$4Al(CH_3)_3 + 3SiO_2 \rightarrow 2Al_2O_3 + 3Si(CH_3)_4 \tag{4.2}$$

在这种表面反应中，正电性或金属元素硅和铝被交换。随后暴露于 HF 交换电负性元素氧和氟。它将 Al_2O_3 转化为 AlF_3。该反应与 Al_2O_3 和 HF/TMA 配体交换 ALE 的改性步骤相同。

在前两步之后，SiO_2 表面被 AlF_3 取代，AlF_3 可以通过与 TMA 的配体交换进行刻蚀。该工艺的独创性在于，TMA 也是第一个转换步骤的前驱体。因此，TMA 有两个功能。首先，需要通过配体交换反应刻蚀 AlF_3。其次，它在金属成分交换中将 SiO_2 转化为 Al_2O_3。

转化 ALE 在 1Torr 及以上的 TMA 分压下运行（见图 4.7）。这意味着在配体交换反应中，HF/TMA 将在低于 1Torr 的压力下选择性地将 Al_2O_3 刻蚀为 SiO_2。然而，在 1Torr 或更高的压力下，选择性将丧失，因为 SiO_2 开始通过转化 ALE 进行刻蚀。

除 SiO_2 外，转化 ALE 还用于刻蚀 ZnO（Zywotko 和 George，2017）和 WO_3（Johnson 和 George，2017）。ZnO 刻蚀工艺使用与 SiO_2 相同的 TMA/HF 暴露顺序，但压力较低，为 60 ~ 80mTorr。首先，根据类似于式（4.2）的反应，暴露于 TMA 会将 ZnO 转化为 Al_2O_3。在这种情况下，挥发性反应产物为 $Zn(CH_3)_2$。Al_2O_3 被 HF 转化为 AlF_3，随后被 TMA 去除，TMA 也会再生 Al_2O_3 层。石英晶体微天平（QCM）测量表明，连续的 HF 和 TMA 反应对反应物暴露具有自限性。EPC 从 205℃ 时的 0.01Å 变化到 295℃ 时的 2.19Å，并在较高温度下趋于平稳（见图 4.8）。

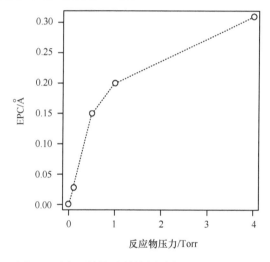

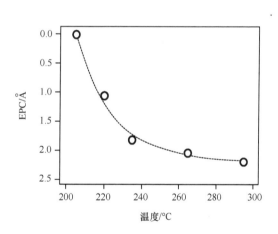

图 4.7 用 X 射线反射计测量的 300℃ 下通过 HF/TMA 转化反应对 SiO_2 热各向同性 ALE 的压力的 EPC 函数。资料来源：DuMont 等人（2017）

图 4.8 TMA/HF 转化 ALE 刻蚀 ZnO 的 EPC 的温度依赖性。资料来源：Zywotko 和 George（2017）。Ⓒ 2017，美国化学学会

WO_3 ALE 是在 40 ~ 60mTorr 的压力下，通过使用 BCl_3 和 HF（Johnson 和 George，2017）的暴露顺序实现的。BCl_3 将表面的 WO_3 转化为 B_2O_3，同时形成挥发性 WO_xCl_y 产物。根据 DG 模型，通过椭圆偏振光谱法（SE）显示，转换深度是自限的，很可能是由于根据 DG 模型，硼向膜中的扩散和钨向表面的扩散作为转换厚度的函数而减慢。接下来，HF 自发刻蚀 B_2O_3 层，产生挥发性 BF_3 和 H_2O 产物。此去除步骤不涉及配体交换。在这里，氟化表面具

有足够低的结合能来自发解吸。

需要将 WO_3 转化为 B_2O_3，因为 HF 不能自发刻蚀 WO_3 或金属钨。因此，HF 步骤也是自限的。这个反应的协同作用是 100%。如果没有 HF 暴露，BCl_3 单独无法刻蚀 WO_3。如果没有 BCl_3 暴露，HF 单独不能刻蚀 WO_3。该工艺的 EPC 从 155℃ 的 0.55Å 增加至 207℃ 的 4.19Å（Johnson 和 George，2017）。

该工艺有趣的一个方面是，材料在两个步骤中都被去除。钨和一些氧在 BCl_3 循环中被去除，而剩余的氧在 HF 步骤中被去除。BCl_3 暴露后 2.99Å 的厚度损失在表面留下 1.30Å 的 B_2O_3 厚度，可通过 HF 去除。

如果引入第三个 O_2/O_3 等离子体步骤以形成 WO_3 层，该工艺也可以刻蚀金属钨。207℃ 时，钨 ALE 的刻蚀速率为 2.5Å。这一过程构成了等离子体辅助的热各向同性 ALE 过程。第 4.3 节将更详细地介绍这类 ALE 过程。

转化 ALE 可能适用于多种材料。表 4.1 列出了潜在转化 ALE 反应的 $\Delta G°$ 值（Zywotko 和 George，2017）。Johnson 和 George（2017）提出了其他反应。

表 4.1 基于热力学计算的潜在转化 ALE 反应

转化反应	$\Delta G°/(\text{kcal/mol})$
$3ZnO + 2Al(CH_3)_3 \longrightarrow Al_2O_3 + 3Zn(CH_3)_2$	-164.7
$\frac{3}{2}SiO_2 + 2Al(CH_3)_3 \longrightarrow Al_2O_3 + \frac{3}{2}Si(CH_3)_4$	-200.0
$\frac{3}{2}SnO_2 + 2Al(CH_3)_3 \longrightarrow Al_2O_3 + \frac{3}{2}Sn(CH_3)_4$	-229.2
$In_2O_3 + 2Al(CH_3)_3 \longrightarrow Al_2O_3 + 2In(CH_3)_3$	-317.6
$Si_3N_4 + 4Al(CH_3)_3 \longrightarrow 4AlN + 3Si(CH_3)_4$	-362.6

注：自由能变化值是在 200℃ 下给出的。

资料来源：Zywotko 和 George（2017）。© 2017，美国化学学会。

4.1.4 氧化/氟化 ALE

氧化/氟化 ALE 中的刻蚀产物为挥发性氟化物。就像用氟对硅和 SiO_2 进行热刻蚀一样（见第 3 章），氧化/氟化 ALE 利用氟来削弱表面原子和体之间的键。

为了设计氧化/氟化 ALE 工艺，我们必须找到满足三个要求的系统：①原始表面材料不与氟化反应物反应；②原始表面材料可以转化为与氟化反应物反应的材料；③生成的氟化物是挥发性的。

ALE 氧化/氟化 ALE 的典型例子是根据以下反应用臭氧和 HF 气体刻蚀 TiN（Lee 和 George，2017）：

$$TiN + 3O_3 + 4HF \rightarrow TiF_4 + 3O_2 + NO + 2H_2O \tag{4.3}$$

所有反应产物都是挥发性的。EPC 在 150℃ 时为 0.06Å，在 250℃ 为 0.20Å，温度高于 350℃ 时几乎保持不变。还使用 H_2O_2 和 HF 进行刻蚀，在 250℃ 下的 EPC 为 0.15Å（Lee 和 George，2017）。

TiN 与 O_3 反应的标准自由能是热力学上有利的，在 250℃ 时，$\Delta G° = -242.1\text{kcal/mol}$。氟化反应的热力学不太清楚。而标准自由能在室温下有利，25℃ 时 $\Delta G° = -6.1\text{kcal/mol}$，由于熵的原因，标准吉布斯自由能在 150℃ 以上时变成正值（Lee 和 George，2017）。对于真空压力下的非标准条件，ΔG 可能为负值，其中反应产物不断从表面去除。这个例子说明热力学计算在设计热 ALE 反应时是一个有用的指导，但并不总是可以预测的。

这两个反应步骤都是自限的。氧化步骤受到 DG 氧化的限制。HF 去除步骤的自限制意味着 HF 刻蚀的是 TiO_2 而非 TiN。这可以用沸点为 1400℃ 的 TiF_3 的非挥发性来解释。相比之下，正常条件下 TiF_4 在 284℃ 升华（Hall 等人，1958）。这一过程之所以有效，是因为 HF 不够强大到能将与 TiN 反应中的氧化状态从 3 改变为 4。

这表明氟化反应物的选择对氧化/氟化 ALE 很重要。一些金属和金属化合物会自发地用氟化反应物进行刻蚀，氟化反应物种比 HF 更活泼，例如 SF_4、F_2 或 XeF_2。其他金属氮化物、金属碳化物、金属硫化物、金属硒化物和元素金属的刻蚀应该可以使用这种氧化/氟化 ALE（Lee 和 George，2017）。除上述三个要求外，氟化剂相对于原始表面和氧化表面的反应性至关重要。表 4.2 列出了其他潜在氧化/氟化 ALE 工艺的热化学计算。

表 4.2　各种潜在氧化/氟化 ALE 工艺的热化学计算

材料	氧化	氟化
金属氮化物 TiN	$TiN + 3O_3 \rightarrow TiO_2 + NO + 3O_2$ $\Delta G° = -241\text{kcal/mol}$	$TiO_2 + SF_4 \rightarrow TiF_4 + SO_2$ $\Delta G° = -62\text{kcal/mol}$
金属碳化物 NbC	$NbC + \frac{7}{2}O_3 \rightarrow \frac{1}{2}Nb_2O_5 + CO + \frac{7}{2}O_2$ $\Delta G° = -353\text{kcal/mol}$	$\frac{1}{2}Nb_2O_5 + \frac{5}{4}SF_4 \rightarrow NbF_5 + \frac{5}{4}SO_2$ $\Delta G° = -74\text{kcal/mol}$
金属硫化物 WS_2	$WS_2 + 7O_3 \rightarrow WO_3 + 2SO_2 + 7O_2$ $\Delta G° = -552\text{kcal/mol}$	$WO_3 + \frac{3}{2}SF_4 \rightarrow WF_6 + \frac{3}{2}SO_2$ $\Delta G° = -68\text{kcal/mol}$
金属硒化物 $MoSe_2$	$MoSe_2 + 9O_3 \rightarrow MoO_3 + 2SeO_3 + 9O_2$ $\Delta G° = -519\text{kcal/mol}$	$MoO_3 + \frac{3}{2}SF_4 \rightarrow MoF_6 + \frac{3}{2}SO_2$ $\Delta G° = -43\text{kcal/mol}$
元素金属 Ta	$Ta + \frac{5}{2}O_3 \rightarrow \frac{1}{2}Ta_2O_5 + \frac{5}{2}O_2$ $\Delta G° = -323\text{kcal/mol}$	$\frac{1}{2}Ta_2O_5 + \frac{5}{4}SF_4 \rightarrow TaF_5 + \frac{5}{4}SO_2$ $\Delta G° = -79\text{kcal/mol}$

注：自由能变化值是在 250℃ 下给出的。

资料来源：Lee 和 George（2017）。© 2017，美国化学学会。

氧化/氟化 ALE 的另一个有趣的实例是交替使用 O_2 或 O_3 和 WF_6 刻蚀钨（Xie 等人，2018）。在第一步中，钨被氧化。第二步使固态 WO_3 与气态 WF_6 反应，形成气态 WO_2F_2。该工艺在表面温度为 300℃ 时的 EPC 为 6.3Å。275℃ 时未观察到刻蚀。热力学建模表明，观察到的温度依赖性可能是由于 WO_2F_2 的挥发性有限（Xie 等人，2018）。

钨的独特之处在于，它还可以形成挥发性氯氧化物，从而实现用交替的 O_2 或 O_3 和 WCl_3

的钨热 ALE（Xie 和 Parsons，2020）。当温度为 205℃ 和 235℃ 时，EPC 为 7.3Å 和 8.2Å。该反应在低于相关 O_2/WF_6 ALE 的温度下进行，这是氧卤钨独特热力学性质的结果。可能存在其他氧化/氯化工艺。

4.2　性能指标

在本章中，我们将评述热各向同性 ALE 的性能指标。与热刻蚀一样，热各向同性 ALE 以相似的速率在所有方向上去除材料，因此那些需要垂直轮廓的指标，如线宽粗糙度（LWR）/线边缘粗糙度（LER）和边缘放置误差（EPE）等不适用于此类刻蚀技术，也不包括在内。

4.2.1　刻蚀速率（EPC）

ALE 的特点是自限制的改性和去除步骤。改性步骤中没有刻蚀。去除步骤期间的瞬时刻蚀速率与时间有关——在足够长的步骤时间内达到零。一次改性和一次去除步骤后去除的材料总量称为 EPC。EPC 由材料、反应物和工艺条件决定。它在很大程度上与工程实施无关。对于相同的工艺条件，对于空间和时间分离的步骤，EPC 应该是相同的。

对于工业应用，平均刻蚀速率是一个重要的指标，因为它决定了工艺成本。ALE 工艺的刻蚀速率可以定义为 EPC 除以工艺循环持续时间的比值。该定义包括清洁步骤，可能需要也可能不需要这些步骤来避免寄生反应（Zywotko 等人，2018）。这意味着平均刻蚀速率在很大程度上取决于反应器设计，尤其是快速清洁反应器的能力。在下面的讨论中，我们将重点讨论不同热各向同性 ALE 工艺的 EPC。

表 4.3 列出了 2015~2020 年间报道的选定配体交换反应的 EPC。该表并不完整；新的反应几乎每周都有报道。埃因霍温理工大学等离子体与材料处理小组的成员在互联网上定期更新汇编（https：//www.atomiclimits.com）。

表 4.3　具有配体交换反应的热各向同性刻蚀反应

数据集	材料	前驱体	T/℃	EPC/Å	参考文献
1	HfO_2	$Sn(acac)_2$	200	0.11	Lee 等人（2015a）
2	HfO_2	$Sn(acac)_2$	150	0.07	
3	AlN	$Sn(acac)_2$	275	0.36	Johnson 等人（2016）
4	HfO_2	$TiCl_4$	300	0.59	Lee 和 George（2018）
5	Al_2O_3	$Sn(acac)_2$	250	0.61	Lee 和 George（2015）
6	Al_2O_3	$Sn(acac)_2$	150	0.14	
7	Al_2O_3	$Sn(acac)_2$	200	0.23	Lee 等人（2016a）
8	Al_2O_3	TMA	300	0.45	
9	Al_2O_3	DMAC	250	0.32	
10	ZrO_2	DMAC	250	0.96	
11	HfO_2	DMAC	250	0.77	

（续）

数据集	材料	前驱体	$T/℃$	EPC/Å	参考文献
12	ZrO_2	$SiCl_4$	350	0.14	
13	ZrO_2	$Sn(acac)_2$	200	0.14	
14	HfO_2	TMA	300	0.10	
15	HfO_2	$SiCl_4$	350	0.05	
16	HfO_2	$Sn(acac)_2$	200	0.06	
17	Al_2O_3	TMA	325	0.75	Lee 等人（2016b）
18	Al_2O_3	TMA	300	1.25	Hennessy 等人（2017）
19	Al_2O_3	DMAC	250	1.40	Fischer 等人（2020a）
20	Al_2O_3	DMAC	250	0.39	Lee 和 George（2019）
21	HfO_2	DMAC	250	0.98	
22	ZrO_2	DMAC	250	1.33	

　　图 4.9 显示了表 4.3 中作为温度函数发表的数据。只有来自科罗拉多大学 George 教授团队的数据才能确保实验方法的一致性。尽管对于不同材料和去除步骤前驱体的数据值范围很广，但在 250℃ 左右，EPC 似乎存在最大值，在 150℃ 以下及 350℃ 以上，EPC 降至接近零。这一总体趋势可能反映了 HF 吡啶氟化的温度依赖性。与 $Sn(acac)_2$ 的反应在 150~200℃ 之间进行，接着是在 250℃ 与二甲基氯化铝（DMAC）、在 300℃ 与 $TiCl_4$ 和 TMA，以及在 350℃ 与 $SiCl_4$ 反应。DMAC 显示出最高的 EPC 值，对于 ZrO_2 的刻蚀，最大值为 0.96Å 和 1.33Å。

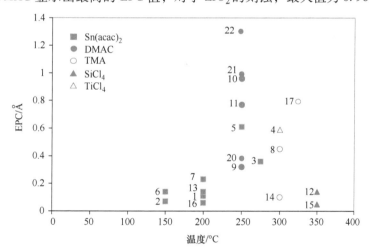

图 4.9　EPC 作为配体交换反应表面温度的函数，由科罗拉多大学的 Steve George 教授的小组报告。数据点旁边的数字对应于表 4.3 中的数据集编号

　　所有测试的前驱体和温度的每种刻蚀材料的平均 EPC 值，对于 HfO_2 为 0.34Å，Al_2O_3 为 0.41Å，ZrO_2 为 0.64Å，AlN 为 0.36Å（仅报告了一个值）。鉴于刻蚀材料的成分和密度差异很大，这是一个狭窄的范围。相比之下，反应离子刻蚀（RIE）的刻蚀速率可以按数量级变化。

　　我们将 EPC 与材料的晶格常数进行比较，以估计每个循环周期去除的单层比例。Al_2O_3

晶体具有三角晶系结构，晶格常数为 4.8Å 和 13.0Å。HfO$_2$ 为单斜晶系，晶格常数为 5.1Å、5.2Å 和 5.3Å。ZrO$_2$ 具有立方结构，晶格常数为 5.1Å。这意味着，在这些 ALE 过程中，每个循环周期不到 10% 的单层被去除。至少有两种可能的解释可以解释为什么每个循环周期只有一小部分单层被刻蚀：表面氟化的深度和氟化金属的不完全去除。

现在我们来研究一下为什么对于这些 ALE 过程，EPC 小于一个单层。有实验证据表明，在具有 HF/Sn(acac)$_2$ 的 Al$_2$O$_3$ ALE 中，不完全去除是亚单层 EPC 的主要原因。FTIR 测量显示，在较高温度下，SnF(acac) 的表面覆盖率降低（Lee 等人，2015b）。此外，在较高温度下完成 Sn(acac)$_2$ 步骤后，测量了增加的质量损失。综合数据表明，Al$_2$O$_3$ ALE EPC 与乙酰丙酮表面覆盖率成反比。这表明，含有 HF/Sn(acac)$_2$ 的 Al$_2$O$_3$ ALE 的 EPC 仅为单层的一小部分，因为 SnF(acac) 堵塞了表面反应位点，导致 AlF$_3$ 去除不完全。

由于前驱体或反应产物的表面阻塞而导致的氟去除不完全，这对热 ALE 工艺应用于半导体器件的形成有着重要的影响。在部分刻蚀的情况下，部分刻蚀材料留在原位，顶表面将是氟化 Al$_2$O$_3$。这可能会影响后续的沉积步骤，因此必须制定脱氟步骤。Rahman 等人已经证明，具有 HF/TMA 的 Al$_2$O$_3$ ALE 中大约 90% 的残余氟可以用水蒸气去除（Rahman 等人，2018）。如果阻断刻蚀的分子是反应产物，这对所得刻蚀的各向同性也有重要的影响，这将在轮廓性能部分进行讨论。

表面阻塞为金属氟化物的 ALE 开辟了另一条途径。这种工艺可以通过结合配体交换或螯合步骤来设计，以去除顶层，直到通过表面阻塞达到饱和。在第二步中，去除阻塞分子以"刷新"表面。例如，后者可以使用等离子体来实现（Mameli 等人，2018）。

Al$_2$O$_3$ ALE 与 HF/TMA 的热 ALE EPC 似乎受到表面氟化深度的限制。图 4.10 描述了 HF/TMA ALE 的 EPC 与 XPS 测量的氟化深度之间的良好相关性，假设氟化层的成分为 Al$_2$OF$_4$，它代表 AlF$_3$ 和各种氧氟化铝的混合物（Cano 等人，2019）。实验在 300℃ 下进行，通过在恒定暴露时间改变 HF 压力来实现氟化深度的变化（见图 4.4）。EPC 仅约为氟化深度的 50%，因为在配体交换反应中只有 AlF$_3$ 被去除。

EPC 还受到使用 HF/DMAC 的 Al$_2$O$_3$ ALE 氟化深度的限制。Fischer 等人证明，二甲基氯化铝（DMAC）在衬底温度高于 180℃ 时会自发刻蚀 AlF$_3$ 薄膜。使用 DMAC 的 AlF$_3$ 热刻蚀反应没有自限制，并且与 DMAC 压力呈线性关系（Fischer 等人，2020a）。然而，当 Al$_2$O$_3$ 被氟化时，DMAC 仅部分去除氟化层。一些氟残留在表面。当温度高于 170℃ 时，检测到 HF/DMAC ALE 工艺存在刻蚀，尽管 HF 步骤后的氟浓度随温度降低，

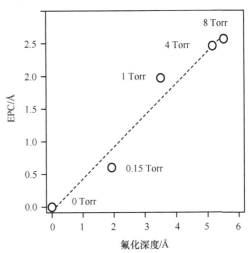

图 4.10 具有 HF/TMA 的 Al$_2$O$_3$ ALE 的 EPC 与氟化深度的相关性。资料来源：Cano 等人（2019）。© 2019，美国化学学会

但 EPC 随温度升高而增加。作者将这种行为归因于 DMAC 与氟氧化铝的反应性增加。据报道，Al_2O_3、HfO_2 和 ZrO_2 的 HF/DMAC ALE 的 EPC 随温度升高（Lee 和 George，2019）。

DFT 计算可以进一步阐明使用 HF 的金属氧化物的表面改性机理（Natarajan 和 Elliott，2018；Mullins 等人，2019）。Natarajan 等人发现 HF 分子通过形成氢键吸附在 Al_2O_3 表面。它们保持完整或离解形成 Al - F 和 O - H 物种。在较高的覆盖率下，可以观察到氢键网络中分子和离解吸附的 HF 分子的混合物。EPC 的理论最大值计算为 0.57Å（Natarajan 和 Elliott，2018）。相比之下，300° 时 HF/TMA 为 0.45Å 和 1.25Å（Lee 等人，2016a；Hennessy 等人，2017），以及 250℃ 时 HF/DMAC 为 0.32Å 和 1.30Å（Lee 等人，2016a；Fischer 等人，2020a）。Mullins 等人发现了一种类似的吸附机制，涉及分子 HF 和离解氟对 ZrO_2 和 HfO_2 的吸附（Mullins 等人，2020）。

报道的 EPC 变化可能有各种根本原因。Hennessy 报告称，使用无水 HF 和 TMA 的 Al_2O_3 ALE 的 EPC 取决于室壁表面涂层（Hennessy 等人，2017）。室壁效应也在使用 HF 或 NF_3 和 DMAC 的 Al_2O_3 ALE 中观察到（Fischer 等人，2020a）。不同组的 EPC 差异也可能与薄膜的晶体结构有关。Murdzek 和 George 研究了 HfO_2、ZrO_2 和 $HfZrO_4$ 薄膜上的 HF/DMAC ALE，发现对于每种材料，非晶薄膜的刻蚀速度都快于晶体薄膜（Murdzek 和 George，2019，2020）。这种差异对于 HfO_2 薄膜来说是最显著的，其中非晶薄膜的刻蚀速度是晶体薄膜的 8~22 倍。

表 4.4 列出了通过螯合、转化和氧化/氟化的热各向同性 ALE 的 EPC。与氧气改性［使用 O_2/Hhfac 的 Cu：0.90Å（Mohimi 等人，2018）］相比，报道的通过螯合作用进行 ALE 表面改性的 EPC 要大得多［使用 Cl_2/Hhfac 的 Co：16.00Å（Konh 等人，2019）；使用 Cl_2/Hacac 的 Fe：5.00Å（Lin 等人，2018）］。这可能是氯更具反应性并产生更深表面改性的结果。

表 4.4　热各向同性刻蚀反应：螯合、转化和氧化/氟化

ALE 工艺	材料	反应物	T/℃	EPC/Å	参考文献
螯合	Cu	O_2/hfac	275	0.90	Mohimi 等人（2018）
	Co	Cl_2/hfac	185	16.00	Konh 等人（2019）
	Fe	Cl_2/acac	140	5.00	Lin 等人（2018）
转化	SiO_2	TMA/HF	300	0.31	DuMont 等人（2017）
	Si	O_2/HF/TMA	290	0.40	Abdulagatov 和 George（2018）
	Si_3N_4	O_2/HF/TMA	290	0.25	Abdulagatov 和 George（2020）
		O_3/HF/TMA		0.47	
	ZnO	TMA/HF	295	2.19	Zywotko 和 George（2017）
	WO_3	BCl_3/HF	207	4.19	Johnson 和 George（2017）
	W	O_3/BCl_3/HF	207	2.5	Johnson 和 George（2017）
氧化/氟化	TiN	O_3/HF	350	0.20	Lee 和 George（2017）
	TiN	H_2O_2/HF	250	0.15	Lee 和 George（2017）
	W	O_2/WF_6	300	6.3	Xie 等人（2018）
	W	O_2/WCl_2	235	8.2	Xie 和 Parsons（2020）

与 Si、SiO_2 和 Si_3N_4 相比，ZnO、W 和 WO_3 的转化 ALE 反应具有更高的 EPC。这是因为前者与氟化/氧化 ALE 有关，后者与配体交换 ALE 有关。

现在，我们研究限制这些 ALE 工艺 EPC 的机制。对于 TMA/HF 的 ZnO ALE，TMA 既是将 ZnO 转化为 Al_2O_3 的反应物，又是 Al_2O_3 与 HF 反应中形成 AlF_3 的刻蚀剂。已经发现 TMA 可以完全去除 AlF_3，并且 HF 在给定的温度和压力下仅将 Al_2O_3 氟化至小于 1Å（Cano 等人，2019）。由此得出的结论是，TMA 将 ZnO 转化至少有 2Å 深，并且所得 Al_2O_3 必须具有允许用 HF 氟化整个薄膜深度的密度和/或结构。

使用 TMA/HF 的 SiO_2 ALE 遵循非常相似的反应机制，但 EPC 仅为 0.31Å。TMA 对 AlF_3 的去除与用 HF/TMA 对 Al_2O_3 的配体交换 ALE 的去除相同。后者在压力大于 1Torr 时的 EPC 大于 2Å。因此，使用 TMA/HF 的 SiO_2 ALE 的 EPC 很可能受到 SiO_2 - Al_2O_3 转化步骤的限制。

对于使用 BCl_3/HF 的 WO_3 ALE，BCl_3 将 WO_3 表面转化为 B_2O_3 层，并被认为会形成挥发性 WO_2Cl_2 作为反应产物。HF 自发刻蚀 B_2O_3。这一机制意味着 EPC 是由 WO_3 转化为 B_2O_3 决定的。这个过程是一个扩散受限的反应。总之，SiO_2、ZnO 和 WO_3 转化 ALE 的 EPC 似乎受到转化过程深度的限制。

4.2.2 ERNU（EPC 非均匀性）

在连续刻蚀过程中，必须仔细控制中性粒子和离子通量，以获得整个晶圆的刻蚀速率均匀性。因为 ALE 过程是一系列自限步骤，所以 EPC 与通量和剂量无关。如果 ALE 步骤未饱和或存在寄生热刻蚀，则整个晶圆的 EPC 可能会发生变化。图 4.11a 显示了两个改性和两个去除步骤的顺序，这两个步骤由清洁步骤分开。实线表示理想的 ALE 工艺；虚线表示由于不完全清洁，在改性步骤中具有连续热刻蚀的工艺。寄生刻蚀量标记为 ΔEPC_1。寄生热刻蚀过程是由于改性和去除反应物同时存在。晶圆上通量的变化将引入不均匀的 EPC。这可能是由于反应物从反应器壁不均匀释放所致。Lee 和 George 报告了 EPC 变化，这取决于试样放置在反应器中的位置，该反应器用于用 O_3/HF 氧化/氟化对 TiN 进行氧化/氟化 ALE（Lee 和 George，2019）。ALE 反应器的设计必须消除室壁效应。

图 4.11b 显示了刻蚀或改性深度的时间依赖性。实线和虚线分别表示理想的和准自

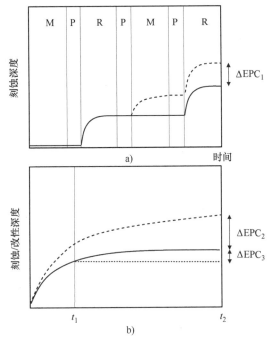

图 4.11　ALE 工艺刻蚀速率不均匀的根本原因

饱和的步骤。例如，在表面改性的情况下，虚线准饱和曲线可以表示氧或氟扩散过程的时间依赖性。DG 和 CM 氧化的氧化或氟化深度的时间依赖性分别如图 2.10 和图 2.11 所示。即使扩散深度有意义地饱和，理论上也永远不会达到完全饱和。

扩散过程取决于温度。对于给定的扩散过程的有限温度敏感性，晶圆基座或静电卡盘必须具有一定的温度均匀性。Deal - Grove（DG）扩散过程也依赖于压力。在压力快速均衡的真空室中，这通常不是问题。不均匀的改性深度会导致不均匀的去除，因为去除步骤只会去除改性材料。非理想饱和引起的每循环周期刻蚀量在图 4.11 中标记为 ΔEPC_2。也可以想象具有理想饱和的改性步骤和准自限去除步骤的 ALE 过程。当选择性不是无限大时，情况就是这样。

图 4.11b 中的实心曲线显示了完全饱和的改性或去除步骤，步骤时间 t_1 和 t_2 分别表示不完全饱和和完全饱和。自限步骤渐近地接近饱和，这意味着可能需要很长时间才能达到完全饱和。与 ALD 类似，这并不总是需要达到一致性要求。步骤时间 t_1 和 t_2 的 EPC 差值为图 4.11 中的 ΔEPC_3。通过减少步骤时间而产生的晶圆不均匀性始终小于 ΔEPC_2，并取决于通量均匀性。如果通量均匀性完美，则工艺步骤一定不能饱和。

与扩散相反，吸附过程确实是自限的。一旦所有吸附位点被占据，吸附就会停止。然而，EPC 的不均匀性可能来自吸附过程。如第 4.1.2 节所述，对于使用 HF/Sn（acac）$_2$ 的 Al_2O_3 热各向同性 ALE，Sn（acach）$_2$ 去除步骤受到表面上残留的 SnF（acac）的吸附和积累的限制（Lee 等人，2015b）。这使得工艺温度敏感。需要均匀的晶圆温度来实现 EPC 均匀性。

总之，理想的 ALE 工艺理论上在整个晶圆上是完全均匀的。实际应用中使用的 ALE 工艺可能由于不饱和、缺乏协同或存在二次反应而偏离理想性能。在热各向同性 ALE 过程中，不饱和可能是由扩散过程引起的。对于 DG 扩散，改性深度是温度和压力的函数，必须在整个晶圆上予以控制，以实现整个晶圆的 EPC 均匀性。缺乏协同作用是由于去除步骤缺乏选择性或改性步骤的自发刻蚀造成的。此处，选择合适的氟气体进行改性或去除对于配体交换和氧化/氟化 ALE 非常重要。

二次反应包括改性和去除气体的无意混合，导致自发的热刻蚀。这引入了 EPC 不均匀性，由于它们取决于温度和局部气体浓度，因此难以控制。反应物从反应器壁上解吸或不完全清洁就是这些影响的例子。这些问题必须通过气体注入系统的设计和反应器材料的选择来解决。

二次反应也可能是饱和机制本身的一部分。例如，在去除步骤中，吸附位置的堵塞可能会在去除所有改性材料之前使去除步骤饱和。粘附概率是温度的函数，因此必须控制整个晶圆的温度。

4.2.3　选择性

因为热各向同性 ALE 中的所有步骤都在热能下进行，所以"过剩能量"的量接近于零，选择性可以是无限的。与热刻蚀相比，选择性特性非常相似；然而，热各向同性 ALE 为设计选择性工艺提供了更大的灵活性。例如，当只能对其中一种材料进行改性时，通过热氟化，可以获得选择性。当只有一种材料允许去除反应或只有一种最终产物解吸时，也可以实现选择性。选择正确的改性和去除反应物非常重要。温度可用作调节选择性的辅助旋钮。

使用 HF/DMAC 的配体交换 ALE 刻蚀 Al_2O_3、ZrO_2 和 HfO_2（见表 4.3）。然而，该工艺不会刻蚀 SiN、SiO_2 或 TiN（Lee 等人，2016a）。图 4.12 显示了在 250℃ 使用 HF/DMAC 刻蚀沟槽结构的结果（Fischer 等人，2019）。Al_2O_3 和 HfO_2 之间的选择性为 2:1，并且对 SiN、SiO_2 和 TiN 的选择性是无限的。该工艺通过在 HF 步骤中形成挥发性 TiF_4 来刻蚀 TiO_2。这个例子表明，在设计具有几种暴露材料的工艺时，化学因素是至关重要的。

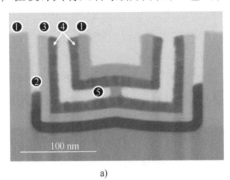

	材料	刻蚀量/nm
1	SiN	不可测量
2	HfO_2	62.3
3	SiO_2	不可测量
4	TiN	不可测量
5	Al_2O_3	111.6

a)   b)

图 4.12   使用 HF/DMAC 热各向同性 ALE 对各种材料进行选择性刻蚀。来源：Fischer 等人（2019）

4.2.4   轮廓和 ARDE

我们将一起讨论轮廓性能和深宽比相关刻蚀（ARDE），因为它们与各向同性刻蚀（如热各向同性 ALE）密切相关。对于完全各向同性刻蚀，表面法线方向上的刻蚀量在表面上的任何给定点上都是相同的。图 4.13 显示了沉积在线或柱外、孔或沟槽的内衬以及具有沟槽或孔掩模的平面膜的各向同性轮廓示意图。

各向同性被定义为横向刻蚀量与垂直刻蚀量的比率。对于内衬结构，可以在形貌的顶部和底部测量各向同性：d_1/d_2（见图 4.13a）。ARDE 是形貌顶部和底部之间垂直或横向刻蚀速率的差异。它被定义为从顶部到底部的刻蚀量差除以顶部的刻蚀量：d_1'/d_1（见图 4.13b）。各向同性刻蚀具有刻蚀进入反应物视线之外的表面的特殊情况。我们称这种情况为阴影（见图 4.13c）。对于复杂结构，术语弯曲度用于量化这种性质。弯曲度用于描述多孔介质中的扩散和气体流。

根据图 4.13，使用掩模平面膜测量各向同性并不完全正确，因为随着形貌特征的发展，掩模下方的各向同性刻蚀在视线范围内将明显小于垂直刻蚀部分。虽然这些结构非常便于测量各向同性，但是它们却缠绕了各向同性和 ARDE。不过，它们可以用于对各向同性的粗略估计。

如果气流是扩散的，那么热各向同性 ALE 中的通量和能量源在很大程度上是各向同性的。这意味着各向同性应为 100%。如果观察到的各向同性值小于 100%，则根本原因必定是 ARDE，即物种迁移。因为 ALE 工艺使用自限制的工艺步骤，所以理论上它们不应该有 ARDE。情况并非总是如此。接下来，我们将讨论热各向同性 ALE 中 ARDE 的潜在根本原因。

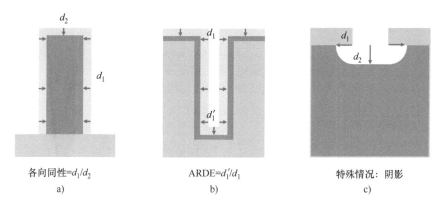

图 4.13　沉积在线或柱外、孔或沟槽的内衬以及具有沟槽或孔掩模的平面膜的各向同性轮廓示意图

图 4.14 显示了使用 Si_3N_4 孔掩模的 Al_2O_3 的 HF/DMAC ALE 实验结果。工艺条件为 30mTorr，250℃和 1000 次循环。该过程的各向同性因子仅为 44%。ALD 知识可用于改善各向同性。ALD 中的"各向同性"类似于"共形性"。对于 ALD，通常通过增加反应物的剂量来实现高深宽比结构的更高共形性。这允许前驱体在高深宽比形貌的末端使表面饱和，表面对于进入的反应物分子没有直接的视线。该方法也可用于热各向同性 ALE。当压力从 30mTorr 增加到 140mTorr 时，各向同性系数增加到 55%。使用更长步骤时间的进一步工艺优化将各向同性增加到 70% （Fischer 等人，2019）。

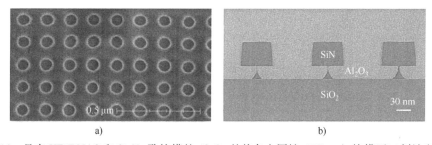

图 4.14　具有 HF/DMAC 和 Si_3N_4 孔掩模的 Al_2O_3 的热各向同性 ALE：a）掩模开口刻蚀和抗蚀剂剥离前自上而下的 SEM；b）1000 次 ALE 循环后相同样品的横截面 TEM。资料来源：Fischer 等人（2020a）

为了在高深宽比或视线外形貌的底部达到饱和，必须向那里输送足够的前驱体分子。到达形貌底部的前驱体通量受 Knudsen 扩散控制，是传输系数 K 和粘附系数 s 的函数 ［见式（2.17）］。前者是几何形状的函数，而后者取决于表面和前驱体分子。ALD 和 ALE 之间存在根本差异，即使涉及相同的前驱体，也会导致不同的共形性或各向同性结果。可以对一系列 HF/TMA 步骤进行直接比较，这些步骤在 300℃下刻蚀 Al_2O_3，而在 150℃下沉积 AlF_3（DuMont 和 George，2017）。图 4.15 说明了反应物进入形貌的传输涉及相同的前驱体 TMA 或 HF。对于 ALD，表面始终为 AlF_3；在 ALE 的情况下，它从 Al_2O_3 变为 AlF_3，然后再变回来。这可能会改变粘附系数，这是 ALE 和 ALD 之间的第一个区别。

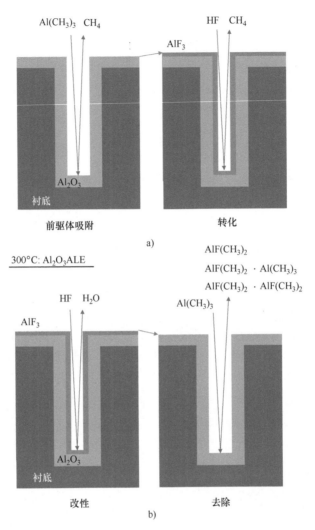

图 4.15   具有 HF/TMA 的 Al_2O_3 ALE 和 AlF_3 ALD 中反应物通量示意图

在 ALD 的情况下，高挥发性 CH_4 被输送出形貌。对于 ALE，反应产物是 $AlF(CH_3)_2$ 和更复杂的二聚体，如 $AlF(CH_3)_2 \cdot Al(CH_3)_3$ 和 $AlF(CH_3)_2 \cdot AlF(CH_3)_2$（Clancey 和 George，2017；Clancey 等人，2020）。热 ALE 过程中的反应产物似乎通常比 ALD 更复杂，并且更可能发生再沉积和碰撞诱导的离解。这为选择热 ALE 前驱体创造了另一个边界条件。除所有其他要求外，反应产物必须足够强健，能够经受多次表面碰撞，才能成功地从刻蚀形貌中去除。

Fischer 等人对视线外形貌缺乏各向同性提出了另一种解释（Fischer 等人，2020b）。该机理考虑了 HF 以两种状态吸附在 Al_2O_3 表面，即化学吸附的 HF 及离解和化学吸附的 F。HF 将在吸附和解吸之间建立平衡，这将导致隐藏表面上的 HF 浓度低得多，因为 HF 必须散射才能到达它们。如果 HF 的离解取决于吸附 HF 的表面浓度，则会导致氟原子浓度降低，氟化效果降低。

图 4.16 显示了对 Al_2O_3 初始深宽比为 50 的孔使用 HF/DMAC ALE 的 ARDE 附加结果（Fischer 等人，2019）。该结构是通过将 10nm Al_2O_3 ALD 沉积到初始直径为 38nm 的孔中制备而成。因此，最终孔径为 18 nm。测量的 ARDE 为 18%。

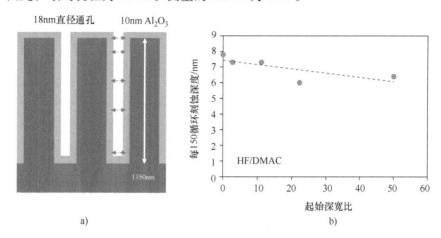

图 4.16　在高深宽比通孔形貌中的 ARDE Al_2O_3 ALE。资料来源：Lill 等人（2018）

4.2.5　CD 控制

在大多数情况下，各向同性工艺中的关键尺寸（CD）是凹陷的深度、水平层的剩余厚度或垂直结构的剩余宽度。各向同性刻蚀不需要像离子辅助刻蚀技术那样的视线。测量诸如底切之类的隐藏结构，即使不是不可能，也可能很复杂。因此，许多各向同性刻蚀需要用扫描电子显微镜（SEM）对横截面进行验证，由于其具有破坏性，采样率有限。

对于热刻蚀，过程由时间控制。可重复的刻蚀速率需要精确控制刻蚀和抑制粒子通量以及温度。这就是热 ALE 相对于热刻蚀的优势所在，因为如果 EPC 是可重复的，则去除的材料量是 EPC 的倍数。后者在大多数情况下是改性深度的函数，由上文详细讨论的吸附和扩散过程决定。

如果刻蚀工艺的 CD 是薄膜的剩余厚度或宽度，则它是待去除的材料量的函数。例如，在晶圆上以 1% 的均匀性完全去除 10nm，对于剩余的膜在晶圆上产生 1nm 的范围。对于 20nm 的去除和 10nm 的剩余厚度，剩余薄膜的均匀度为 1%。如果去除 100nm，这个数字将增加到 10%。该例表明，凹陷或回蚀应用在均匀性性能方面可能非常具有挑战性。ALE 的自限制特性有助于克服这些挑战。

4.2.6　表面光滑度

HfO_2 的热各向同性 ALE 的表面光滑化已有报道（Lee 等人，2015a）。初始粗糙度约为 6Å，经 50 次及以上 ALE 循环后，降低至 3~4Å。表面凸起形貌的高反应性很可能是潜在机制。

4.3　等离子体辅助热各向同性 ALE

等离子体可用于产生能增强热各向同性 ALE 过程的自由基。这种情况类似于 ALD，其中等离子体生成的离子和自由基用于转化步骤。在 ALE 中，自由基可以有效地用于改性步骤，以消除吸附步骤的温度效应。例如，使用远距电感耦合等离子体（ICP）等离子体产生臭氧，从而增强了转化 ALE 过程中钨的氧化（Johnson 和 George，2017）。使用与晶圆直接接触的 ICP 等离子体氟化 Al_2O_3，以便随后用 $Sn(acac)_2$ 去除（Fischer 等人，2017）。在几个循环之后，观察到由于 Sn 积累而导致的薄膜生长，并且必须实施 H_2 等离子体步骤来去除锡残留物。显然，等离子体暴露导致表面残留的 SnF(acac) 离解。使用 $HF/Sn(acac)_2$ 的 Al_2O_3 ALE 已有这些残留物的报道（Lee 等人，2015b）。然而，在这种情况下，HF 可以有效地去除 SnF(acac)，而不会留下离解产物。

在使用 $HF/Sn(acac)_2$ 的 AlN ALE 中，当在 $Sn(acac)_2$ 去除步骤之后插入氢等离子体步骤时，EPC 从 0.36Å 增加到 1.96Å（Johnson 等人，2016）。EPC 的增加归因于 Hacac 残留物的去除。当使用氩等离子体代替氢时，EPC 为 0.66Å。这导致人们猜测等离子体暴露可能通过表面缺陷的形成而产生吸附位点。

等离子体使用的另一个有趣案例是使用 Hacac 和氧等离子体的 ZnO ALE（Mameli 等人，2018）。在这种情况下，等离子体用于去除 Hacac 残留物。该工艺完全依赖于与 ZnO 的 Hacac 反应的自限行为，这是一种自发的热刻蚀工艺，在表面留下含碳残留物。当所有吸附位置被残留物堵塞时，刻蚀停止，实现自限制。然后使用氧等离子体重置表面。这个 ALE 过程的独特之处在于它没有改性步骤，而是等离子体重置步骤。

这些例子说明，等离子体可以是一种有用的工具，用于去除表面的残留物，这些残留物可能是作为去除步骤的副产品而形成的。这对于实施更广泛的热 ALE 前驱体非常重要。一些有机分子在金属表面发生催化离解，金属表面是一类重要的待刻蚀材料（Wang 和 Opila，2020）。这不仅可能限制前驱体稳定性的选择，而且可能限制反应产物的稳定性，反应产物可能比前驱体分子更复杂（见图 4.14）。

当等离子体步骤用于增强热各向同性 ALE 时，刻蚀选择性通常较低。远距等离子体大大减少或消除了表面对有害离子或光子的暴露。然而，自由基分子本质上是非常活跃的。它们可以引入自发刻蚀，并消除基于选择性表面改性的选择性机制。

4.4　应用示例

热各向同性 ALE 是一种新的刻蚀技术，在半导体行业中的应用正在兴起（George 和 Lee，2016）。选择性、各向同性刻蚀、低 ARDE 等典型特性及其刻蚀金属和金属氧化物的能力对于先进半导体器件的图形化非常有吸引力。许多难以用 RIE 刻蚀的金属和金属氧化物可以各向同性地和选择性地用 ALE 进行刻蚀。这些材料包括 Al_2O_3、HfO_2、ZrO_2、钴、铜、铁等。巧合的是，这些材料也被认为是新兴存储器件的材料。虽然很难预测热各向同性 ALE 的所有应用，但是这种刻蚀技术可以实现两种重要的工艺能力：区域选择性沉积和横向器件的形成。

4.4.1 区域选择性沉积

通过刻蚀进行图形制作需要材料沉积、掩膜沉积、光刻和刻蚀。在晶圆上的某些区域选择性沉积是降低成本的一种潜在方法。区域选择性沉积的另一个优点是与底层形貌完美对齐。实现区域选择性沉积的技术之一是选择性 ALD 和选择性 ALE 的结合。

化学气相沉积（CVD）和 ALD 的选择性可定义为

$$S = \frac{d_1 - d_2}{d_1 + d_2} \tag{4.4}$$

式中，d_1 和 d_2 是生长区和非生长区材料的沉积厚度（Gladfelter，1993；Mackus 等人，2019）。图 4.17 说明沉积选择性是成核延迟的结果。图 4.17 中的生长区域标记为"材料 1"，而非生长区域为"材料 2"。沉积材料与材料 1 相同，因为这反映了几个 ALD 循环后的情况。非生长区域将形成核，在经过一定数量的 ALD 循环后，薄膜从这些核处开始生长。一旦形成初始薄膜，生长区域和非生长区域的生长速度是相同的，因为表面现在是相同的。因此，沉积选择性是时间的函数。在非生长区开始成核之前，选择性等于 1。在非生长区成核后，选择性降至 1 以下。对于无限数量的 ALD 循环，它将变为 0。

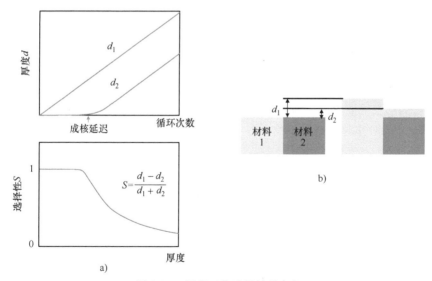

图 4.17 沉积工艺选择性的定义

ALE 选择性定义为

$$S = \frac{d_1}{d_2} = \frac{EPC_1}{EPC_2} \tag{4.5}$$

式中，d_1 和 d_2 是材料 1 和 2 的去除深度。通常，更快的刻蚀材料列在该分式的分子上。因此，刻蚀选择性在 1 到无限之间。

刻蚀选择性通常不是时间的函数，因为暴露表面不会随时间变化（见图 4.18）。该规则的例外情况是依赖于在其中一个表面上形成保护层以实现选择性的刻蚀工艺。由于沉积子过程的成核延迟，刻蚀过程开始时的选择性可能较低（见图 6.22）。

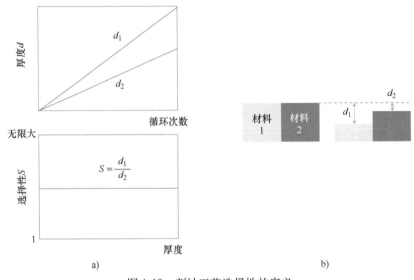

图 4.18　刻蚀工艺选择性的定义

选择性 ALD 可以通过结合选择性沉积和选择性刻蚀来实现，如图 4.19 所示。ALE 工艺选择性地去除非生长区中的生长材料。热各向同性 ALE 非常适合作为这种"修理"步骤，因为它的固有选择性高。然而，热各向同性 ALE 不能抑制所谓的"蘑菇"生长，即材料生长在正在生长的形貌侧壁上。定向等离子体步骤减少了生长区域材料顶部的 EPC，并可用于消除热各向同性 ALE 步骤的侧壁生长。

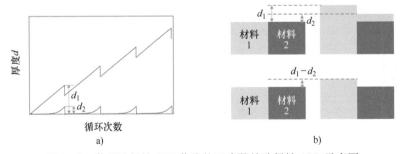

图 4.19　使用选择性 ALE 作为校正步骤的选择性 ALD 示意图

4.4.2　横向器件的形成

垂直器件集成是半导体业内对传统微缩的性能和成本挑战的响应之一。鳍式场效应晶体管（FinFET）逻辑器件和 3D NAND 闪存就是很好的例子。后者是集成存储器件的一种非常经济高效的方法。图 4.20 显示了在高深宽比形貌的侧壁上横向形成器件堆栈的高水平且通用的集成流程。这种方法原则上也适用于其他新兴的存储器件。

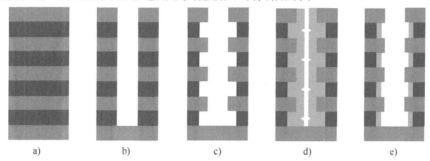

图 4.20　使用 3D 垂直集成方案形成水平器件示意图：a）堆叠沉积；b）高深宽比刻蚀；c）各向同性刻蚀；d）ALD；e）ALE

　　为了形成横向存储器件，沉积堆叠交替层，并使用 RIE 和硬掩模刻蚀高深宽比通孔。接下来，使用选择性和各向同性刻蚀技术，例如湿法刻蚀、热刻蚀、各向同性热 ALE 或自由基刻蚀，使其中一层凹陷。凹陷层具有导电性以形成电极。ALD 用于保形填充凹陷。例如，在电阻式随机存取存储器（ReRAM）的情况下，材料可以是金属氧化物。沉积厚度必须大于间隙高度的 50%。然后使用 ALE 将该层凹陷回到形成器件所需的厚度。

　　可以重复这些 ALD 和 ALE 步骤以形成在横向方向上堆叠的若干层。该器件可以通过通孔进行电气连接。垂直方向的堆叠数量可以很大。以这种方式，使用 ALD 和 ALE 可以在垂直方向上同时形成数百个以上的器件。如果使用热各向同性 ALE，则可以避免等离子体损伤，这对于使用 RIE 形成亚 10 nm 器件是一个挑战。使用 ALD 和 ALE 形成器件的关键因素是层之间的界面。如果使用配体交换反应 ALE，重要的是在刻蚀后从表面去除剩余的氟。

　　使用热各向同性 ALE（Lu 等人，2018，2019）制造了围栅（GAA）InGaAs 鳍（Fin）和纳米线。该工艺在 300℃ 时使用 HF/DMAC，在 $In_{0.52}Al_{0.48}As$ 上的 $In_{0.53}Ga_{0.47}As$ 的 EPC 分别为 0.24Å 和 0.62Å。在第一步中，用 RIE 刻蚀在 $In_{0.52}Al_{0.48}As$ 上由 $In_{0.53}Ga_{0.47}As$ 组成的宽度为 28nm 的 Fin。然后，使用热各向同性 ALE 将 $In_{0.53}Ga_{0.47}As$ 的宽度减小到 4nm，同时彻底去除下面的 $In_{0.52}Al_{0.48}As$ 层。这样，一个悬浮的 $In_{0.53}Ga_{0.47}As$ 纳米线被刻蚀出来，然后用电介质 Al_2O_3 包覆。最终结构的透射电子显微镜（TEM）图如图 4.21 所示。由此

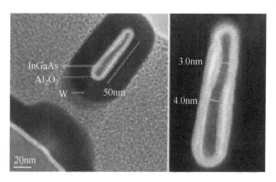

图 4.21　3nm Al_2O_3 包覆的 4nm×50nm InGaAs 纳米线的 TEM 横截面。资料来源：Lu 等人（2018）

制备的场效应晶体管（FET）器件功能齐全（Lu 等人，2018，2019）。

问题

P4.1 在热各向同性 ALE 中，第二个表面反应的作用是什么？

P4.2 说出三个用于确认 ALE 过程的重要测试。

P4.3 解释刻蚀选择性在反应辅助解吸的热各向同性 ALE 工艺设计中的作用。

P4.4 为什么使用 HF/Sn（acac）$_2$ 的 Al_2O_3 ALE 各向同性小于 100%？

P4.5 转化 ALE 与配体交换 ALE 有何关系？

P4.6 Al_2O_3 HF/TMA 对 SiO_2 的选择性如何随压力变化？

P4.7 使用 BCl_3/HF 对 WO_3 的转化 ALE 在哪一步中进行刻蚀？每个步骤的饱和机制是什么？

P4.8 使用 O_3/HF 的 TiN 氧化/氟化 ALE 的饱和机制是什么？

P4.9 热各向同性 ALE 工艺吞吐量的影响因素是什么？

P4.10 解释热各向同性 ALE 的均匀性和吞吐量的关系。

参 考 文 献

Abdulagatov, A.I. and George, S.M. (2018). Thermal atomic layer etching of silicon using O_2, HF, and $Al(CH_3)_3$ as the reactants. *Chem. Mater.* 30: 8465–8475.

Abdulagatov, A.I. and George, S.M. (2020). Thermal atomic layer etching of silicon nitride using an oxidation and "conversion etch" mechanism. *J. Vac. Sci. Technol., A* 38: 022607 1–9.

Basher, A.H., Krstic, M., Takeuchi, T. et al. (2020). Stability of hexafluoroacetylacetone molecules on metallic and oxidized nickel surfaces in atomic-layer-etching processes. *J. Vac. Sci. Technol., A* 38: 022610 1–8.

Cano, A.M., Marquardt, A.E., DuMont, J.W., and George, S.M. (2019). Effect of HF pressure on thermal Al_2O_3 atomic layer etch rates and Al_2O_3 fluorination. *J. Phys. Chem.* 123: 10346–10355.

Carver, C.T., Plombon, J.J., Romero, P.E. et al. (2015). Atomic layer etching: an industry perspective. *ECS Solid State Sci. Technol.* 4: N5005–N5009.

Clancey, J.W. and George, S.M. (2017). In situ mass spectrometer studies of volatile etch products during Al_2O_3 atomic layer etching using HF and trimethylaluminum. *4th International Atomic Layer Etching Workshop, Poster Presentation*, Denver, Colorado, USA (15–17 July 2017).

Clancey, J., Cavanagh, A.S., Smith, J.E.T. et al. (2020). Volatile etch species produced during thermal Al_2O_3 atomic layer etching. *J. Phys. Chem. C* 124: 287–299.

DuMont, J.W. and George, S.M. (2017). Competition between Al_2O_3 atomic layer etching and AlF_3 atomic layer deposition using sequential exposures of trimethylaluminum and hydrogen fluoride. *J. Chem. Phys.* 146: 052819 1–10.

DuMont, J.W., Marquardt, A.E., Cano, A.M., and George, S.M. (2017). Thermal atomic layer etching of SiO$_2$ by a "conversion-etch" mechanism using sequential reactions of trimethylaluminum and hydrogen fluoride. *ACS Appl. Mater. Interfaces* 9: 10296–10307.

Elam, J.W., Groner, M.D., and George, S.M. (2002). Viscous flow reactor with quartz crystal microbalance for thin film growth by atomic layer deposition. *Rev. Sci. Instrum.* 73: 2981–2987.

Fischer, A., Janek, R., Boniface, J. et al. (2017). Plasma-assisted thermal atomic layer etching of Al$_2$O$_3$. *Proceedings of the SPIE 10149*, 101490H 1–5.

Fischer, A., Routzahn, A., and Lill, T. (2019). Characterization of isotropic thermal ALE of oxide films and nanometer-size structures. *66th AVS Symposium*, Columbus, Ohio, October 2019.

Fischer, A., Routzahn, A., Lee, Y. et al. (2020a). Thermal etching of AlF$_3$ and thermal atomic layer etching of Al$_2$O$_3$. *J. Vac. Sci. Technol., A* 38: 022603 1–7.

Fischer, A., Routzahn, A., Wen, S., and Lill, T. (2020b). Causes of anisotropy in thermal atomic layer etching of nano-srtuctures. *J. Vac. Sci. Technol., A* 38: 042601 1–8.

George, S.M. (2010). Atomic layer deposition: an overview. *Chem. Rev.* 110: 111–131.

George, S.M. and Lee, Y. (2016). Prospects for thermal atomic layer etching using sequential, self-limiting fluorination and ligand-exchange reactions. *ACS Nano* 10: 4889–4894.

George, M.A., Hess, D.W., Beck, S.E. et al. (1996). Reaction of 1,1,1,5,5,5-hexafluoro-2,4-pentadione (H$^+$fac) with iron and iron oxide thin films. *J. Electrochem. Soc.* 143: 3257–3266.

Gertsch, J., Cano, A.M., Bright, V.M., and George, S.M. (2019). SF$_4$ as the fluorination reactant for Al$_2$O$_3$ and VO$_2$ thermal atomic layer etching. *Chem. Mater.* 31: 3624–3635.

Gladfelter, W.L. (1993). Selective metallization by chemical vapor deposition. *Chem. Mater.* 5: 1372–1388.

Hall, E.H., Blocher, J.M., and Campbell, I.E. (1958). Vapor pressure of titanium tetrafluoride. *J. Electrochem. Soc.* 105: 275–278.

Hennessy, J., Moore, C.S., Balasubramanian, K. et al. (2017). Enhanced atomic layer etching of native aluminum oxide for ultraviolet optical applications. *J. Vac. Sci. Technol., A* 35: 041512 1–9.

Johnson, N.R. and George, S.M. (2017). WO$_3$ and W thermal atomic layer etching using "conversion-fluorination" and "oxidation-conversion-fluorination" mechanisms. *ACS Appl. Mater. Interfaces* 9: 34435–34447.

Johnson, N.R., Sun, H., Sharma, K., and George, S.M. (2016). Thermal atomic layer etching of crystalline aluminum nitride using sequential, self-limiting hydrogen fluoride and Sn(acac)$_2$ reactions and enhancement by H$_2$ and Ar plasmas. *J. Vac. Sci. Technol., A* 34: 050603 1–5.

Kanarik, K.J., Lill, T., Hudson, E.A. et al. (2015). Overview of atomic layer etching in the semiconductor industry. *J. Vac. Sci. Technol., A* 33: 020802 1–14.

Kanarik, K.J., Tan, S., Yang, W. et al. (2017). Predicting synergy in atomic layer etching. *J. Vac. Sci. Technol., A* 35: 05C302 1–7.

Konh, M., He, C., Lin, X. et al. (2019). Molecular mechanisms of atomic layer etching of cobalt with sequential exposure to molecular chlorine and diketones. *J. Vac. Sci. Technol., A* 37: 021004 1–8.

Lee, Y. and George, S.M. (2015). Atomic layer etching of Al_2O_3 using sequential, self-limiting thermal reactions with $Sn(acac)_2$ and hydrogen fluoride. *ACS Nano* 9: 2061–2070.

Lee, Y. and George, S.M. (2017). Thermal atomic layer etching of titanium nitride using sequential, self-limiting reactions: oxidation to TiO_2 and fluorination to volatile TiF_4. *Chem. Mater.* 29: 8202–8210.

Lee, Y. and George, S.M. (2018). Thermal atomic layer etching of HfO_2 using HF for fluorination and $TiCl_4$ for ligand-exchange. *J. Vac. Sci. Technol., A* 36: 061504 1–9.

Lee, Y. and George, S.M. (2019). Thermal atomic layer etching of Al_2O_3, HfO_2, and ZrO_2 using sequential hydrogen fluoride and dimethylaluminum chloride exposures. *J. Phys. Chem. C* 123: 18455–18466.

Lee, Y., DuMont, J.W., and George, S.M. (2015a). Atomic layer etching of HfO_2 using sequential, self-limiting thermal reactions with $Sn(acac)_2$ and HF. *ECS J. Solid State Sci. Technol.* 4: N5013–N5022.

Lee, Y., DuMont, J.W., and George, S.M. (2015b). Mechanism of thermal Al_2O_3 atomic layer etching using sequential reactions with $Sn(acac)_2$ and HF. *Chem. Mater.* 27: 3548–3557.

Lee, Y., DuMont, J.W., and George, S.M. (2015c). Atomic layer etching of AlF_3 using sequential, self-limiting thermal reactions with $Sn(acac)_2$ and hydrogen fluoride. *J. Phys. Chem. C* 119: 25385–25393.

Lee, Y., Huffman, C., and George, S.M. (2016a). Selectivity in thermal atomic layer etching using sequential, self-limiting fluorination and ligand exchange reactions. *Chem. Mater.* 28: 7657–7665.

Lee, Y., DuMont, J.W., and George, S.M. (2016b). Trimethylaluminum as the metal precursor for the atomic layer etching of Al_2O_3 using sequential, self-limiting thermal reactions. *Chem. Mater.* 28: 2994–3003.

Lill, T., Kanarik, K.J., Tan, S. et al. (2018). Benefits of atomic layer etching (ALE) for material selectivity. *ALD/ALE conference 2018*, Incheon, Korea.

Lin, X., Chen, M., Janotti, A., and Opila, R. (2018). In situ XPS study on atomic layer etching of Fe thin film using Cl_2 and acetylacetone. *J. Vac. Sci. Technol., A* 36: 051401 1–8.

Lu, W., Lee, Y., Murdzek, J. et al. (2018). First transistor demonstration of thermal atomic layer etching: InGaAs FinFETs with sub-5 nm Fin-width featuring in situ ALE-ALD. *2018 IEEE International Electron Devices Meeting (IEDM)*, pp. 895–898.

Lu, W., Lee, Y., Gertsch, J.C. et al. (2019). In situ thermal atomic layer etching for Sub-5 nm InGaAs multigate MOSFETs. *Nano Lett.* 19: 5159–5166.

Mackus, A.J.M., Merkx, M.J.M., and Kessels, W.M.M. (2019). From the bottom-up: toward area-selective atomic layer deposition with high selectivity. *Chem. Mater.* 31: 2–12.

Mameli, A., Verheijen, M.A., Mackus, A.J.M. et al. (2018). Isotropic atomic layer etching of ZnO using acetylacetone and O_2 plasma. *ACS Appl. Mater. Interfaces* 10:

38588–38595.

Miyoshi, N., Kobayashi, H., Shinoda, K. et al. (2017). Atomic layer etching of silicon nitride using infrared annealing for short desorption time of ammonium fluorosilicate. *Jpn. J. Appl. Phys.* 56: 06HB01 1–7.

Mohimi, E., Chu, X.I., Trinh, B.B. et al. (2018). Thermal atomic layer etching of copper by sequential steps involving oxidation and exposure to hexafluoroacetylacetonate. *ECS J. Solid State Sci. Technol.* 7: P491–P495.

Mullins, R., Natarajan, S.K., Elliott, S.D., and Nolan, M. (2019). Mechanism of the HF pulse in the thermal atomic layer etch of HfO$_2$ and ZrO$_2$: a first principles study. ChemRxiv. Preprint. https://doi.org/10.26434/chemrxiv.11310860.v1.

Mullins, R., Natarajan, S.K., Elliott, S.D., and Nolan, M. (2020). Self-limiting temperature window for thermal atomic layer etching of HfO$_2$ and ZrO$_2$ based on the atomic scale mechanism. *Chem. Mater.* 32: 3414.

Murdzek, J.A. and George, S.M. (2019). Thermal atomic layer etching of amorphous and crystalline hafnium oxide, zirconium oxide, and hafnium zirconium oxide. *2019 International Symposium on VLSI Technology, Systems and Application (VLSI-TSA)*, Hsinchu, Taiwan, pp. 1–2.

Murdzek, J.A. and George, S.M. (2020). Effect of crystallinity on thermal atomic layer etching of hafnium oxide, zirconium oxide, and hafnium zirconium oxide. *J. Vac. Sci. Technol., A* 38: 022608.

Natarajan, S.K. and Elliott, S.D. (2018). Modeling the chemical mechanism of the thermal atomic layer etch of aluminum oxide: a density functional theory study of reactions during HF exposure. *Chem. Mater.* 30: 5912–5922.

Paeng, D., Zhang, H., and Kim, Y.S. (2019). Dynamic temperature control enabled atomic layer etching of titanium nitride. *ALD/ALE 2019*, Bellevue, VA, USA.

Rahman, R., Mattson, E.C., Klesko, J.P. et al. (2018). Thermal atomic layer etching of silica and alumina thin films using trimethylaluminum with hydrogen fluoride or fluoroform. *ACS Appl. Mater. Interfaces* 10: 31784–31794.

Roozeboom, F., van den Bruele, F., Creyghton, Y.Y. et al. (2015). Cyclic etch/passivation-deposition as an all-spatial concept toward high-rate room temperature atomic layer etching. *ECS J. Solid State Technol.* 4: N5076–N5067.

Shinoda, K., Miyoshi, N., Kobayashi, H. et al. (2019). Rapid thermal cyclic atomic-layer etching of titanium nitride in CHF$_3$/O$_2$ downstream plasma. *J. Phys. D: Appl. Phys.* 52: 475106 1–9.

Wang, Z. and Opila, R.L. (2020). In operando X-ray photoelectron spectroscopy study of mechanism of atomic layer etching of cobalt. *J. Vac. Sci. Technol., A* 38: 022611.

Xie, W. and Parsons, G.N. (2020). Thermal atomic layer etching of metallic tungsten via oxidation and etch reaction mechanism using O$_2$ or O$_3$ for oxidation and WCl$_6$ as the chlorinating etchant. *J. Vac. Sci. Technol., A* 38: 022605 1–10.

Xie, W., Lemaire, P.C., and Parsons, G.N. (2018). Thermally driven self-limiting atomic layer etching of metallic tungsten using WF$_6$ and O$_2$. *ACS Appl. Mater. Interfaces* 10: 9147–9154.

Zhao, J., Konh, M., and Teplyakov, A. (2018). Surface chemistry of thermal dry etching of cobalt thin films using hexafluoroacetylacetone (hfacH). *Appl. Surf. Sci.* 455: 438–445.

Zywotko, D.R. and George, S.M. (2017). Thermal atomic layer etching of ZnO by a "conversion-etch" mechanism using sequential exposure of hydrogen fluoride and trimethylaluminum. *Chem. Mater.* 29: 1183–1191.

Zywotko, D.R., Faguet, J., and George, S.M. (2018). Rapid atomic layer etching of Al$_2$O$_3$ using sequential exposures of hydrogen fluoride and trimethylaluminum with no purging. *J. Vac. Sci. Technol., A* 36: 061508 1–11.

第 5 章

自由基刻蚀

5.1 自由基刻蚀机理

自由基刻蚀的机制可以从图 2.5 中的热刻蚀的 Lennard – Jones 图中获得。对于自由基刻蚀，进入的物种是与热刻蚀中的分子不同的自由基。因此，吸附步骤的反应轨迹与离解化学吸附的轨迹相反。自由基刻蚀的 Lennard – Jones 图如图 5.1 所示。如果吸附在热力学上是有利的，进入的自由基会看到势能阱，并会被吸引到表面，直到势能最低的距离。现在，我们可以比较吸附剂与表面结合的能量以及第一和第二表面层之间的结合。如果后者较低，并且如果表面温度足以解吸，则可能发生刻蚀。对于解吸的考虑因素，热刻蚀和自由基刻蚀相同。两者的区别在于吸附步骤。

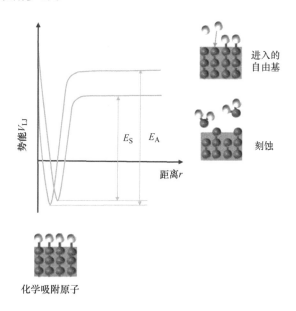

图 5.1　自由基刻蚀的 Lennard – Jones 图

与热刻蚀相比，自由基刻蚀的好处是在表面温度方面具有更大的工艺窗口。因为自由基是非常活泼的，它们的吸附活化能基本上为零，所以自由基吸附至少在半导体器件制造中考虑的温度范围内对温度不敏感。这增加了吸附和解吸温度窗口的交叠，如图5.2所示。

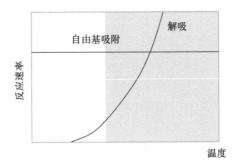

图 5.2   自由基刻蚀的温度过程窗口示意图

自由基也提供更高的刻蚀速率，因为吸附步骤没有活化势垒。Humbird 和 Graves 对 F^*、F_2、Cl^* 和 Cl_2 与硅之间的反应进行了分子动力学模拟，发现自由基在高于 200K 的表面温度下刻蚀硅，而分子不刻蚀（Humbird 和 Graves，2004）。

用于自由基刻蚀的最常见的自由基是原子自由基，如 F^*、Cl^*、Br^*、O^* 和 H^*，以及较小的分子自由基，例如 NO^*、OH^*、NH_2^*、CH^*、CH_2^* 和 CH_3^* 等。这些自由基只含有几个原子的原因是使用了高密度等离子体来产生它们。高密度等离子体非常有效地离解分子。有人试图通过光活化来生成更复杂的分子，但这些还远远没有实现。

5.2   性能指标

5.2.1   刻蚀速率和 ERNU

与热刻蚀一样，自由基刻蚀也只使用中性物种。在最简单的实现中，只使用一种类型的自由基。例如，使用下游等离子体中产生的氧自由基去除光刻胶的情况就是这样。对于热刻蚀，刻蚀速率受具有最低速率的基本步骤的限制。自由基刻蚀的基本工艺步骤是自由基向表面的传输、吸附、表面反应和解吸。由于自由基非常活泼，吸附不太可能成为限制步骤。如果表面温度足够高以促进快速表面反应和解吸，则速率限制步骤将是自由基到达表面的速率。因此，大多数自由基刻蚀反应器在几百毫托的压力下工作，并将晶圆加热至高温。在这些条件下，刻蚀速率由自由基源的效率驱动，并且可以高达每分钟几微米。

刻蚀速率不均匀性（ERNU）主要受到达晶圆的通量均匀性影响。必须优化反应器的几何形状以及气体注入点的位置和尺寸，以满足 ERNU 的目标。通常来说，与具有自限制步骤的原子层刻蚀（ALE）工艺和离子通量限制的反应离子刻蚀（RIE）工艺相比，自由基刻蚀更难获得 ERNU。

一些自由基刻蚀工艺使用不止一种中性粒子。在某些情况下，使用两个自由基来产生挥发性反应产物。这是使用 NH_3 和 NF_3 的下游等离子体通过形成挥发性六氟硅酸铵 $(NH_4)_2SiF_6$

刻蚀 SiO_2 的情况（Nishino 等人，1993）。这种化合物在 100℃ 以上的真空中升华。我们讨论了这种表面化学机制在热刻蚀工艺和具有不完全自限制的热 ALE 的背景下的实现。

自由基的使用增加了刻蚀速率。其他自由基刻蚀工艺使用刻蚀和钝化自由基和中性粒子来提高工艺的选择性。在多种自由基和中性物种的所有情况下，控制所有到达表面的通量对 ERNU 至关重要。源和气体注入系统的设计必须考虑到这一点。

5.2.2　选择性

通常，当需要高选择性时，使用自由基刻蚀；然而，其选择性性能通常不如热刻蚀。其根本原因是自由基的反应性。它们以化学能的形式携带"多余的能量"，这可能导致与晶圆表面上不止一种材料发生反应。氟自由基以高刻蚀速率刻蚀硅，但它们也会刻蚀 Si_3N_4。使用钝化气体可以提高自由基刻蚀的选择性。例如，向 N_2/CF_4 或 N_2/NF_3 下游等离子体中添加氧气以刻蚀 Si_3N_4，可以降低同时暴露的硅的刻蚀速率并提高 Si_3N_4/Si 选择性。其中的机理是通过形成 SiO_2 对硅表面进行钝化（Kastenmeier 等人，1999）。

5.2.3　轮廓和 ARDE

自由基刻蚀是一种各向同性刻蚀技术，如热刻蚀和热各向同性 ALE。自由基刻蚀中的深宽比相关刻蚀（ARDE）的根本原因是自由基向刻蚀前端的传输。通过增加压力可以抑制传输效应。这对于使用中性分子的热刻蚀很有效，其中吸附步骤可以足够慢，从而在较高压力下成为速率限制步骤。由于自由基的反应性，这种条件在自由基刻蚀中更难或不可能实现。增加压力只会在形貌的顶部和底部产生更高的刻蚀速率，而不会降低 ARDE。因此，自由基刻蚀通常具有较差的 ARDE 性能。

5.2.4　CD 控制

自由基刻蚀的关键尺寸（CD）是剩余的膜厚度。这可以是部分刻蚀层的厚度或停止层的厚度。在第一种情况下，剩余的膜厚度均匀性受 ERNU、ARDE 和晶圆到晶圆的重复性影响。刻蚀停止层的剩余厚度由刻蚀选择性决定。

5.3　应用示例

最广泛使用的自由基刻蚀工艺是去除或剥离光刻胶或碳硬掩模。这项任务是使用氧自由基完成的。高刻蚀或剥离速率以及剩余表面的最小氧化是关键的性能要求。后一要求对于从使用氢自由基的金属结构上去除抗蚀剂是最重要的。同样的技术也用于刻蚀后处理，以去除刻蚀过程中产生的含卤素聚合物。由于这些刻蚀残留物暴露于空气会导致冷凝和缺陷，刻蚀后处理自由基刻蚀室通常与同一真空晶圆传送室上的刻蚀室集成在一起。

氟自由基用于各向同性和选择性地刻蚀硅。通过刻蚀牺牲多晶硅栅极来形成高级逻辑金属栅极结构。在形成衬里和隔离结构之后，必须选择性地将该材料去除至栅极氧化层。在过去，这种去除是使用自由基刻蚀来去除大部分多晶硅，而湿法刻蚀在不损坏栅极氧化物的情况下去除其余多晶硅。随着自由基刻蚀技术的改进，可以减少损伤，并且整个刻蚀可以通过自由基刻蚀进行。

对于逻辑和闪存器件，氮化硅的自由基刻蚀是一个新兴应用。3D NAND 器件内置于垂直沟道内，这些沟道被刻蚀成 100 对或更多对氧化硅和氮化硅的堆叠。氮化硅被选择性地去除至氧化硅，并被钨取代，以在器件之间形成金属连接。该去除工艺现在使用湿法刻蚀实现。在未来，这种应用可以通过自由基刻蚀进行。氮化硅的自由基刻蚀化学基于 ON^* 和 F^* 自由基（Kastenmeier 等人，1999）。

图 5.3 说明了如何利用自由基刻蚀从 Si/SiGe 堆叠中形成硅纳米线或纳米片，用于围栅（GAA）晶体管。在刻蚀之前，由交替的 10nm Si 和 SiGe（30% Ge）组成的线的侧壁是连续的，并且刻蚀工艺的目标是选择性地仅凹陷 SiGe。选择性通过循环两步工艺实现，该工艺包括选择性硅表面钝化步骤（远程 He/O_2 等离子体）和硅锗刻蚀步骤（远程 NH_3/NF_3/O_2 等离子体）（Pargon 等人，2019）。在该例中，测试结构比最终器件所需的更宽，以证明 SiGe 去除的选择性。尽管这个过程是一个循环过程，但它不是 ALE，因为步骤不是自限制的。

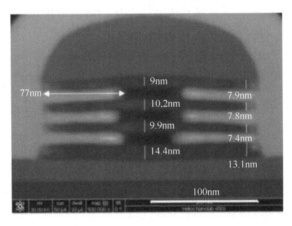

图 5.3   用于 GAA 器件的堆叠硅纳米线的制造。资料来源：Pargon 等人（2019）

问题

P5.1   为什么自由基刻蚀的工艺窗口通常比热刻蚀的大？

P5.2   为什么自由基刻蚀的固有选择性通常低于热刻蚀？

P5.3   使用式（2.18），解释为什么自由基刻蚀的 ARDE 通常比热刻蚀差。

参 考 文 献

Humbird, D. and Graves, D.B. (2004). Atomistic simulations of spontaneous etching of silicon by fluorine and chlorine. *J. Appl. Phys.* 96: 791–798.

Kastenmeier, B.E.E., Matsuo, P.J., and Oehrlein, G.S. (1999). Highly selective etching of silicon nitride over silicon and silicon dioxide. *J. Vac. Sci. Technol., A* 17: 3179–3184.

Nishino, H., Hayasaka, N., and Okano, H. (1993). Damage-free selective etching of Si native oxides using NH_3/NF_3 and SF_6/H_2O down-flow etching. *J. Appl. Phys.* 74: 1345–1348.

Pargon, E., Petit-Etienne, C., Youssef, L. et al. (2019). New route for selective etching in remote plasma source: application to the fabrication of horizontal stacked Si nanowires for gate all around devices. *J. Vac. Sci. Technol., A* 37: 040601 1–5.

第 6 章

定向 ALE

6.1 定向 ALE 机制

半导体行业中的大多数刻蚀工艺都需要方向性。这意味着垂直方向上的刻蚀速率必须大于水平方向上的。这导致在大约 40 年前，反应离子刻蚀（RIE）取代了湿法刻蚀。这也是原子层刻蚀（ALE）工艺所需的能力。

为了使 ALE 具有方向性，两个步骤中至少有一个必须具有方向性。定向性通过源自与晶圆直接接触的等离子体的离子轰击或通过高能离子束或中性粒子束来实现。电子和光子也可能用于定向 ALE。在本节中，我们将重点讨论使用离子和快原子的定向 ALE。电子和光子辅助刻蚀和 ALE 的概述见第 10 章。离子和快原子可以在改性步骤或去除步骤或两个步骤中部署（见图 6.1）。后一种情况的实际意义不大。

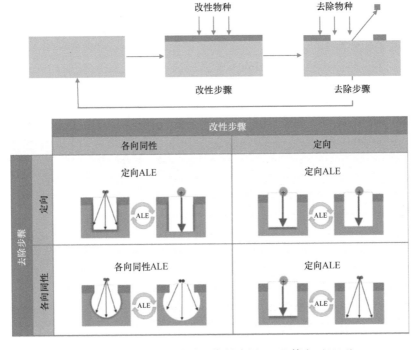

图 6.1　ALE 按方向性分类。资料来源：Lill 等人（2016）

6.1.1　具有定向改性步骤的 ALE

在定向表面改性步骤的情况下，通过加速离子或原子的浅注入形成薄的改性层（见第 2.6 节）。这种形式的 ALE 是定向的，因为表面通过离子的定向注入进行改性（Chang 和 Chang，2017；Sang 和 Chang，2020）。离子或原子的动能必须足够高以穿透晶格并形成改性层，但又必须足够低以防止过多溅射以确保协同作用。改性深度由原子的投影射程 R_p 自限制。

然而，这一过程并不自限于浓度。任何给定深度的浓度随剂量增加而增加。最终，由于溅射而达到稳定状态。到那时，协同作用就会受到影响。因此，需要按时间控制剂量。

通过热各向同性刻蚀或自由基刻蚀去除改性层，这已经在第 2 章和第 5 章描述过。ALE 的协同要求决定了去除步骤必须相对于未改性的体材料具有无限的选择性。在这类定向 ALE 的一个实施例中，可以使用湿法处理来去除改性层。然而，工艺时间高效的干/湿集成的工程挑战是实际实施的一大障碍。

这种 ALE 的一个有趣的实施方式是在氧化步骤中使用大的氧气团簇（Toyoda 和 Ogawa，2017）。使用 5keV 2000～3000 个氧原子束与中性乙酸束交替进行铜的刻蚀，这将腔室压力增加到 1×10^{-5}Pa。对于大于 5keV 或每个撞击原子约 2eV 的团簇能量，观察到体溅射。在暴露于乙酸的情况下，对于团簇能量低于 5keV，观察到材料去除。

所提出的刻蚀机制有在撞击时局部加热表面的气体团簇。这激励了吸附的乙酸与氧化的 Cu 表面的反应，并导致 $Cu(CH_3COO)_2$ 的形成，其被团簇束溅射。同时，表面被新鲜氧化。这一机制得到以下观察结果的支持：去除发生在离子团簇轰击步骤中，而不是暴露于乙酸中。由于离子束既有助于改性又有助于去除，该过程实际上构成了具有定向改性和去除步骤的 ALE。

6.1.2　具有定向去除步骤及化学吸附和扩散改性的 ALE

在定向去除步骤的情况下，表面被中性粒子或自由基改性。随后，通过低能离子轰击去除改性表面层。该方法是迄今为止半导体行业中最常用的 ALE 实现。它在工业应用中被接受的原因之一是它可以在具有生产价值的等离子体刻蚀室中使用适当的硬件来执行，以实现快速的步骤间转换。

与热各向同性 ALE 和原子层沉积（ALD）一样，定向 ALE 中的步骤可以通过时间或空间分离（Roozeboom 等人，2015；Faraz 等人，2015）。这种分类不是十分重要，而是工程实施的问题。然而，重要的是两个步骤的通量必须完全分离。任何共存都会引入寄生 RIE 的贡献。热各向同性 ALE 中的步骤交叠引入了寄生热刻蚀。寄生 RIE 或热刻蚀降低了 ALE 的益处，因为协同作用降低了。在本章中，我们重点关注通过化学吸附、扩散/转化和沉积进行各向同性表面改性的定向 ALE，以及通过离子或快速非反应中性物的去除。

通过离子轰击去除的定向 ALE 的典型系统是硅 ALE，通过 Cl_2 分子或 Cl^* 自由基进行表面改性，并用带正电的 Ar 离子或快中性氩去除。在下文中，我们将此过程表示为具有

Cl_2/Ar^+ 的硅 ALE。这也涵盖了快中性氩，因为它们在撞击表面之前被加速为离子并被中和。从刻蚀机制的角度来看，粒子的电荷并不重要，因为去除过程本质上是一个原子碰撞过程（Wehner，1955）。加速的原子是否携带电荷仅对于三维（3D）形貌的刻蚀是重要的，其中表面电荷可以改变离子的轨迹并导致轮廓扭曲。

Kanarik（2015）和 Oehrlein 等人（2015）的综述文章中详细概述了 ALE 的历史，特别是具有 Cl_2/Ar^+ 的硅 ALE。Matsuura 等人（1993）以及 Athavale 和 Economu（1996）发表了关于硅 ALE 中使用氯的第一份报告。为了解释具有 Cl_2/Ar^+ 的硅 ALE 的机理，我们必须分析改性和去除步骤。在改性步骤中，氯被吸附在硅表面。如果用中性粒子实现氯化，则吸附是一种离解化学吸附过程，如图 2.5 所示。如果用自由基实现氯化，则吸附是自由基吸附过程，如图 5.2 所示。

为了防止热刻蚀或自发刻蚀，表面温度必须保持在氯化硅反应产物的解吸温度以下。所得的表面条件如图 2.1 所示，该图描述了化学增强刻蚀的一般表面条件。氯的作用是与硅表面原子形成强键，并削弱顶部硅层和体硅之间的键。在 E_S 小于 E_A 和 E_O 的条件下，额外的能量可以选择性地破坏表面和体硅之间的键。这种化学增强刻蚀的机制可以扩展到已经被亚表面扩散改性的表面。扩散可以形成一个薄的含硅和氯的混合层，其结合比未被扰动的硅体层弱。

在很多刻蚀技术中，通过卤素吸附和扩散进行表面改性是常见的。如果改性反应物是一种分子，并且表面温度高到足以刺激解吸，则结果是热刻蚀。如果改性反应物是自由基，并且解吸在给定的晶圆温度下是可能的，则结果是自由基刻蚀。如果改性反应物是分子或自由基，但需要温度循环或二次表面反应，则结果是热各向同性 ALE。在用分子或自由基进行表面改性和离子轰击激励解吸的情况下，产生的刻蚀过程是定向 ALE。

在定向 ALE 的情况下，加速离子提供足够的能量来促进材料去除。离子撞击会增加离子撞击位置的表面温度。当快离子或原子撞击表面时，就会产生碰撞级联。动量从一个晶格原子转移到下一个晶格原子，类似于三维台球游戏。根据碰撞原子的相对角度，碰撞级联的方向可以改变，并最终返回到表面原子可以弹出的表面。其结果是物理刻蚀或溅射（Sigmund，1981）。

现在我们将碰撞级联理论应用于 E_S 小于 E_O 的化学吸附表面。根据式（2.7）和式（2.8），溅射阈值较低，对于较弱的键合顶层，溅射产率较高。图 6.2 描述了硅表面与化学吸附氯的碰撞级联。对于该系统，溅射阈值低于 50eV（Tan 等人，2015），对于大多数材料，溅射阈值在 20~100eV 之间（见表 2.1）。离子能量与打断键的能量之比通常约为 10:1。因此，90% 的能量是"多余"的去除能量，该能量被耗散到晶格中，在晶格中会造成损坏或导致体材料溅射。因此，离子辅助刻蚀比自由基或气相干法刻蚀的选择性低。使用快离子或原子进行解吸

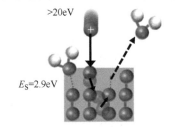

图 6.2　用吸附的氯撞击硅表面的离子碰撞级联图解。需要超过 20eV 的能量来打断 2.9eV 的键

的好处是大大扩大了温度窗口，特别是在改性步骤中使用自由基时（见图 6.3）。

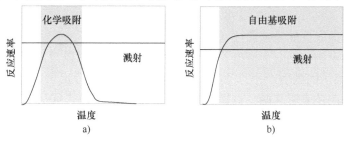

图 6.3　定向 ALE 工艺窗口示意图，作为表面温度的函数：a）中性和离子刻蚀；b）自由基和离子

化学增强溅射机制，如图 6.2 所示，可通过中性和离子束实现。Coburn 和 Winters 利用粒子束进行了等离子体刻蚀研究的一项开创性实验。他们利用 XeF_2 中性束和 450eV Ar^+ 离子束来刻蚀硅（Coburn 和 Winters，1979）。如图 6.4 所示，只有当两个粒子束同时打开时，才能获得有意义的刻蚀速率。

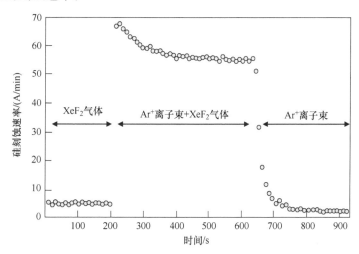

图 6.4　Coburn 和 Winters 的开创性实验证明了中性 – 离子协同作用。
资料来源：Coburn 和 Winters（1979）。© 1979，AIP 出版

这一结果说明了通过氟吸附削弱表面键的效果以及由此产生的溅射产率的提高。这种效应也称为"离子中性协同效应"。Coburn 和 Winters 同时研究了中性束和离子束，并发现了 RIE。如果它们在这些粒子束之间交替，并将离子能量降低到硅的溅射阈值以下，就会观察到定向 ALE。这表明定向 ALE 和 RIE 都利用了离子中性协同作用。

离子辅助定向 ALE 中的去除过程可以通过将溅射理论应用于定向 ALE 来理解和建模（Berry 等人，2018）。当改性层和体材料的溅射阈值充分不同并且离子能量的值在这两个阈值之间时，可以实现定向 ALE。溅射阈值和结合能之间的函数关系在式（2.8）中给出（Mantenieks，1999）。对于远高于溅射阈值的离子能量，溅射产率与离子能量的平方根相关（Sigmund，1981；Steinbrüchel，1989）。Chang 和 Sawin 发现硅与氯原子的溅射在阈值附近也

存在能量平方根依赖性（Chang 和 Sawin，1997a）。然而，已经提出了接近溅射阈值的离子能量的其他依赖性（Steinbrüchel，1989；Zalm，1984）。最近的分子动力学（MD）模拟显示了极低离子能量的线性能量依赖性（Yan 和 Zhang，2012）。

　　作为一个经典示例，图 6.5 给出了能量在 100 ~ 400eV 之间以及两种不同温度（300℃和 650℃）下铂与汞离子的溅射产率（Wehner，1956）。对于该特定系统，溅射产率是离子能量的线性函数。该图还表明，两个目标温度之间的差异很小，并且是在可能的误差范围内。因此，定向 ALE 的理想 ALE 曲线表示为去除步骤的离子能量的函数。

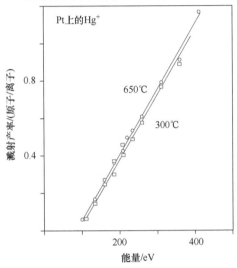

图 6.5　用汞离子溅射铂时，溅射产率与离子能量的函数关系。资料来源：Wehner（1956）。© 1956，美国物理学会

　　现在我们结合改性材料和体材料的溅射曲线的概念来构建定向 ALE 的理想 ALE 窗口。图 6.6 的左上图描绘了改性层和体层的溅射产率曲线。为了简单起见，我们选择了类似于图 6.5 中产率曲线的线性关系。在图 6.6 的右上图，通过离子或快原子轰击去除的 ALE 工艺的每循环刻蚀深度（EPC）被描述为离子能量的函数。观察到 EPC 的最低能量对应于氯化硅的溅射阈值。窗口的高能量分支由体硅的溅射阈值给出。

　　该曲线表示定向 ALE 的理想 ALE 窗口。它类似于图 4.2 所示的热各向同性 ALE 的理想窗口，是温度的函数。换言之，ALE 窗口的 x 轴表示为开始去除改性层而提供的能量。在实际实现中，ALE 窗口可能会因意外的二次反应而扭曲，例如步骤之间的串扰（例如室壁效应）、表面改性步骤中的自发刻蚀或由于缺乏离子能量控制而导致的意外溅射。

　　溅射产率与 ALE 窗口之间的关系如图 6.7 所示，其中显示了具有氯自由基改性和氩等离子体去除的硅 ALE 的 ALE 曲线测量结果（Tan 等人，2015）。插图显示了该系统碰撞级联的蒙特卡罗模拟结果（Berry 等人，2018）。窗口的平台开始于大约 50eV，并且可以从 80eV 看到硅溅射。根据模拟结果，对于 100 个氩离子以 60eV 撞击表面，仅从硅表面去除 1 个硅原子，而从氯化硅表面去除 17 个硅原子。在 200eV 下，从硅表面去除 7 个原子，从氯化硅

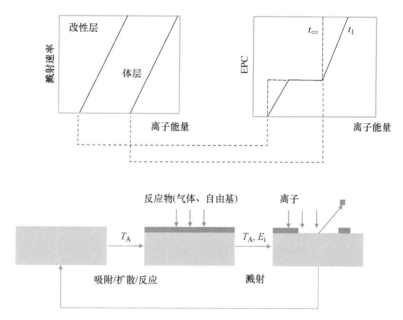

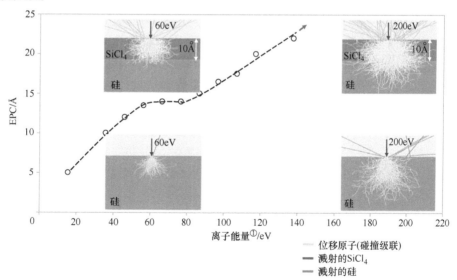

图 6.6　作为离子能量函数的定向 ALE 的理想窗口的起源

表面去除 39 个原子。虽然去除步骤在 200eV 下不是自限制的, 但是改性层的去除速率明显高于未改性层。

图 6.7　氯自由基改性和氩等离子体去除硅的 ALE 窗口测量值。插图显示了相同系统的蒙特卡罗模拟结果。资料来源: Tan 等人（2015）; Berry 等人（2018）
① 离子能量 = 测量的偏置电压 + 计算的自偏压。

　　这意味着, 即使对于高于体溅射阈值的能量, 也可以获得 ALE 的一些好处。这些好处是提高了整个晶圆的均匀性、具有不同临界尺寸的形貌均匀性 [称为深宽比相关刻蚀

（ARDE）］和表面平滑度（Kanarik 等人，2015）。在这些条件下的工作确实提供了吞吐量优势，但必须仔细控制去除步骤时间，以在去除改性层时结束（Berry 等人，2018）。必须平衡吞吐量和性能，以达到所需的刻蚀性能。这种折中在 ALD 中是众所周知的。

图 6.8 所示 ALE 窗口的范围和形状由定向 ALE 的以下物理和化学性质决定：

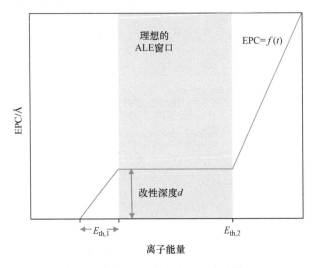

图 6.8   定向 ALE 理想窗口的典型特征

1）ALE 窗口的范围由改性层溅射阈值 $E_{th,1}$ 和体材料溅射阈值 $E_{th,2}$ 之间的能量差给出。

2）ALE 窗口的上限是一个物理参数，由体材料的溅射阈值 $E_{th,2}$、去除离子的选择和撞击角给出。

3）ALE 窗口的下限是化学改性的结果。改性步骤必须设计成尽可能地弱化表面化合物，而不会引起自发刻蚀。

4）能量高于溅射阈值的曲线斜率由去除步骤的持续时间确定。对于无限步骤时间，坡度是垂直的。

5）理想 ALE 窗口内的 EPC 由改性深度 d 给出。改性深度和步进时间决定了 ALE 工艺的刻蚀速率。

6）ALE 窗口下离子能量曲线的斜率是溅射阈值随改性物种浓度变化的结果。在具有 Cl_2/Ar^+ 的硅 ALE 的情况下，它是硅中氯的浓度。如果表面是单晶，且改性仅吸附而不扩散，则 ALE 曲线的低能斜率将比通过吸附和扩散改性的非晶材料更陡。

在定向 ALE 中，表面改性通过吸附完成，在某些情况下通过氧或卤素进行扩散和氧化。饱和曲线可以用与第 4 章讨论的热各向同性 ALE 相同的基本原理来解释。在本章中，我们将重点讨论溅射去除的饱和曲线。如果离子能量高于离子能量上限，则可能发生两个溅射事件，即改性层和体材料的溅射。如果存在体材料的溅射，则去除步骤完全饱和，因此不能达到 100% 的协同作用。

现在我们探索非饱和去除曲线的函数表达式。EPC，即去除材料的量，是去除步骤中瞬

时溅射速率（SR）对时间的积分，可表示为（Gottscho 等人，1992）

$$\mathrm{SR} = \nu \Theta E_\mathrm{i} J_\mathrm{i} \tag{6.1}$$

式中，ν 是饱和表面每单位轰击能量去除的体积（$\mathrm{cm^3/eV}$）；Θ 是表面覆盖率；E_i 是离子能量（eV）；J_i 是到表面的离子通量（$\mathrm{cm^{-2}/s}$）。在 ALE 中，离子能量被控制在一个窄的范围内，并且 ν 和 E_i 可以组合给出溅射系数 k_sp，其表示每次离子撞击到改性表面位点上去除的材料的体积。溅射系数 k_sp 等于溅射产率 Γ 乘以每个去除原子的体积。

在理想的 ALE 窗口内，仅改性后的层被去除。在这种情况下，$k_{\mathrm{sp},1}$ 等于改性深度 d 乘以材料去除面积 A：

$$k_{\mathrm{sp},1} = \nu E_\mathrm{i} = dA \tag{6.2}$$

在通过吸附改性的表面的情况下，d 等于一个单层。如果表面通过吸附和扩散进行改性，则 d 为扩散深度。改性材料的瞬时溅射速率可以表示为

$$\mathrm{SR}_1 = \frac{\mathrm{d}[N_\mathrm{s}]}{\mathrm{d}t} = k_{\mathrm{sp},1}[N_0 - N_\mathrm{sp}]J_\mathrm{i} \tag{6.3}$$

式中，N_0 是活化表面位点的总数；N_sp 是溅射表面位点的数量。为了计算作为时间函数的去除材料总量，必须对式（6.2）进行积分：

$$\int_0^{[N_\mathrm{sp}]_t} \frac{\mathrm{d}[N_\mathrm{sp}]}{[N_0] - [N_\mathrm{sp}]} = \int_0^t k_{\mathrm{sp},1} J_\mathrm{i} \mathrm{d}t \tag{6.4}$$

如果我们将 $[N_0]$ 归一化为 1，并在去除步骤的给定步骤时间内将 $[N_\mathrm{sp}]$ 等同于 EPC，则获得以下表达式：

$$[N_\mathrm{sp}] = \mathrm{EPC}_1 = 1 - \mathrm{e}^{-k_{\mathrm{sp},1}J_\mathrm{i}t} \tag{6.5}$$

式（6.5）将 EPC 描述为没有任何体材料溅射的理想 ALE 工艺的时间函数。

现在我们考虑 ALE 过程，其中体材料的溅射速率是有限的。如果 ALE 过程在高于理想 ALE 窗口上限的离子能量下工作，则是这种情况。瞬时刻蚀速率，或在这种情况下的溅射速率，由离子通量和先前已被改性层去除的位点数量乘以体溅射系数 $k_{\mathrm{sp},2}$ 给出：

$$\mathrm{SR}_2 = k_{\mathrm{sp},2}[N_\mathrm{sp}]J_\mathrm{i} \tag{6.6}$$

从式（6.4）中代入 $[N_\mathrm{sp}]$ 并随时间积分，得到了体溅射的 EPC 贡献，EPC_2 为

$$\mathrm{EPC}_2 = \int_0^t k_{\mathrm{sp},2}(1 - \mathrm{e}^{-k_{\mathrm{sp},1}J_\mathrm{i}t})J_\mathrm{i}\mathrm{d}t \tag{6.7}$$

求解此积分，得到

$$\mathrm{EPC}_2 = \frac{k_{\mathrm{sp},2}}{k_{\mathrm{sp},1}}(k_{\mathrm{sp},1}J_\mathrm{i}t + \mathrm{e}^{-k_{\mathrm{sp},1}J_\mathrm{i}t}) \tag{6.8}$$

存在体溅射的非理想 ALE 工艺的总 EPC 等于 EPC_1 与 EPC_2 之和：

$$\mathrm{EPC} = 1 - \mathrm{e}^{-k_{\mathrm{sp},1}J_\mathrm{i}t} + \frac{k_{\mathrm{sp},2}}{k_{\mathrm{sp},1}}(k_{\mathrm{sp},1}J_\mathrm{i}t + \mathrm{e}^{-k_{\mathrm{sp},1}J_\mathrm{i}t}) \tag{6.9}$$

图 6.9 显示了使用式（6.9）计算的理想和非理想定向 ALE 过程的 EPC（Lill 等人，2015）。这里，$k_{\mathrm{sp},1}$ 被归一化为 1，并且 $k_{\mathrm{sp},2}$ 的值是相对于 $k_{\mathrm{sp},1}$ 给出的。当 $k_{\mathrm{sp},2}$ 等于零时，这代表了理想 ALE 的情况，没有任何体材料的溅射，即去除过程完全饱和。$k_{\mathrm{sp},2}$ 的值在 0 ～

0.1 之间变化。基于文献数据，选择 0.05 的值作为中点，该文献数据表明，在对氟化硅表面进行撞击时，1 个氩离子可以去除 25 个硅原子（Gerlach–Meyer 和 Coburn，1981）。Chang 表明，硅的溅射产率没有达到每个低于 400eV 的氩离子一个硅原子的值（Chang，1997a）。因此，对于氟化硅表面，预期 $k_{sp,2}$ 的值小于 0.05。因为硅和氟之间的键能比硅和氯的键能强，所以氯化硅的 $k_{sp,2}$ 预计会大于 0.05。

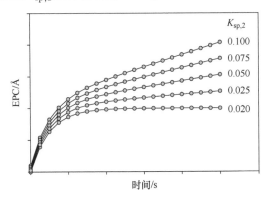

图 6.9　定向 ALE 中离子去除步骤的计算饱和曲线

对于 $k_{sp,2}>0$，EPC 不会随时间饱和。这种情况等同于图 4.11 所示的热各向同性 ALE 的非理想饱和，其中非理想饱和的贡献表示为 ΔEPC_2。非理想热各向同性 ALE 的根本原因包括改性步骤中的非饱和扩散过程和未改性体材料的热刻蚀。定向 ALE 去除步骤中非理想饱和的原因是未改性体材料的溅射。

图 6.9 显示，如果改性材料的溅射产率明显大于体材料的溅射产率，则可以达到有意义的饱和程度。即使对于 $k_{sp,2}=0.1$，EPC 也明显减慢，这对应于由于表面改性导致溅射产率增加 10 倍。对于较小的 $k_{sp,2}$，ALE 过程变得更接近理想，均匀性和 ARDE 性能得到改善。

较小 $k_{sp,2}$ 的刻蚀性能的提高是协同作用增强的结果。后者是 ALE 过程的第三个关键特征，除了存在 ALE 窗口和饱和或自限制的过程步骤。协同作用的定义见式（4.1）。对于定向 ALE，β 表示用于 $k_{sp,2}>0$ 的工艺的体溅射。如果材料在表面改性步骤中自发去除，则协同作用也会降低，其量在式（4.1）中用 α 项表示。

在具有定向去除步骤的 ALE 的情况下，例如通过 Cl_2 分子或 Cl^* 自由基进行表面改性并去除氩离子的硅 ALE，α 可以是热刻蚀或自由基刻蚀的结果，并且可以通过选择适当的改性气体并在较低的温度下工作来抑制。

对各种材料的定向 ALE 的系统研究表明，协同作用随体材料的结合能 E_0 而扩大（Kanarik 等人，2017）。这是合理的，因为 E_0 决定了体材料的溅射产率 Γ 和阈值 E_{th} [见式（2.7）和式（2.8）]。图 6.10a 描述了各种定向 ALE 过程的理想 ALE 窗口上限的实验结果，该上限是体材料结合能 E_0 的函数。在所有情况下，在去除步骤中都使用了氩离子，这允许对数据进行比较。

理想 ALE 窗口的上限原则上与体材料的溅射阈值相同，因此该趋势应遵循式（2.7）中给出的溅射阈值对结合能的相关性。虽然后者预测了更复杂的关系，也涉及体材料的原子质量，但是图6.10a 中的数据大致遵循了多种材料和原子质量的线性趋势。具有最大原子质量的两种材料的 ALE 窗口上边缘的值低于式（2.7）所预测的线性趋势线。

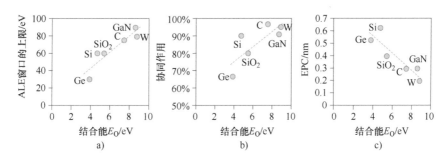

图 6.10　定向 ALE 特性与体结合能 E_0 的关系：a）ALE 窗口的上限；b）协同作用；c）EPC。资料来源：Kanarik 等人（2017）

ALE 协同作用与结合能的相关性如图 6.10b 所示。对于更大的 E_0，ALE 协同作用更高，即对于体材料，E_{th} 更高。体溅射的较高阈值意味着体材料的溅射更难。因此，应更容易选择性地溅射改性层。如果改性化学可以将溅射阈值降低到足够低的能量，则理想的 ALE 窗口很大，并且窗口内离子能量的协同作用很高。图 6.10b 给出了一些出乎意料的见解，即由于结合能更大而更难刻蚀的材料更适合具有高协同作用的定向 ALE。图 6.10c 显示，具有高协同作用的材料表现出较小的 EPC。这意味着改性层的深度也取决于 E_0。直观地说，这可以理解为在改性过程中破坏体材料的键所需的能量。低 E_0 的材料在改性过程中也可能更容易发生热刻蚀或自由基刻蚀，这将增加 α 的值。

图 6.11 显示了具有 O_2/Ar^+ 的碳定向 ALE 的 EPC 和协同作用作为离子能量的函数（Kanarik 等人，2017）。对于低于 30eV 的离子能量范围，由于离子能量不足，改性层未完全去除。30 ~ 70eV 代表理想的 ALE 窗口，系统的协同作用为 100%。超过 70eV 则有物理溅射，

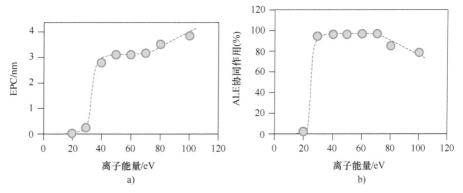

图 6.11　具有 O_2/Ar^+ 的碳 ALE 的 EPC（图 a）和协同作用（图 b）与离子能量的关系。资料来源：Kanarik 等人（2017）

这降低了协同效应。该分析表明，保持在理想的 ALE 窗口内以获得最高的协同作用的重要性。根据系统的不同，即使在如上所述的理想 ALE 窗口内，也可能无法始终实现 100% 的协同作用。

由于该工艺方案的实际相关性，探索离子能量高于体溅射阈值的定向 ALE 的协同作用是重要的。较高的离子能量有利于刻蚀具有较高深宽比的形貌。更高的离子能量也会产生更高的溅射速率［见式 (2.6)］，这减少了达到饱和的时间并提高了刻蚀速率和吞吐量。

只要改性材料的溅射速率足够高（见图 6.9），即使在高的体溅射速率下，作为时间函数的材料去除量也会减慢。曲线的这种弯曲可以通过以下事实来解释，即最初改性层由于其较高的溅射产率而被溅射掉，以及改性层位于体材料的顶部。只有在去除改性层之后，才能发生体材料的溅射。这意味着在去除步骤期间的任何给定时间点，一定量的改性和体材料被去除，并且可以计算瞬时协同作用。通过对溅射、改性和体材料的通量进行积分，可以计算出作为时间函数的协同效应。

式 (4.1) 可以修改为将协同作用表示为 ALE 步骤时间和能量 $S(t, E_i)$ 的函数（Berry 等人，2018）：

$$S(t, E_i) = \frac{\int_0^t SR_1(t, E_i)}{d + \int_0^t SR_2(t, E_i) + \alpha} \times 100\% \qquad (6.10)$$

式中，$SR_1(t, E_i)$ 是离子轰击下改性材料随时间变化的去除率，归一化为表面面积；$SR_2(t, E_i)$ 是体材料随时间变化的去除速率；d 是改性层的厚度；α 是化学改性步骤期间去除的材料的量以及步骤时间。$\int_0^t SR_1(t, E)$ 表示在一个循环中以步骤时间 t 去除的改性材料的量，并替换式 (4.1) 中的分子。对于足够大的 t，$\int_0^t SR_1(t, E) = d$。式 (6.10) 中的分母将 EPC 描述为各个分量的总和。要实现 100% 的协同作用，t 需要足够大，以使 $\int_0^t SR_1(t, E) = d_m$，而 t 需要足够小，以致可忽略发生的溅射，即 $\int_0^t SR_2(t, E) \approx 0$。此外，$\alpha$ 需要为 0，即在化学改性步骤期间不发生刻蚀。如果 $S(t, E_i) = 100\%$，ALE 过程是"理想的"。

使用蒙特卡罗溅射模型，可以直接计算改性和体材料去除的时间依赖性（Berry 等人，2018）。图 6.12b 显示了 20eV、70eV 和 100eV 离子能量下钽的 Cl_2/Ar^+ ALE 的协同因子 $S(t, E_i)$ 的时间依赖性。该系统的相应实验 ALE 曲线如图 6.12a 所示。计算中的时间尺度被归一化为实验结果。

对于 20eV 的离子能量及 ALE 窗口下限和上限之间的所有其他能量，实现理想 ALE 的时间窗口理论上是无限长的。对于 70eV 的离子能量，根据图 6.12a，其刚好高于 ALE 窗口的上限，协同作用在几毫秒后达到 100%，在 5s 后降低到刚好高于 95%。即使对于 110eV 的离子能量，在非常短的去除时间内也可以实现接近 100% 的协同作用（98%），但是在 5s 溅射时间后协同作用下降到 40% 以下。

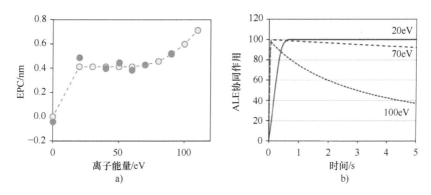

图 6.12　Cl_2/Ar^+ 定向钽 ALE 的 a）理想 ALE 窗口以及 b）依赖于时间和能量的协同作用。
资料来源：Berry 等人（2018）

这一分析结果的含义对于实际应用非常重要。即使离子能量远在 ALE 能量窗口之上，也可以获得刻蚀速率不均匀性（ERNU）、ARDE 和表面光滑度的有意义的协同作用和相关好处。这种效应是许多使用等离子体脉冲和混合模式脉冲（MMP）RIE 应用的核心。

这种效应为通过利用更高的溅射产率和更短的去除步骤时间来缩短一个 ALE 循环的持续时间提供了机会。因为最佳循环时间可能很短，所以实现这种过程需要新的工艺控制水平。偏压脉冲可以增加溅射量的去除步骤时间的持续时间，这有利于工艺控制（Tan 等人，2019a）。

到目前为止，所有定向 ALE 的实例都在去除步骤中利用了氩离子或快氩原子。根据式（2.7）和式（2.8），溅射阈值和产率也是撞击离子和表面原子的质量比的函数。这是由于式（2.5）中动量传递的物理性质。因此，探索使用不同惰性气体离子对 ALE 窗口的影响是有趣的。蒙特卡罗模拟可用于研究离子质量对定向 ALE 的影响（Berry 等人，2018）。图 6.13 描述了对原子质量显著不同的两种元素钛和钨的计算的 ALE 曲线。为了反映真实的 ALE 系统，不同的卤素用于模拟表面改性，氯用于钨，溴用于钛。

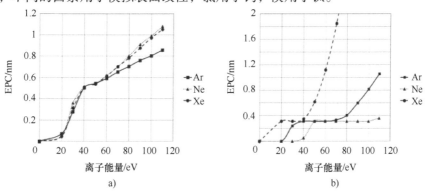

图 6.13　模拟 ALE 窗口：a）用溴进行表面改性的 Ne、Ar 和 Xe 的钛 ALE；
b）用氯进行表面改性的 Ne、Ar 和 Xe 的钨 ALE。资料来源：Berry 等人（2018）

重要的是要考虑离子和表面原子的原子质量，以解释图 6.13 中的结果。钛为 48，钨为 184，氖为 20，氩为 40，氙为 131。在钛的情况下，撞击离子具有相似或更高的质量；在钨的情况下，它们的质量比表面原子低得多。图 6.13 显示，对于钛的 ALE 工艺，去除步骤中的离子质量不会显著改变 ALE 曲线。钨的行为形成了鲜明的对比。钨的 Cl_2/Xe^+ ALE 具有从 20eV 开始的 20eV 的相对较小的 ALE 窗口。然而，钨的 Cl_2/Ne^+ ALE 具有从 50eV 开始的 50eV 的窗口。根据这些结果，氖应该是钨 ALE 的较好气体。Cl_2/Ar^+ 的 ALE 窗口在 Ne^+ 和 Xe^+ 之间，和 Ar^+ 的质量一样。

Mannequin 等人进行了一项研究，将 Ar^+ 和 Kr^+ 用于具有氯活化的 GaN ALE 进行了比较。他们发现 Kr^+ 的 ALE 窗口更大且清晰（Mannequin 等人，2020）。

6.1.3 具有定向去除步骤和通过反应层沉积进行改性的 ALE

在通过反应层改性的定向 ALE 中，反应性物质不直接吸附，而是作为反应性聚合物层的组成部分沉积。典型的系统是具有 C_4F_8/Ar^+ 的 SiO_2 ALE。其他碳氟气体，如 CH_3F，也可用于沉积含有氟作为反应元素的聚合物层。能量为 10~30eV 的氩离子在去除步骤中溅射反应性聚合物和其下部分表面。离子能量低于 SiO_2 的溅射阈值，据报道该阈值在 45eV（Oehrlein 等人，2015）和 65eV（Kaler 等人，2017）之间。更多文献数据列于表 2.1 中。该能量似乎足以溅射含有 Si、O、C 和 F 的混合层。

另一种可能的去除机制是在反应层和 SiO_2 之间的界面处形成挥发性 SiF_4、CO、CO_2 和 COF_2，随后扩散到聚合物表面并解吸（Huard 等人，2018b）。2007 年和 2009 年对 ALE 过程进行了建模（Rauf 等人，2007；Agarwal 和 Kushner，2009），并在几年后进行了实验验证（Metzler 等人，2014；Hudson 等人，2014）。该工艺也应用于硅的 ALE（Metzler 等人，2016）。

图 6.14 描述了具有 C_4F_8/Ar^+ 的 SiO_2 ALE 的经典实验结果（Metzler 等人，2014）。图 6.14 中的下图显示了用原位椭圆偏振仪测量的具有 C_4F_8/Ar^+ 的 SiO_2 ALE 的 8 个循环期间的厚度变化（Metzler 等人，2014）。实验使用了 10mTorr 的连续感应耦合氩等离子体，将晶圆冷却至 10℃ 以加速沉积。在每个循环开始时，注入 C_4F_8 脉冲 1.5s 以沉积约 5Å 的 C_xF_y 层。在 C_4F_8 脉冲后，将 10V 的偏置电势施加到衬底以溅射表面，该偏置电势对应于 25~30eV 的离子能量。SiO_2 最初被快速去除，瞬时去除速率降低，直到大约 10s 后最终停止。至此，2~3Å 的 SiO_2 被去除。EPC 在实验中显著增加了循环，作者将其归因于沉积在反应器壁上的碳氟聚合物的寄生贡献。

这类 ALE 工艺的特征之一是改性步骤明显缺乏自限制，因为它是化学气相沉积（CVD）工艺。反应层的厚度与步骤时间成正比。然而，组合的 ALE 工艺是准自限的，因为过量的聚合物不会有助于通过溅射去除工艺。图 6.15 显示，一旦 SiO_2 上的关键 FC 层厚度达到，EPC 就会饱和。如果反应层厚度超过该关键厚度，该关键厚度约为反应层中氩气的投影射程，则任何额外的反应性聚合物将通过氩气离子轰击溅射，与下面的 SiO_2 几乎没有相互作用。

已使用 MD 模拟（Hamaguchi 等人，2018a）和体素板模型（Kuboi 等人，2019）研究了

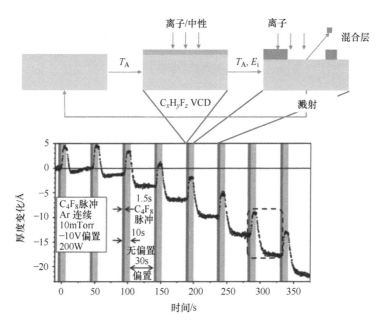

图 6.14 上图：通过反应层沉积进行改性的定向 ALE 示意图；下图：SiO_2 ALE 工艺 8 个循环期间的厚度演变示例。资料来源：Metzler等人（2014），© 2014，AIP 出版

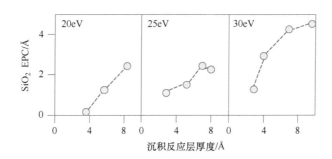

图 6.15 不同反应层厚度和离子能量下 C_4F_8/Ar^+ ALE SiO_2 的 EPC。资料来源：Metzler 等人（2014）。© 2014，AIP 出版

潜在的反应机制。计算表明，优先溅射在这一过程中起着重要作用。式（2.9）表明，较轻和较弱的键合物质优先从表面溅射。在具有 C_4F_8/Ar^+ 的 SiO_2 ALE 的情况下，由于碳（12amu）和氟（19amu）的质量非常相似，只要仅溅射 FC 聚合物，优先溅射确实起重要作用。如果有什么不同的话，碳会优先溅射，并且该层会变得更具反应性。然而，一旦到达 SiO_2 表面，就会发生氧（16amu）原子的优先溅射，这使得表面更富硅（28amu）。在 FC 层的存在下，这促进了 Si—C 键的形成。低能 Ar^+ 辐照可能无法从表面完全去除 C 原子。在这种条件下，在每次 ALE 循环后，更多的碳原子可能保留在表面上，并且刻蚀停止可能最终

在几次 ALE 循环之后发生。

MD 计算表明，添加少量氧和氟可以通过增强碳去除来恢复刻蚀（Hamaguchi 等人，2018a）。MD 模拟非常适合研究这类 ALE 过程，因为它构成了至少四种元素的混合物的近阈值溅射的极端情况。在这些条件下，传统的溅射理论仍然可以提供定量指导，但对于定性预测来说不够准确。

在粒子束实验中发现了 FC 膜沉积过程中接近或准自限的证据（Kaler 等人，2017）。测量得到，与 FC 聚合物膜相比，来自富 CF_2 等离子体的物质在原始 SiO_2 表面上的粘附系数高出 10 倍。已提出了一个修正的 Langmuir-Hinshelwood 模型（见图 2.6）来解释这种影响。一旦整个表面被聚合物覆盖，由于较低的粘附系数，聚合物沉积速率降低。

这类 ALE 的第二个特征是其选择性机制，它不依赖于固有选择性，而是依赖于选择性沉积。固有选择性的定义在第 2.1 节中介绍为无沉积子反应的刻蚀选择性，仅依赖于体材料的结合能。它是通过化学吸附改性的定向 ALE 的主要选择性机制（Tan 等人，2015）。根据定义，通过沉积反应层进行表面改性的 ALE 使用沉积子反应。该沉积步骤用于钝化一个表面与另一个表面。具体而言，具有 C_4F_8/Ar^+ 的 SiO_2 ALE 对 Si_3N_4 非常有选择性（Hudson 等人，2014）。

现在我们研究这类 ALE 过程的协同作用。Kanarik 等人报道了 SiO_2 ALE 与 CHF_3/Ar^+ 的协同作用为 80%（Kanarik 等人，2017）。结合能 E_0 约为 5eV，这是图 6.10 中元素范围的中间值。基于协同作用和结合能之间的相关性，SiO_2 对于高协同作用 ALE 的适用性是平均的。

与基于等离子体的卤素化学吸附的定向 ALE 相比，基于沉积的 ALE 具有更容易避免自发刻蚀的优点。这是因为一旦表面被覆盖，聚合物沉积就会抑制材料的去除。此外，在室温下，氟自由基对 SiO_2 的刻蚀速率低。如果离子能量保持在 10~20eV 的自偏置水平，聚合物沉积步骤将不会刻蚀 SiO_2，α 在式（4.1）中将接近于零。

如果离子能量低于 SiO_2 的溅射阈值，则体溅射的贡献原则上为零。参数 β 在此条件下将为零。然而，体溅射间接地有助于 α。这种机制源自 SiO_2 是一种化合物材料的事实。由于质量较低，当暴露于氩离子时，氧将优先溅射［见式（2.9）］。

Todorov 和 Fossum 报告了能量低至 40eV 的可测量溅射（Todorov 和 Fossum，1988）。尽管这些能量的产率仅为 0.004 原子/撞击离子，但这将导致 FC 聚合物清除后 SiO_2 表面的硅富集。该富硅层可以在改性步骤中在氟自由基存在下自发刻蚀。MD 模拟预测了这种影响（Hamaguchi 等人，2018b）。为了避免这种机制，Ar^+ 溅射不应超过清除混合层的时间。

如果气体交换缓慢或当来自反应器壁的 FC 聚合物在去除期间导致 Ar 等离子体中的氟时，协同作用也会受到负面影响。后一种机制被用来解释图 6.14 中 EPC 的增加（Metzler 等人，2014）。Huard 等人通过在去除步骤中将 100ppm C_4F_8 添加到氩气中，模拟了来自气体管线和器壁解吸的残余 C_4F_8 的贡献（Huard 等人，2018b）。协同作用计算为不含（理想 EPC）和添加 C_4F_8（非理想 EPC）的 EPC 之间的比率。该方法与式（4.1）一致，因为式（4.1）中的 EPC-$(\alpha+\beta)$ 项表示理想 EPC。

图 6.16 显示，理想和非理想 EPC 沉积时间在 1s 内开始饱和，这证实了前面讨论的准自

限的性质。协同作用从零开始，因为在没有沉积步骤的情况下，Ar 进料气体中只有 C_4F_8 污染的刻蚀。该值是理论值，因为没有聚合物沉积步骤，不会有 C_4F_8 污染。当聚合物步骤时间延长时，协同作用增加并达到最大 80%。这与 Kanarik 等人（2017）报告的实验值一致。与 FC 聚合物沉积时间协同作用增加的原因是较厚聚合物的理想 EPC 增加。较厚的聚合物提供了更大的活性氟来源。这是一个有趣的结果，可以用于设计高度协同的 ALE 过程。较长的聚合物步骤对协同作用的积极影响在实际应用中甚至更强，因为对于较厚的聚合物层，到达 SiO_2 界面的时间更长。在到达与 SiO_2 的界面之前，可以将反应器壁和气体管线中的残余氟冲洗掉。

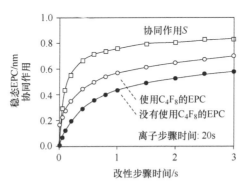

图 6.16　对于 20s Ar^+ 离子去除，去除步骤中有和没有 C_4F_8 的 EPC 以及由此产生的 ALE 协同效应与沉积步骤时间的关系。显示了理想和非理想通量的值。资料来源：Huard 等人（2018b）。© 2018，美国真空学会

SiO_2 的定向 ALE 已经在改性步骤中使用没有等离子体的 C_4F_8 气体得到了证明（Antoun 等人，2019）。表面必须冷却至 $-120℃$ 以下的低温。表面改性机制被认为是 C_4F_8 分子的物理吸附。能观察到的 EPC 阈值非常意外。SiO_2 的 ALE 发生在 $-120℃$，而在 $-110℃$ 不存在刻蚀。EPC 为 0.4nm。由于物理吸附的性质，改性步骤很可能在给定温度下自限制。

Lin 等人通过沉积证明了 HfO_2 对硅的选择性 ALE（Lin 等人，2020）。他们发现 CH_4/CHF_3 混合物在硅上沉积碳氟化合物膜，而它氟化 HfO_2 表面，FC 沉积可忽略不计。可以通过低能氩轰击去除氟化层。他们能够刻蚀穿过约 $29Å$ HfO_2 膜，在硅上形成钝化层。在硅刻蚀停止之前，硅厚度损失小于 $13.7Å$。

6.2　性能指标

6.2.1　刻蚀速率（EPC）

ALE 的刻蚀速率由 EPC 和完成一个循环所需的时间决定。循环时间可以通过反应器的适当工程来改善。EPC 由改性和/或去除步骤中的自限制机制决定。我们分析一下我们在上

面讨论过的三个定向 ALE 过程的基本 EPC 限制。

在具有定向改性步骤和各向同性去除的 ALE 的情况下，改性深度由注入离子的投影射程确定，其可以覆盖从几埃到纳米的宽范围（见表 2.2）。改性的深度还取决于各向同性去除过程的选择性，在大多数情况下，这是热解吸步骤或与气体或自由基的化学反应。如果热处理需要精确的化学计量以实现去除，则任何低于临界注入浓度的区域都可能留在晶圆上并减小 EPC。注入粒子的分布大致为高斯分布，最大浓度位于投影射程 R_p 的深度。EPC 将等于浓度高于分布下降斜坡临界值时的改性深度。如果上升斜坡上的浓度低于各向同性去除的临界浓度，则该过程甚至可能无法开始。如果需要非常高的浓度，溅射效应可能会产生协同挑战，这限制了离子注入所能达到的最大浓度。

在具有定向去除步骤并通过化学吸附和扩散进行改性的 ALE 的情况下，EPC 是扩散深度的函数。对于没有后续扩散的纯化学吸附过程，EPC 仅限于一个单层。（100）Si 和（111）Si 的 ALE 值分别为 1.36Å 和 1.57Å（Park 等人，2005a，b；Oh 等人，2007）。对于硅的这些晶体取向，这些值精确地表示一个单层。使用无等离子体的中性氯气对表面进行改性。在这些实验中，硅表面保持在室温下。等离子体产生的自由基可以加速化学吸附。这种方法以自由基本身、残余离子、光子和电子的形式引入额外的能量，这可以激励体扩散。因此，具有氯自由基的硅 ALE 的 EPC 大于几个单层。据报道，在电感耦合等离子体室中，等离子体与晶圆接触，快氯原子和离子撞击表面，氯化的值在 7Å（Kanarik 等人，2015）和 14Å（Tan 等人，2015）之间。这导致了一个改性层，它有几个单层厚。对具有 Cl_2/Ar^+ 的锗 ALE 的计算模拟表明，当每个氯原子的能量从 0 增加到 50eV 时，氯穿透深度从 0 增加至 7Å。每个锗原子的氯原子数也增加（Zhang 等人，2019）。为了减少这种影响，可以使用远程自由基源。

对于具有定向去除步骤并通过反应层沉积进行改性的 ALE，EPC 是反应层厚度和离子能量的函数，如图 6.15 所示。

6.2.2   ERNU（EPC 非均匀性）

对于所有 ALE 工艺，如果协同作用为 100%，理论上整个晶圆的均匀性是完美的。EPC 的非理想贡献会干扰均匀性。在具有定向改性步骤和各向同性去除的 ALE 的情况下，改性步骤是准自限的。注入深度是自限制的，但浓度不是。各向同性去除步骤，例如热解吸，将去除具有特定组成的所有材料。任何不均匀性都将通过去除步骤显示出来。因此，必须很好地控制改性步骤。

具有定向去除步骤，并通过化学吸附和扩散进行改性的 ALE，可以实现 100% 的协同作用和优异的 ERNU。对于具有氯等离子体改性和氩离子去除的硅 ALE，报道了在刻蚀 50nm 硅后，晶圆 ERNU 为 ±1.5nm 3σ，起始均匀度为 ±1.4nm 3σ（Kanarik 等人，2013）。这种性能可以在没有很多均匀性调节功能的情况下获得，这些功能已经在先进的 RIE 反应器中开发。如果该过程的协同作用不够完美，则必须确定根本原因，这可能是在改性步骤或去除步骤中的材料去除 [分别为式（4.1）中 α 和 β 项]。与 RIE 类似，需要在整个晶圆上仔细控制减少协同作用的步骤中的物种通量。如果根本原因是腔室壁上残留的卤素导致的寄生 RIE，则应延长清洁步骤。

虽然化学吸附和扩散速率是温度的函数，但是这种 ALE 工艺通常对温度不太敏感，因此需要多区温控静电卡盘（ESC）。

Huard 等人开发了一个电感耦合反应器模型，以预测使用可比较的 RIE 和 ALE 工艺刻蚀硅时晶圆上的均匀性（Huard 等人，2018a）。RIE 工艺用 90% Cl_2 和 10% Ar 的混合物连续进行。通过在暴露于由氯等离子体产生的通量（没有用氯自由基钝化表面的偏压）和暴露于具有射频（RF）偏压的氩等离子体（提供中等能量的离子轰击以刻蚀钝化表面）之间循环来模拟定向 ALE。氩气去除步骤含有 10ppm 的氯以解释在清洁步骤中反应器中氯去除不完全的原因。结果如图 6.17 所示。连续 RIE 的 ERNU 比整个晶圆的离子通量均匀性稍差。定向 ALE 的 ERNU 在所有条件下都更好，并且随着氩离子去除步骤的延长而提高以达到饱和。残余的不均匀性可归因于向氩气中添加了少量氯气，这导致了 RIE 类型的刻蚀。

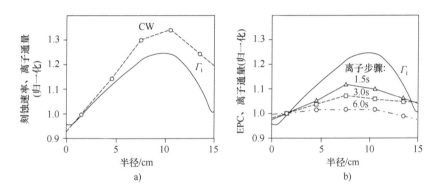

图 6.17 作为 RIE 和 ALE 半径的函数的刻蚀速率和晶圆离子通量。资料来源：根据 Huard 等人（2018a）修改

具有定向去除步骤和通过反应层沉积进行改性的 ALE 是准自限的，EPC 取决于反应层的厚度，如图 6.15 所示。因此，必须仔细控制聚合物沉积步骤的均匀性，以在整个晶圆上获得良好的均匀性。如果在溅射步骤期间氟从腔室壁或气体管线释放，则会引入寄生 RIE 和不均匀性。清洁步骤和更长的聚合物沉积时间可用于提高协同作用并改善内在均匀性。

6.2.3 选择性

定向 ALE 具有比热各向同性 ALE 更低的固有选择性，因为所涉及的离子携带数十电子伏特的过剩动能（见图 6.2）。上述三类定向 ALE 的选择性机制不同。对于具有定向改性步骤和各向同性去除的 ALE，原则上可以获得选择性，但本不应该被刻蚀的底层将被注入损坏。注入深度取决于材料性质，但是将发生对该停止层的注入。这种损伤取决于所选择的注入物种的投影射程，这反过来又决定了轮廓和 EPC。在某些情况下，对停止层的损伤并不重要，或者可以实现牺牲层。

利用第 6.1.2 节中讨论的理想 ALE 窗口框架，可以解释具有定向去除步骤以及通过化学吸附和扩散进行改性的 ALE 的选择性。在图 6.18a 中，材料 A 显示 ALE 窗口，而材料 B 没有。在材料 B 的情况下，吸附层的结合能显著低于体材料。在这种情况下，吸附物将作为原子被去除（EPC 等于零），并且只有当能量达到溅射体材料所需的能量时，才能实现体材料的去除。如果该溅射阈值能量至少高于材料 A 的理想 ALE 的能量范围一部分，则可以获得高选择性。图 6.18b 显示了单晶硅和热氧化硅的实际测量 EPC 与射频偏置电压的关系（Tan 等人，2015）。硅的 ALE 工艺窗口在 40V 和 60V 的射频偏置电压之间。这意味着 60 ~ 80eV 的平均离子能量。对于高至 50V 的射频偏置电压或 70eV 的离子能量，热氧化硅的 EPC 基本上为零。基于这些结果，对于高达 60eV 的离子能量，可以实现对氧化物具有高选择性的硅 ALE。

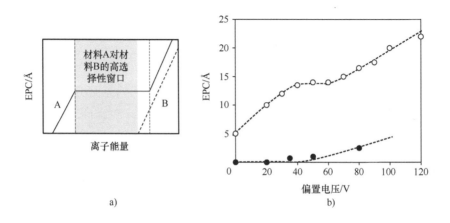

图 6.18　a）材料 A（如硅）和材料 B（如氧化硅）作为离子能量函数的 EPC 示意图。假设在刻蚀材料 A 而不是材料 B 的能量范围内可以达到无限的刻蚀选择性。b）测量的硅（空心圆）和氧化硅（实心圆）的 EPC 作为射频偏置电压的函数。资料来源：Tan 等人（2015）

ALE 与连续处理相比的选择性优势如图 6.19 所示，其中比较了氯等离子体/Ar^+ ALE 与具有氯和氩混合物等离子体的连续 RIE 的硅对 SiO_2 的选择性结果（Tan 等人，2015）。对于 ALE，对于高达 40V 或约 60eV 离子能量的射频偏置电压，没有测量到氧化硅的刻蚀。这个区域被标记为"无限选择性"。相反，对于 0V 以上的偏置电压，在类似条件下连续处理，选择性立即降低。

通过薄膜计量测量的无限选择性不一定意味着停止层不会被离子轰击损伤，特别是如果停止层只有几纳米薄的话。为了在真正的原子水平上研究这些效应，透射电子显微镜（TEM）是一种非常有用的工具。图 6.20 比较了 30nm 过刻蚀 ALE 前后多晶硅/栅极氧化物结构的 TEM 显微照片。在本实验中，在去除步骤中使用了无偏置功率的氩等离子体，以最小化表面损伤。没有观察到栅极氧化物的损失，即便栅极氧化物下方的体硅的任何损伤可见时，也只有最小的损失。与刻蚀前 TEM 相比，较暗区域延伸到更大的硅深度，这一事实表

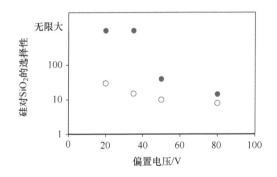

图 6.19　单晶硅对热氧化硅的选择性与射频偏置电压的关系。将 ALE 结果（实心圆圈）和连续工艺结果（空心圆圈）进行比较。资料来源：Tan 等人（2015）

明可能存在一些晶格损伤（Tan 等人，2015）。

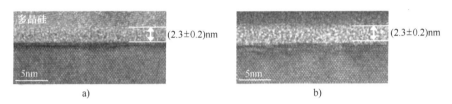

图 6.20　a）ALE 刻蚀之前以及 b）ALE 刻蚀之后，使用氩等离子体解吸和 0V 偏压的栅极氧化物的 TEM 显微照片。过刻蚀量为 30nm。资料来源：Tan 等人（2015）

对于 70nm 多晶硅的等效时间，观察到一些栅极氧化物损失。由于诸如氧的优先溅射和硅原子的 ALE 去除的二次工艺，栅极氧化物的完整性受到损害。可以想象，ALE 工艺去除了在氩离子轰击期间形成的一些富硅表面层，最终栅极氧化物层将减薄到临界厚度。

其他的解释也是可能的。Petit - Etienne 等人报告称，对于具有 100eV 离子能量的氯等离子体，氯原子穿透 2.5nm 厚的 SiO_2，并在界面处以 $SiCl_x$ 的形式积聚，导致硅凹陷和栅极氧化物的加速穿通（Petit - Etienne 等人，2011）。当栅氧化层足够薄的最后阶段，氯渗透/积累机制可能会发挥作用。

ALE 的硅损伤与已发表的连续模式工艺的结果相比非常有利。图 6.21 显示了 Cl_2/Xe ALE（Lill 等人，2018）和传统 HBr/O_2 RIE 多晶硅栅极过刻蚀（Vitale 和 Smith，2003）的比较。在 ALE 的情况下，栅极氧化物厚度约为 2nm，在 RIE 的情况下为 4nm。ALE 工艺显示没有栅极氧化物或衬底损失。RIE 实验显示出典型的硅凹陷行为。RIE 工艺依赖于氧注入来扩展栅极氧化物的厚度，以应对 100eV 和更多的离子能量。这种氧化物在湿清洗过程中被去除，这会导致凹陷，并会对器件性能产生负面影响，因为晶体管沟道区域与源极和漏极之间的交叠会受到影响。

具有定向去除步骤和通过反应层沉积进行改性的 ALE 的特征在于基于沉积的选择性机

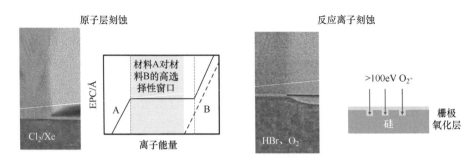

图 6.21   Cl$_2$/Xe ALE 和传统 HBr/O$_2$ RIE 对多晶硅栅极过刻蚀时栅极氧化物损耗的比较

制。固有选择性仅在短时间内起作用，直到在停止层上形成保护性聚合物层。例如，在具有 C$_4$F$_8$/Ar$^+$ 的 SiO$_2$ ALE 中，基于沉积的刻蚀选择性依赖于聚合物堆积到终止 Si$_3$N$_4$ 和硅的刻蚀的水平，这一序列需要发生几个脉冲，如图 6.22 所示（Huard 等人，2018b）。当聚合物层达到 2nm 厚度时，显著的 Si$_3$N$_4$ 刻蚀在大约 15 个循环后停止。氩离子有一个模拟的分布范围，为 25~45eV，低于 SiO$_2$ 的溅射阈值（见表 2.1）。

在 Si$_3$N$_4$ 上而不是在 SiO$_2$ 上有聚合物堆积的原因是后者存在氧。这为通过形成 CO 或 CO$_2$ 去除碳创造了一条途径，而 CO 或 CO$_2$ 在 Si$_3$N$_4$ 中不存在。如 Hamaguchi 等人所示，SiC 可以在没有氧气的情况下形成（Hamaguchi 等人，2018a）。相同的论点可以应用于具有 C$_4$F$_8$/Ar$^+$ 的 SiO$_2$ ALE 对硅的选择性。

图 6.22 显示，当 Si$_3$N$_4$ 完全钝化时，失去了 8nm 的 Si$_3$N$_4$。这对于高级刻蚀应用来说可能太多了。提高选择性的一种解决方案是在 Si$_3$N$_4$ 尚未钝化时使用能量分布窄的尽可能低的离子能量。射频波形整形可用于实现这一目标（Wang 和 Wendt，2000）。该技术将在第 9.4 节中详细讨论。另一种方法是利用富碳前驱体在 Si$_3$N$_4$ 上的选择性沉积来增强钝化层的形成（Gasvoda 等人，2019）。如果初始损失被消除，这类 ALE 理论上可以实现无限选择性，这对于实际应用非常有意义。

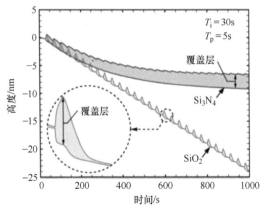

图 6.22   SiO$_2$ 和 Si$_3$N$_4$ ALE 的计算厚度演变。资料来源：Huard 等人（2018b）。© 2018，美国真空学会

6.2.4　轮廓和 ARDE

具有定向改性步骤和各向同性去除的 ALE 原则上可以通过在形貌底部而不是侧壁中注入改性物种来创建接近垂直的轮廓。注入离子的投影射程越深，蔓生效应也会导致横向方向改性，这会影响完全垂直轮廓的生成（见表 2.1）。离子从掩模的散射也会导致各向同性刻蚀成分。通过 He 离子轰击和用稀释的 HF 酸各向同性去除改性层，已经证明了 Si_3N_4 侧墙刻蚀的垂直轮廓（Posseme 等人，2014）。有文献报道了在 200eV 下用氧离子注入刻蚀钴，然后用甲酸蒸汽去除氧化钴的近垂直轮廓（Chen 等人，2017b）。本实验中的掩模材料为 TiN。

具有定向去除步骤以及通过化学吸附和扩散进行改性的 ALE 被用于半导体工业，例如，作为 FinFET 栅极的高选择性过刻蚀工艺。图 6.21 所示的多晶硅栅极轮廓说明了这种 ALE 生成垂直轮廓的能力。这种刻蚀行为的原因是朝向形貌底部的通量远高于朝向室壁的通量，并且撞击壁的离子主要是散射的（见图 2.16）。为了实现无 ARDE 的完美外形，必须考虑二级效应。当 Cl_2/Ar^+ ALE 应用于具有狭窄的线和空间的 SiO_2 硬掩模的硅层时，即使离子能量在 ALE 窗口内，也观察到凹入或弯曲轮廓（Ranjan 等人，2016）。

图 6.23 说明了通过降低倾斜入射离子的溅射阈值，非垂直离子对侧壁的溅射被放大。图 6.23 中的建模结果表明，倾斜入射角越大，ALE 窗口的能量越小，宽度越小。这种负面影响可以通过确保硬掩模具有完全垂直的轮廓来减轻，因为这减少了从硬掩模散射的离子的数量。

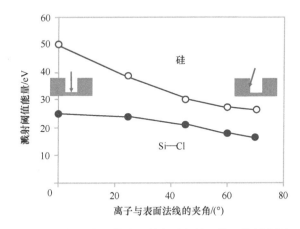

图 6.23　计算出的 Cl_2/Ar 硅 ALE 窗口作为入射离子角的函数。资料来源：Berry 等人（2018）

另一种方法是在几毫托或更低的压力下运行氩溅射步骤。这使得入射离子的角度分布更窄。第三种方法是将离子能量增加到几百 eV，这也减小了离子角分布的宽度。这当然会导致体溅射并降低工艺的协同作用。然而，如果溅射步骤的时间非常短，则最大协同作用的时刻可以实现，如图 6.12 所示。

这种方法的步骤时间通常必须远远低于 1s。为了实现如此短的溅射步骤时间和更好的工艺控制，可以使用占空比为10%或更低的等离子体脉冲（例如偏置脉冲）。已经用这种所谓的高能定向ALE方法证明了没有弯曲的硅栅极轮廓和垂直钌金属化线（Tan等人，2019a）。

这类定向ALE的另一个复杂性来自反应产物的"挥发性"缺失。刻蚀反应产物在热能或自由基刻蚀中从表面解吸时称为"挥发性"。热解吸产生的刻蚀产物吸附回表面的可能性很低。这使得它们非常适合从高深宽比结构的底部去除。

在定向ALE中，设计上不存在这种刻蚀机制。必须消除在改性步骤期间的热刻蚀，以实现100%的协同效应，从而有利于均匀性和ARDE。反应产物在碰撞级联的终点处从表面溅射，由于其动能，它们克服了解吸势垒。这意味着离开表面的分子或碎片可以经历反向过程，并重新沉积到视线中的表面位置。刻蚀形貌的深宽比越高，重新沉积的可能性越大。

这种侧壁再沉积的影响如图6.24所示，描述了用200次Cl_2/Ar ALE循环刻蚀的硅Fin结构的二维蒙特卡罗溅射模型模拟。溅射的$SiCl_x$物质的粘附系数在0.0~0.6之间变化，以说明再沉积对轮廓和ARDE的影响。随着模型中粘附系数的增加，轮廓变得不那么弯曲，最终逐渐变窄。这是刻蚀产物保护侧壁的结果。同时，ARDE也出现了。这些建模结果表明，刻蚀产物的非挥发性可以帮助创建垂直轮廓，但也可以导致ARDE，尽管存在完美的协同作用。通过提高晶圆温度，可以降低粘附系数和ARDE。如上所述，可以通过使用较高的离子能量和较低的离子通量来改善弯曲。

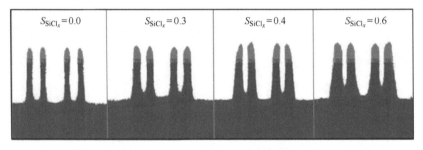

图6.24   硅的Cl_2/Ar ALE 200次循环和溅射物种的不同粘附系数的计算二维模拟。资料来源：Berry等人（2018）

对于具有Cl_2/Ar^+的锗ALE，图6.25显示了一种优化的ALE工艺。小沟槽的深宽比约为4，因此要求没有那么高。此外，由于各向同性刻蚀，该工艺的协同作用仅为66%。反应氯化锗产物的粘附系数较低，因此可能出现没有任何ARDE的垂直轮廓（Kanarik等人，2017）。

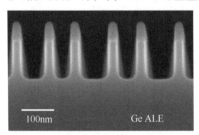

图6.25   图案化测试晶圆上的锗ALE，在55nm和77nm宽度沟槽110nm刻蚀深度处，显示有平坦刻蚀前端以及与刻蚀深度无关的深宽比。资料来源：Kanarik等人（2017）

具有定向去除步骤和通过反应层沉积进行改性的 ALE 具有通过反应聚合物进行内置侧壁钝化的重要优点。正如我们在关于潜在机制的章节中所讨论的，在剩余的聚合物层比离子的投影射程薄之前，不会在溅射步骤中去除体材料。在倾斜离子入射的侧壁上，离子通量低得多，如果离子角分布窄，则大多数撞击离子被散射。这允许形成侧壁总是被聚合物保护的工艺体系。然而，如果聚合物改性步骤是 CVD，它也不是保形的，这意味着小形貌可以在顶部闭合，并且与大形貌相比，小形貌底部的反应层厚度可以更薄。这可以通过插入聚合物去除步骤来防止。这种类型的 ALE 用于刻蚀深宽比为 10 或更高的逻辑接触结构。

6.2.5　表面平整度和 LWR/LER

在去除步骤中使用离子轰击的几个定向 ALE 工艺中，已经观察到刻蚀表面的平滑化（Kim 等人，2013；Kanarik 等人，2018）。图 6.26 显示了钌和硅的实验结果。表面平滑是一种理想的特性，因为粗糙的表面会导致器件尺寸和器件电性能的变化，这会对性能产生不良影响。Kim 等人证明，当应用 ALE 从用 RIE 刻蚀的接触孔底部去除受损层时，接触方块电阻降低（Kim 等人，2013）。

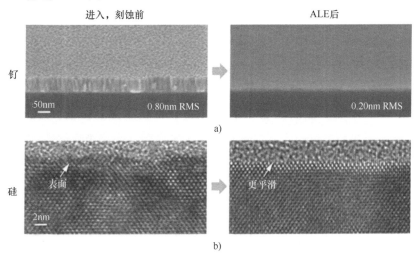

图 6.26　定向 ALE 前后的表面：a）钌 ALE 100 次循环的倾斜扫描电子显微镜（SEM）；
b）硅 ALE 50 次循环的 HR - TEM 侧视图。资料来源：Kanarik 等人（2018）

定向 ALE 的平滑特性可用于改善局部 CD 均匀性。在关键图案转移应用中，要求平滑度小于 1nm。ALE 对线宽粗糙度（LWR）的影响已被证明，例如，在用 SiO₂ 硬掩模刻蚀钌线的过程中。定向 ALE 保持 2.8nm 的线边缘粗糙度（LER），而 RIE 工艺将 LER 增加到超过 4nm（Tan 等人，2019a）。

定向 ALE 的表面平滑机制之一是在溅射去除步骤期间增强了表面原子迁移率。在 MD 模拟中已经预测了氩离子轰击的平滑效应（Graves 和 Humbird，2002；Humbird 和 Graves，2002）。Graves 和 Humbird 证明，氩离子轰击硅表面会导致硅混合，并在模拟片的顶部形成非晶层（见图 6.27）。该层的厚度取决于离子能量，范围从 20eV 时的 1～2Å 到 200eV 时的

18Å。模拟从最高能量开始，当表面被连续轰击时，能量降低。结果表明，通过逐渐降低离子能量可以逆转非晶化损伤。然而，再结晶区域并非完全没有缺陷。看来，具有足够低能量的离子轰击为表面提供了足够的动能，以激励原子的扩散，从而以能量有利的结晶状态重新组合。

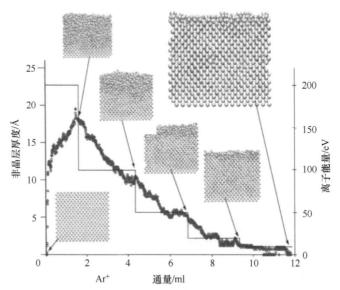

图 6.27　随离子能量变化的非晶层厚度与氩离子通量的模拟关系。
资料来源：Graves 和 Humbird（2002）。© 2002 Elsevier

由于表面扩散是氩离子轰击平滑效果背后的主要机制，纯金属特别适合于定向 ALE 平滑。这是非常有实际意义的，因为许多金属往往沉积在粗糙的表面上。还记录了非金属的定向 ALE 表面平滑，如碳和二元化合物 GaN 等（Kanarik 等人，2018）。GaN 和 AlGaN 获得了与刚刚生长的样品一样光滑的表面（Aroulanda 等人，2019）。通过实验观察到 60 次定向 ALE 循环后钨的表面粗糙度提高了 65%，并使用蒙特卡罗溅射模型进行了模拟（Gottscho，2018）。

据推测，表面平滑效应与 ALE 系统的协同作用相关，因此与材料的体结合能 E_0 相关（Kanarik 等人，2018）。可能有助于平滑效果的其他机制是在改性步骤中凸表面的反应性更高，在倾斜表面处的溅射产率更高，以及从表面峰到谷的溅射再沉积。对 C_4F_8/Ar^+ SiO_2 ALE 的计算研究预测，如果由于体溅射，离子能量高于 100eV，则 SiO_2 表面粗糙度将增加（Agarwal 和 Kushner，2009）。

为了获得具有定向 ALE 的光滑表面，重要的是工艺步骤是自限制的。如果改性步骤不完整，则仅通过氩离子轰击去除表面的改性区域。虽然离子激发的表面扩散可以使这种效应平滑，但是随着时间的推移，表面可能会变得粗糙。Park 等人报道了这种效应。其结果如图 6.28 所示（Park 等人，2005c）。

与定向 ALE 相反，RIE 通常会产生粗糙表面（Nakazaki 等人，2014）。这可以归因于数纳米厚的无序和混合表面的形成，这被称为边缘层。RIE 中形成这种边缘层的主要原因是反应离子的影响（Feil 等人，1993）。Feil 等人在氯环境中用 200eV 氩离子进行了硅溅射的 MD

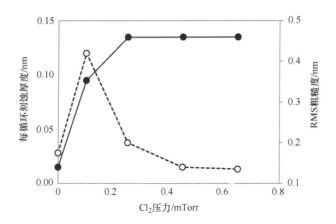

图 6.28 中性氯改性和中性氩束去除的定向 ALE（100）硅的 EPC 和表面粗糙度与氯压力的函数。
快氩原子能量为 50eV，溅射步骤时间为 780s。氯暴露时间为 20s。资料来源：Park 等人（2005c）

模拟。在每一次氩离子碰撞后，表面都被氯饱和，以用富氯/氯等离子体模拟硅的 RIE。这种情况与具有 Ar$^+$/Cl$_2$ 的硅的定向 ALE 的情况非常不同，其中表面上的氯在氩溅射去除步骤中去除。模拟产生了一个具有硅原子塔状结构的粗糙表面，所有硅键都被氯原子钝化。对碰撞级联的进一步观察表明，表面粗糙度的形成是由反冲原子向表面移动引起的。在没有氯的情况下，原子会扩散到整个表面，从而使表面变得光滑。有了氯，就会形成很强的 Si—Cl 键，从而抑制表面扩散并在原位 "冻结" 凸形形貌。图 6.29 显示了 MD 模拟结果，比较了有和无氯存在时氩离子溅射后的表面（Feil 等人，1993）。

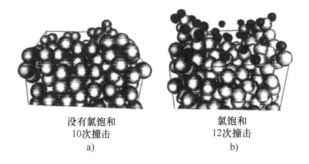

没有氯饱和
10 次撞击
a)

氯饱和
12 次撞击
b)

图 6.29 每次氩离子撞击后，在没有氯饱和（图 a）和氯饱和（图 b）的情况下，200eV 氩离子轰击（111）硅表面的 MD 模拟结果。资料来源：Feil 等人（1993）。© 1993，美国真空学会

基于这些模拟结果，定向 ALE 中的平滑需要完全饱和的溅射去除步骤。在没有这种条件的情况下，氯或其他卤素将留在表面，抑制表面扩散并导致表面粗糙。

6.3　应用示例

6.3.1　具有定向改性步骤的 ALE

这种类型的定向 ALE 已经应用于 Si_3N_4 栅极侧墙刻蚀。通过氢或离子轰击以及用稀释的 HF 酸各向同性去除改性层，已经证明了 Si_3N_4 侧墙刻蚀的垂直轮廓（Posseme 等人，2014）。Posseme 等人证明 SiGe 沟道层的凹陷小于 6Å。所得侧墙结构的显微照片如图 6.30 所示。

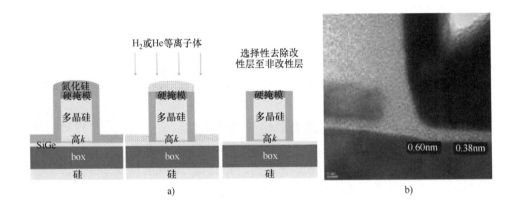

图 6.30　a）使用 H_2 或 He 注入和用稀释 HF 酸去除的氮化物侧墙刻蚀的定向 ALE 示意图；b）使用 H_2 等离子体和 60s 1% HF 浸渍的氮化硅刻蚀后的 TEM 照片。资料来源：Posseme 等人（2014）。© 2014，AIP 出版

该工作中使用的稀释 HF 酸以 1nm/min 的速率刻蚀原始 Si_3N_4。这意味着去除步骤不是自限制的。用 HF 去除也缺乏对 SiO_2 的选择性。最后，实施用于表面改性的干式或真空工艺以及用于去除的湿式刻蚀技术使得实施几个循环不切实际。为了解决这些挑战，已经提出并证明了用 SF_6 或 NF_3 进料气电容耦合氟等离子体而不是用稀释的 HF 酸进行去除（Sherpa 和 Ranjan，2017）。

Nakane 等人证明了通过电容耦合等离子体（CCP）氢等离子体，随后暴露于下游等离子体产生的氟自由基，对 Si_3N_4 的 ALE（Nakane 等人，2019）。在氢等离子体暴露后，Si—H 键存在于表面附近，而 N—H 键主要位于膜中更深的位置。可以通过调整富 Si—H 层厚度来控制刻蚀厚度，例如，通过改变偏置功率来控制氢离子能量（Nakane 等人，2019）。

具有定向改性步骤的 ALE 是刻蚀难以用 RIE 刻蚀的材料（例如铜、钴、镍、铁、钯、铂和其他过渡金属）的有希望的候选者（Sang 和 Chang，2020）。这些材料被用于形成先进 IC 互连和包括磁性随机存取存储器（MRAM）器件的新兴存储器，或作为其候选。这些金属中的一些很难氧化，无论是用氧气还是用卤素。氧化是有机反应物去除的前提条件。使用浅离

子注入是氧化的有效方法（Chen 等人，2017a）。在 200eV 下用氧离子注入刻蚀钴，然后用甲酸蒸汽去除氧化钴的锥形轮廓已有报道（Chen 等人，2017b）。本实验中的掩模材料为 TiN。

6.3.2　具有定向去除步骤及化学吸附和扩散改性的 ALE

这类 ALE 正在寻找进入 IC 制造的方法，用于刻蚀逻辑硅 FinFET 栅极。这种应用需要低损伤和高选择性以在薄停止层上停止。同时，需要长时间的过刻蚀来清除 Fin 底部的角落。高选择性和低 ARDE 是具有 Cl_2/Ar^+ 的硅的定向 ALE 的性能优势，这在 FinFET 栅极刻蚀中发挥作用。

Huard 等人模拟了 Cl_2/Ar^+ ALE FinFET 栅极刻蚀工艺（Huard 等人，2017）。用于这项理论研究的几何结构由垂直晶体硅 Fin 的周期性阵列组成，每个 Fin 的宽度为 10nm，高度为 42nm。间距是线宽和线之间的间距之和，为 42nm。Fin 的侧面覆盖有 1nm SiO_2 刻蚀停止层，顶部覆盖 10nm，以防止 Fin 受损。该过程被建模为 RIE 过程，直到露出 Fin 的顶部。其余过程建模为 ALE 或 RIE 以进行比较，如图 6.31 所示。ALE 工艺能够清除三维 FinFET 中的角落。在 RIE 的情况下，Fin 的侧面上几乎没有硅，而硅确实存在于侧壁上。这是 ALE 的平坦刻蚀前端和 ARDE 降低的结果。正如预期的，相比于 RIE，ALE 的处理时间更长。

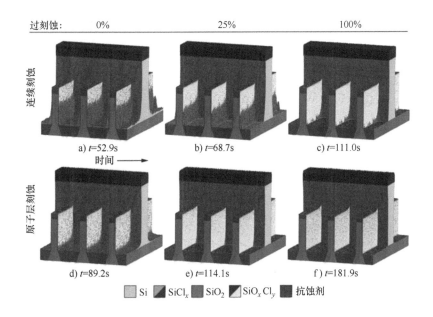

图 6.31　通过连续刻蚀工艺（图 a ~ 图 c）和优化 ALE 工艺（图 d ~ 图 f）刻蚀栅极结构产生的轮廓。帧是在相等的过刻蚀（作为暴露底部 SiO_2 所需时间的百分比）下进行的，而不是在相等的刻蚀时间下进行的。ALE 工艺（图 d ~ 图 f）列出的刻蚀时间为激活（等离子体开启）时间，忽略起作用的 ALE 工艺所需的任何清洗或停留时间。资料来源：Huard 等人（2017）。ⓒ 2017，美国真空协会

为了增加 EPC 并减少工艺时间，Tan 等人提出了一种高离子能量定向 ALE 工艺（Tan 等人，2019a）。对于深宽比为 1 至少 5 的硅和金属结构的图案化，这是一种很有前途的工艺。我们在第 6.1.2 节中介绍了这种 ALE 的机制。

定向 ALE 可应用于碳材料，如非晶碳硬掩模、聚合物和抗蚀剂。该工艺使用氧气进行表面改性，并使用氩离子进行去除（Vogli 等人，2013；Kanarik 等人，2017）。

此类定向 ALE 的其他潜在应用是非易失性材料的刻蚀，例如 MRAM 结构（Tan 等人，2019b），以及在接触孔刻蚀到硅上 SiO_2 停止之后去除受损层（Kim 等人，2013）。已经证明，通过由 BCl_3 气体/表面改性和快氩原子去除组成的 ALE，HfO_2 栅极氧化物的去除对薄 SiO_2 底层是选择性的（Park 等人，2009）。当用 ALE 工艺制造金属氧化物半导体场效应晶体管（MOSFET）器件时，与用 RIE 刻蚀的器件相比，观察到漏极电流增加了 70%，泄漏电流降低。这种性能的提高归因于减少了结构和电气损伤。此 ALE 应用仅适用于 HfO_2 栅极氧化物平行于晶圆表面的平面器件。对于具有垂直侧壁的 FinFET 器件，必须使用热各向同性 ALE（见第 4 章）。有文献还提出了 IC 行业以外的表面平滑应用（Kanarik 等人，2019）。

6.3.3　具有定向去除步骤和通过反应层沉积进行改性的 ALE

定向 ALE 的这个实施例是第一个用于批量 IC 制造的实施例。介绍性应用是为 10nm 及以下的逻辑器件节点形成高深宽比、高选择性的逻辑接触孔。这些接触孔必须位于栅极线之间的 Fin 结构上（见图 6.31）。由于空间太窄，接触孔无法在栅极之间着陆，所以实现了所谓的自对准接触。在该技术中，接触孔被印刷得足够大，以部分交叠两个相邻的栅极以及它们之间的空间。当刻蚀工艺到达栅极线的顶部时，它必须在栅极线中以高选择性停止，同时继续进入栅极内空间。

图 6.32 对 ALE 和 RIE 的模拟结果进行了比较（Huard 等人，2018b）。栅极被表示为 Si_3N_4 块，而实际上栅极由金属层制成并由 Si_3N_4 衬里包覆。具有 C_4F_8/Ar^+ 的高选择性 SiO_2 ALE 用于在 Si_3N_4 衬里中停止。第 6.1.3 节讨论了这一 ALE 过程的机制。

模拟结果表明，与具有相同等离子体化学的 RIE 相比，ALE 的选择性更高。这归因于较低的离子能量。此外，与 RIE 相比，ALE 能够对该工艺的聚合进行更多的控制。对于类似数量的聚合物沉积，ALE 将继续刻蚀，而 RIE 可能会遭遇刻蚀停止。

这类 ALE 也被提出用于钴的选择性回蚀。这里，BCl_3 被用作聚合气体（Yang 等人，2018）。另一个潜在的应用是通过碳氟聚合物沉积和氩离子去除，将 SiON 转移层选择性地图案化为极紫外（EUV）抗蚀剂（Metz 等人，2017）。

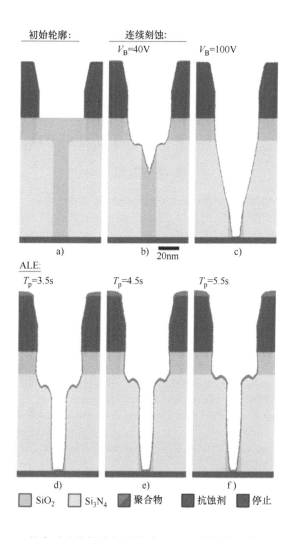

图 6.32　连续刻蚀和 ALE 的自对准接触孔刻蚀轮廓。a) 初始轮廓。使用 1200W 电感耦合等离子体（ICP）的 FC 气体混合物进行连续刻蚀，b) 偏置电压 $V_B = 40V$，c) $V_B = 100V$。使用 20s 的离子轰击时间和改性步骤时间 d) 3.5s、e) 4.5s 和 f) 5.5s 的 165 次循环后的 ALE 轮廓。资料来源：Huard 等人（2018b）。© 2018，美国真空协会

问题

P6.1　使用表 2.1 中的信息讨论为什么不可能通过形成氧化硅表面层和用惰性气体离子溅射来实现硅的定向 ALE 工艺。同样的方法在应用于碳时有什么不同？

P6.2　将理想的 ALE 窗口概念应用于通过离子注入和中性及自由基去除进行定向改性

的定向 ALE。

 P6.3 解释具有配体交换的热各向同性 ALE 以及通过吸附和扩散进行表面改性的定向 ALE 之间的关系？

 P6.4 定向 ALE 的理想 ALE 窗口中出现平台的根本原因是什么？

 P6.5 使用式（2.8）解释为什么对于高于体材料溅射阈值的能量，定向 ALE 存在协同效应。讨论在这些条件下协同作用对步骤时间和离子能量的依赖性。

 P6.6 在许多情况下，使定向 ALE 能够改善表面平滑度的机制是什么？

参 考 文 献

Agarwal, A. and Kushner, M.J. (2009). Plasma atomic layer etching using conventional plasma equipment. *J. Vac. Sci. Technol., A* 27: 37–50.

Antoun, G., Lefaucheux, P., Tillocher, T. et al. (2019). Cryo atomic layer etching of SiO_2 by C_4F_8 physisorption followed by Ar plasma. *Appl. Phys. Lett.* 115: 153109 1–4.

Aroulanda, S., Patard, O., Altuntas, P. et al. (2019). Cl_2/Ar based atomic layer etching of AlGaN layers. *J. Vac. Sci. Technol., A* 37: 041001 1–4.

Athavale, S.D. and Economu, D.J. (1996). Realization of atomic layer etching of silicon. *J. Vac. Sci. Technol., B* 14: 3702–3705.

Berry, I.L., Kanarik, K.J., Lill, T. et al. (2018). Applying sputtering theory to directional atomic layer etching. *J. Vac. Sci. Technol., A* 36: 01B105 1–7.

Chang, J. and Chang, J.P. (2017). Achieving atomistic control in materials processing by plasma-surface interactions. *J. Phys. D* 50: 253001.

Chang, J.P. and Sawin, H.H. (1997a). Kinetic study of low energy ion-enhanced polysilicon etching using Cl, Cl_2, and Cl^+ beam scattering. *J. Vac. Sci. Technol., A* 15: 610–615.

Chen, J.K.C., Altieri, N.D., Kim, T. et al. (2017a). Directional etch of magnetic and noble metals. I. Role of surface oxidation states. *J. Vac. Sci. Technol., A* 35: 05C304 1–6.

Chen, J.K.C., Altieri, N.D., Kim, T. et al. (2017b). Directional etch of magnetic and noble metals. II. Organic chemical vapor etch. *J. Vac. Sci. Technol., A* 35: 05C305 1–8.

Coburn, J.W. and Winters, H.F. (1979). Ion- and electron-assisted gas-surface chemistry – an important effect in plasma etching. *J. Appl. Phys.* 50: 3189–3196.

Faraz, T., Roozeboom, F., Knoops, H.C.M., and Kessels, W.M.M. (2015). Atomic layer etching: what can we learn from atomic layer deposition? *ECS J. Solid State Sci. Technol.* 4: N5023–N5032.

Feil, H., Dieleman, J., and Garrison, B.J. (1993). Chemical sputtering of silicon related to roughness formation of a Cl-passivated Si surface. *J. Appl. Phys.* 74: 1303–1309.

Gasvoda, R., Verstappen, Y.G.P., Wang, S. et al. (2019). Surface prefunctionalization of SiO_2 to modify the etch per cycle during plasma-assisted atomic layer etching. *J. Vac. Sci. Technol., A* 37: 051003 1–10.

Gerlach-Meyer, J.W. and Coburn, E.K. (1981). Ion-enhanced gas-surface chemistry: the influence of the mass of the incident ion. *Surf. Sci.* 103: 177–188.

Gottscho, R.A. (2018). Rethinking the art of etch. *Keynote Presentation at the 2018 Dry Processing Symposium*, Nagoya, Japan.

Gottscho, R.A., Jurgensen, C.W., and Vitkavage, D.J. (1992). Microscopic uniformity in plasma etching. *J. Vac. Sci. Technol., B* 10: 2133–2147.

Graves, D.B. and Humbird, D. (2002). Surface chemistry associated with plasma etching processes. *Appl. Surf. Sci.* 192: 72–87.

Hamaguchi, S., Okada, Y., Isobe, M. et al. (2018a). Surface reaction analysis by molecular dynamics (MD) simulation for SiO_2 atomic layer etching (ALE). *AVS Symposium 2018*, Long Beach, CA, USA.

Hamaguchi, S., Okada, Y., Isobe, M. et al. (2018b). Atomistic simulations of plasma-surface interaction for ALD and ALE processes. *APS Annual Gaseous Electronics Meeting Abstracts*.

Huard, C.M., Zhang, Y., Sriraman, S. et al. (2017). Atomic layer etching of 3D structures in silicon: self-limiting and nonideal reactions. *J. Vac. Sci. Technol., A* 35: 031306 1–15.

Huard, C.M., Lanham, S.J., and Kushner, M.J. (2018a). Consequences of atomic layer etching on wafer scale uniformity in inductively coupled plasmas. *J. Phys. D: Appl. Phys.* 51: 155201 1–8.

Huard, C.M., Sriraman, S., Paterson, A., and Kushner, M.J. (2018b). Transient behavior in quasi-atomic layer etching of silicon dioxide and silicon nitride in fluorocarbon plasmas. *J. Vac. Sci. Technol., A* 36: 06B101 1–25.

Hudson, E., Srivastava, A., Bhowmick, R. et al. (2014). Highly selective atomic layer etching of silicon dioxide using fluorocarbons. *AVS Symposium*, paper PS2+TF-ThM2, November 2014.

Humbird, D. and Graves, D.B. (2002). Ion-induced damage and annealing of silicon. Molecular dynamics simulations. *Pure Appl. Chem.* 74: 419–422.

Kaler, S.S., Lou, Q., Donnelly, V.M., and Economou, D.J. (2017). Atomic layer etching of silicon dioxide using alternating C_4F_8 and energetic Ar^+ plasma beams. *J. Phys. D: Appl. Phys.* 50: 234001 1–11.

Kanarik, K.J., Tan, S., Holland, J. et al. (2013). Moving atomic layer etch from lab to fab. *Solid State Technol.* 56: 14–17.

Kanarik, K.J., Lill, T., Hudson, E.A. et al. (2015). Overview of atomic layer etching in the semiconductor industry. *J. Vac. Sci. Technol., A* 33: 020802 1–14.

Kanarik, K.J., Tan, S., Yang, W. et al. (2017). Predicting synergy in atomic layer etching. *J. Vac. Sci. Technol., A* 35: 05C302 1–7.

Kanarik, K.J., Tan, S., and Gottscho, R.A. (2018). Atomic layer etching: rethinking the art of etching. *J. Phys. Chem. Lett.* 9: 4814–4821.

Kanarik, K.J., Tan, S., Lill, T. et al. (2019). ALE smoothness: in and outside semiconductor industry. US Patents 9,984,858 and 1,030,4659.

Kim, J.K., Lee, S.I., Kim, C.K. et al. (2013). Atomic layer etching removal of damaged layers in a contact hole for low sheet resistance. *J. Vac. Sci. Technol., A* 31: 061302 1–7.

Kuboi, N., Tatsumi, T., Komachi, J., and Yamakawa, S. (2019). Insights into different etching properties of continuous wave and atomic layer etching processes for SiO_2 and Si_3N_4 films using voxel-slab model. *J. Vac. Sci. Technol., A* 37: 051004 1–13.

Lill, T., Kanarik, K.J., Tan, S. et al. (2015). Divide et impera: towards new frontiers with atomic layer etching. *ECS Trans.* 69 (7): 259–268.

Lill, T., Kanarik, K.J., Tan, S. et al. (2016). Directional atomic layer etching. In: *Encyclopedia of Plasma Technology*, 1e (ed. L. Sohet). CRC Press. 1–10.

Lill, T., Kanarik, K.J., Tan, S. et al. (2018). Benefits of atomic layer etching (ALE) for material selectivity. *ALD/ALE conference 2018*, Incheon, Korea.

Lin, K.Y., Li, C., Engelmann, S. et al. (2020). Selective atomic layer etching of HfO_2 over silicon by precursor and substrate-dependent selective deposition. *J. Vac. Sci. Technol., A* 38: 032601 1–18.

Mannequin, C., Vallée, C., Akimoto, K. et al. (2020). Comparative study of two atomic layer etching processes for GaN. *J. Vac. Sci. Technol., A* 38: 032602 1.

Mantenieks, M.A. (1999). Sputtering Threshold Energies of Heavy Ions. *NASA report NASA/TM-1999-209273*.

Matsuura, T., Murota, J., Sawada, Y., and Ohmi, T. (1993). Self-limited layer-by-layer etching of Si by alternated chlorine adsorption and Ar^+ ion irradiation. *Appl. Phys. Lett.* 63: 2803–2805.

Metz, A.W., Cottle, H., Honda, M. et al. (2017). Overcoming etch challenges related to EUV based patterning. *SPIE Proceedings Vol. 10149, Advanced Etch Technology for Nanopatterning VI*, 1014906.

Metzler, D., Bruce, R.L., Engelmann, S. et al. (2014). Fluorocarbon assisted atomic layer etching of SiO_2 using cyclic Ar/C_4F_8 plasma. *J. Vac. Sci. Technol., A* 32: 020603 1–4.

Metzler, D., Li, C., Engelmann, S. et al. (2016). Fluorocarbon assisted atomic layer etching of SiO_2 and Si using cyclic Ar/C_4F_8 and Ar/CHF_3 plasma. *J. Vac. Sci. Technol., A* 34: 01B101 1–10.

Nakane, K., Vervuurt, R.H.J., Tsutsumi, T. et al. (2019). In situ monitoring of surface reactions during atomic layer etching of silicon nitride using hydrogen plasma and fluorine radicals. *ACS Appl. Mater. Interfaces* 11: 37263–37269.

Nakazaki, N., Tsuda, H., Takao, Y. et al. (2014). Two modes of surface roughening during plasma etching of silicon: role of ionized etch products. *J. Appl. Phys.* 116: 223302 1–20.

Oehrlein, G.S., Metzler, D., and Li, C. (2015). Atomic layer etching at the tipping point: an overview. *ESC J. Solid State Sci. Technol.* 4: N5041–N5053.

Oh, C.K., Park, S.D., Lee, H.C. et al. (2007). Surface analysis of atomic-layer-etched silicon by chlorine. *Electrochem. Solid-State Lett.* 10: H94–H97.

Park, S.D., Lee, D.H., and Yeom, G.Y. (2005a). Atomic layer etching of Si(100) and Si(111) using Cl_2 and Ar neutral beam. *Electrochem. Solid-State Lett.* 8: C106–C109.

Park, S.D., Min, K.S., Yoon, B.Y. et al. (2005b). Precise depth control of silicn etching using chlorine atomic layer etching. *Jpn. J. Appl. Phys.* 44: 389–393.

Park, S.D., Oh, C.K., Lee, D.H., and Yeom, G.Y. (2005c). Surface roughness variation during Si atomic layer etching by chlorine adsorption followed by an Ar neutral beam irradiation. *Electrochem. Solid-State Lett.* 8: C177–C179.

Park, J.B., Lim, W.S., Park, B.J. et al. (2009). Atomic layer etching of ultra-thin HfO_2 film for gate oxide in MOSFET devices. *J. Phys. D: Appl. Phys.* 42: 055202 1–4.

Petit-Etienne, C., Darnon, M., Vallier, L. et al. (2011). Etching mechanisms of thin SiO_2 exposed to Cl_2 plasma. *J. Vac. Sci. Technol., B* 29: 051202 1–8.

Posseme, N., Pollet, O., and Barnola, S. (2014). Alternative process for thin layer etching: application to nitride spacer etching stopping on silicon germanium. *Appl. Phys. Lett.* 105: 051605 1–4.

Ranjan, A., Wang, M., Sherpa, S.D. et al. (2016). Implementation of atomic layer etching of silicon: scaling parameters, feasibility, and profile control. *J. Vac. Sci. Technol., A* 34: 031304 1–13.

Rauf, S., Sparks, T., Ventzek, P.L.G. et al. (2007). A molecular dynamics investigation of fluorocarbon based layer-by-layer etching of silicon and SiO_2. *J. Appl. Phys.* 101: 033308 1–9.

Roozeboom, F., van den Bruele, F., Creyghton, Y.Y. et al. (2015). Cyclic etch/passivation-deposition as an all-spatial concept toward high-rate room temperature atomic layer etching. *ECS J. Solid State Technol.* 4: N5076–N5067.

Sang, X. and Chang, J.P. (2020). Physical and chemical effects in directional atomic layer etching. *J. Phys. D: Appl. Phys.* 183001 1–12.

Sherpa, S.D. and Ranjan, A. (2017). Quasi-atomic layer etching of silicon nitride. *J. Vac. Sci. Technol., A* 35: 01A102 1–6.

Sigmund, P. (1981). *Sputtering by Ion Bombardment: Theoretical Concepts*, Chapter 2 in: Topics in Applied Physics, vol. 47 (ed. R. Behrisch), 9. Berlin: Springer-Verlag.

Steinbrüchel, C. (1989). Universal energy dependence of physical and ion-enhanced chemical etch yields at low ion energy. *Appl. Phys. Lett.* 55: 1960–1962.

Tan, S., Yang, W., Kanarik, K.J. et al. (2015). Highly selective directional atomic layer etching of silicon. *ECS J. Solid State Technol.* 4: N5010–N5012.

Tan, S., Yang, W.' Kanarik, K.J. et al. (2019a). Atomic layer etching – advancing its application with a new regime. *ALD/ALE Conference 2019*, Bellevue, WA, USA.

Tan, S., Kim, T., Yang, W. et al. (2019b). Dry plasma etch method to pattern MRAM stack. US Patents 9,806,252 and 1,0374,144.

Todorov, S.S. and Fossum, E.R. (1988). Sputtering of silicon dioxide near threshold. *Appl. Phys. Lett.* 52: 365–367.

Toyoda, N. and Ogawa, A. (2017). Atomic layer etching of Cu film using gas cluster ion beam. *J. Phys. D: Appl. Phys.* 50: 184003 1–5.

Vitale, S.A. and Smith, B.A. (2003). Reduction of silicon recess caused by plasma oxidation during high-density plasma polysilicon gate etching. *J. Vac. Sci. Technol., B* 21: 2205–2211.

Vogli, E., Metzler, D., and Oehrlein, G.S. (2013). Feasibility of atomic layer etching of polymer material based on sequential O_2 exposure and Ar low-pressure plasma-etching. *Appl. Phys. Lett.* 102: 253105 1–4.

Wang, S.B. and Wendt, A.E. (2000). Control of ion energy distribution at substrates during plasma processing. *J. Appl. Phys.* 88: 643–646.

Wehner, G.K. (1955). Sputtering of metal single crystals by ion bombardment. *J. Appl. Phys.* 26: 1056–1057.

Wehner, G.K. (1956). Controlled sputtering of metals by low-energy Hg ions. *Phys. Rev.* 102: 690–704.

Yan, C. and Zhang, Q.Y. (2012). Study on low-energy sputtering near the threshold energy by molecular dynamics simulations. *AIP Adv.* 2: 032107 1–15.

Yang, Y., Zhou, B., Shen, M. et al. (2018). Cobalt etch back. US Patent 9,8708,99.

Zalm, P.C. (1984). Some useful yield estimates for ion beam sputtering and ion plating at low bombarding energies. *J. Vac. Sci. Technol., B* 2: 151–152.

Zhang, S., Huang, Y., Tetiker, G. et al. (2019). Computational modelling of atomic layer etching of chlorinated germanium surfaces by argon. *Phys. Chem. Chem. Phys.* 21: 5898–5902.

第7章

反应离子刻蚀

7.1 反应离子刻蚀机制

到目前为止，我们已经回顾了刻蚀技术，其中只有一种物种参与刻蚀（热刻蚀和自由基刻蚀）或不同物种通过空间或时间分离［热各向同性和定向原子层刻蚀（ALE）］。在反应离子刻蚀（RIE）中，许多物种（如中性粒子、自由基、离子、电子和光子）同时和连续地撞击表面。由此产生的刻蚀过程更复杂，并且不容易描述。这就是为什么 RIE 也被称为"黑匣子"的原因（Winters 等人，1977；Gottscho 等人，1999）。

在本章中，我们将从分析更简单的刻蚀技术中获得的见解应用于 RIE。此外，我们将介绍 RIE 特有的机制。这些特有机制源于这样一个事实，即在 RIE 中，化学反应等离子体与刻蚀表面直接接触。这些 RIE 特有的机制是刻蚀速率依赖于同时发生的通量、化学溅射、混合表面层的形成以及刻蚀产物的再沉积。

7.1.1 同时发生的物种通量

RIE 的主要特征之一是离子和中性粒子通量的协同作用，这大大提高了刻蚀速率。Coburn 和 Winters 通过使用氩离子束、中性 XeF_2 束和这两种束的组合（Coburn 和 Winters，1979a）测量硅刻蚀，证明了这种效应（见图 6.4）。在氯分子束和氩离子束的束实验中也证明了离子－中性粒子协同作用（Coburn，1994b）。

Gottscho 等人开发了一个解释离子中性协同作用的模型，该模型基于这样的假设，即每个离子的产量与离子能量乘以化学辅助中性物种的表面覆盖率成比例。在这种情况下，Gottscho 等人（1992）给出了刻蚀速率

$$ER = \nu \Theta E_i J_i \tag{7.1}$$

这与我们在讨论定向 ALE 中的去除步骤时使用的式（6.1）相同。代替溅射速率，式（7.1）描述了刻蚀速率。如式（6.1）所示，ν 是饱和表面每单位轰击能量去除的体积（cm^3/eV）；Θ 是表面覆盖率；E_i 是离子能量（eV）；J_i 是表面的离子通量（cm^2/s）。在这个模型中，刻蚀需要表面被活性物质覆盖。中性粒子的反应性粘附概率与表面上开放位点的数量成正比。中性粒子刻蚀速率可表示为（Gottscho 等人，1992）

$$ER = \nu_n s (1 - \Theta) J_n \tag{7.2}$$

式中，ν_n 是每个反应中性物种去除的体积（cm^3）；s 是中性物种（分子或自由基）在裸露表

面上的粘附概率；J_n 是到表面的中性粒子通量。将式（7.1）和式（7.2）相等，获得了作为离子能量通量与中性通量比的函数的表面覆盖率的以下表达式（Gottscho 等人，1992）：

$$\Theta = \frac{1}{1 + \nu E_i J_i / (\nu_n s J_n)} \tag{7.3}$$

将式（7.3）代入式（7.1），刻蚀速率可以写成离子和中性粒子通量的函数（Gottscho 等人，1992）：

$$ER = \frac{\nu E_i J_i}{1 + \nu E_i J_i / (\nu_n s J_n)} \tag{7.4}$$

式（7.4）是 Coburn – Winters 协同实验的数学表达式，为 RIE 奠定了基础（Coburn 和 Winters，1979a）。如果中性粒子通量接近于零，则刻蚀速率消失。当离子能量通量可忽略时，刻蚀速率变为零。中性粒子和离子的总刻蚀速率大于单独使用任一种的刻蚀速率。该模型仅考虑纯协同刻蚀。式（7.4）描述了具有同时通量的 RIE 的协同效应，可视为与式（6.9）类似，该式描述了定向 ALE 中溅射去除步骤的协同效应（见第 6.1.2 节）。

式（7.4）中某些值的含义可使用第 2.1 节中介绍的简单刻蚀框架进行解释。在这个框架中，化学活性物种通过气相传递到表面并吸附在表面上。吸附剂的作用是削弱表面原子与体材料的结合，如图 2.1 所示。我们在 ALE 中称此过程为表面改性，但在 RIE 中它也同时存在。这一改性的深度 d 和改性的表面结合能 E_s 确定了 ν，即式（7.3）中每单位轰击能量去除的体积。假设可以忽略体溅射，参数 ν 与改性层的溅射产率有关。参数 ν_n 是每个反应中性去除的体积，并描述了吸附物种的范围，即有多少本体原子受到键弱化的影响。该参数取决于吸附机理，例如其形成的键的数量和这些键的强度。重要的是要指出，ν_n 与热反应的中性刻蚀产率无关。

式（7.3）中没有考虑热刻蚀、物理溅射或自由基刻蚀。然而，这些刻蚀途径存在于 RIE 的很多实现方式中。例如，高深宽比刻蚀工艺以几千电子伏特的离子能量工作，这将明显导致体溅射。尽管存在这些限制，式（7.4）提供了关于同时协同刻蚀物种通量的刻蚀效果的非常重要的见解。必须仔细平衡刻蚀物种通量，以保持可重复的刻蚀速率。这种平衡应该保持在每个形貌的底部、晶圆上以及晶圆之间。刻蚀速率对离子或中性粒子通量的敏感性不是线性的。当两个通量相似或其中一个通量非常小时，它会变小。我们在第 5.2 节中已讨论了对 RIE 性能指标的影响。

Joubert 等人将该模型扩展到氧化硅的 RIE，该模型依赖于沉积反应性碳氟聚合物进行刻蚀（Joubert 等人，1994）。当这些聚合物变得太厚而不能被给定离子能量的离子穿透时，刻蚀就会停止。这种效应可以在高深宽比电介质刻蚀中观察到"刻蚀停止"。钝化物种的加入使得给定的 RIE 工艺更加依赖于细致的通量平衡。ALE 工艺中这种类型的 RIE 工艺的类似物是通过反应层沉积进行表面改性的定向 ALE。此外，还必须仔细控制反应性聚合物的厚度（见第 6.1.3 节）。

在过去的 20 年中，循环 RIE 已经被引入到器件制造中，以解决起因于同时通量和通量平衡需求的折中问题。通过引入具有不同属性的快速交替过程步骤，可以有意义地增加工艺窗口。这种想法的一个特例是具有表面改性和去除步骤的定向 ALE。在定向 ALE 中，这些步骤是自限制的。在没有自限制性质的情况下，该过程是循环或脉冲 RIE。

循环 RIE 和定向 ALE 之间的边界是流畅的。如第 6 章所述，并非所有定向 ALE 过程都是完全自限制的，或者具有 100% 的协同作用，可以认为是循环 RIE。然而，即使在没有完美的自限制的情况下，ALE 的优点也可以获得，例如改善整个晶圆的刻蚀速率不均匀性（ERNU），减小深宽比相关刻蚀（ARDE）以及改善表面平滑度。这是循环 RIE 越来越多地用于半导体器件制造的原因之一。特别是，ARDE 的减少是一些循环 RIE 过程的一个非常重要的特征。

循环 RIE 技术可以依据阶跃调制方法分为等离子体脉冲和混合模式脉冲（MMP）。在等离子体脉冲中，周期性变化的参数是传递到等离子体的功率。气体流量和压力保持不变。这种方法的好处是，循环时间可以很短，可以低至毫秒或更低。从一个步骤切换到另一个步骤几乎是即时的，这有利于器具的吞吐量和成本。然而，由于进料气混合物保持不变，因此各步骤之间的化学变化受到限制。在 MMP 中不存在这种约束，因为气体和压力在一步一步地变化。MMP 的缺点是，根据反应器体积和气体压力，交换气体和在步骤之间切换可能需要几百毫秒甚至数秒。MMP 可以与等离子体脉冲相结合，以利用这两种技术的效果。

在 MMP 中，各个步骤被设计为实现不同的目标。工艺工程师的创造力几乎没有限制。通常，在侧壁或掩模顶部沉积保护层的步骤与反应刻蚀步骤配对。这种钝化可以是碳氟聚合物，其使用 $C_xF_yH_z$ 进料气体原位 CVD 沉积。用于 MEMS 应用的高深宽比深硅刻蚀是这种类型循环 RIE 的广泛使用的实施例（Wu 等人，2010）。使用 MMP 在 RIE 反应器中实现了 C_4F_8/Ar^+ 定向 ALE SiO_2（Hudson 等人，2014）。在其他使用情况下，钝化也可以是原位 ALD 或简单的氧化步骤。21 世纪中期，等离子体脉冲在半导体行业得到了广泛应用，当时器件的深宽比变得非常严重，如隔离沟槽和接触，等离子体脉冲的 ARDE 好处开始变得明显。

现在我们讨论等离子体脉冲如何减少 ARDE，以及其潜在机制如何与定向 ALE 相关。在本章中，我们将重点讨论等离子体脉冲在晶圆表面上的化学效应。对等离子体脉冲物理的更深入讨论在第 9.5 节进行。

先进的 RIE 器具具有至少两个射频（RF）功率输送系统，其中一个用于驱动等离子体密度，从而驱动离子通量密度。此工艺参数通常称为源功率。另一个射频功率输送系统用于加速离子，该工艺参数称为偏置功率。当电源打开时，产生离子和自由基，其密度随着输送功率的增加而增加。然而，在没有施加偏置功率的情况下，等离子体中的离子仅被称为自偏置的电压加速（见第 9.1 节）。这种自偏压通常不足以以有意义的速率产生化学或化学增强溅射。这种等离子体对于通过沉积反应性碳氟化合物层来改性表面或在刻蚀表面吸附卤素非常有用。因此，仅在第 6.1.2 节中讨论的定向 ALE 的改性步骤中使用源功率产生的等离子体。

当增加偏置功率时，正离子将从等离子体中提取出来，并以随着偏置功率的增加而增加的能量加速到表面。这些加速的离子撞击表面并导致化学或化学辅助溅射。使用电源和偏置电源运行系统的第三种可能性是仅运行偏置电源。在这种情况下，等离子体要么不能以稳定模式工作，要么如果射频信号的频率足够高，则产生具有相对较高的离子能量的低密度等离子体。

　　源功率恒定且偏置功率打开和关闭的等离子体模式称为偏置脉冲。在没有偏置功率的第一种状态下，表面被改性，而在第二种状态下，改性层被溅射。这与定向 ALE 非常相似。不同之处在于，在定向 ALE 中，离子是非活性惰性气体离子，其能量低于体材料的溅射阈值。在偏压脉冲中，离子的能量可以达到几百甚至几千电子伏特，离子是反应性的和非反应性的（如果惰性气体被添加到进料气体中），并且在表面被溅射时表面改性继续进行。

　　因此，偏置脉冲过程中的状态 2 不是自限制的。但是，因为表面在第一种状态下被改性，所以当改性层被溅射掉时，在第二种状态下的瞬时去除率变平缓。这种减缓，即使没有达到零，也会给 ARDE 带来类似于非理想 ALE 的好处。当然，也可以对源施加脉冲并保持偏置恒定。这将在离子通量中引入大的变化，并在两个能级之间调节离子能量。这种方法没有被广泛使用。

　　也可以同时脉冲源和偏置功率。一些选项如图 7.1 所示。如果源和偏置功率以相同的相位脉冲，则打开和关闭等离子体，主要影响是较慢的净刻蚀速率。这种所谓的同步脉冲没有发现很多实际用途，因为它不会产生额外的工艺状态。还有一个次级效应，即在电源关闭后可以立即产生负离子，这些负离子可以被提取出来并用于中和晶圆上的正电荷。这将有助于在高深宽比形貌内保持窄的离子角分布。我们将在第 9.5 节中讨论等离子体脉冲和负离子。

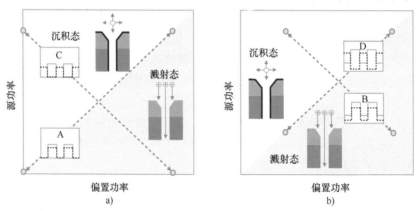

图 7.1　具有一个（图 a）和两个功率电平（图 b）的同步和异步等离子体脉冲技术示意图
A—同步脉冲　B—电平间同步脉冲　C—异步脉冲　D—电平间异步脉冲

　　源和偏置功率异相脉冲的情况称为异步脉冲。这种技术类似于偏置脉冲，只是在偏置上电阶段源功率关闭。这意味着可以获得更高的离子能量。

　　先进的脉冲技术混合和匹配不同的脉冲状态，以实现期望的工艺结果。这种所谓的多状态脉冲用于高深宽比刻蚀，以控制沉积到形貌的活性聚合物的深度。其工作机制是基于具有不同起始离子能量的离子将钝化和活性物种输送到高深宽比结构内的不同位置。

　　式（7.4）描述了 RIE 中的协同效应，表示需要离子和中性粒子来促进刻蚀。这些中性粒子是具有热能的分子或自由基，即未在等离子体中加速的物质。如式（2.18）所述，它们通过 Knudsen 扩散到达形貌底部。中性粒子的通量衰减比离子快得多，因为它们比离子具有更宽的角分布。在高深宽比电介质刻蚀中，这些中性粒子到深宽比高于 10∶1 的形貌底部的通量可以忽略不计（Huang 等人，2019）。

因此，经常使用中和离子将物质输送到深宽比非常高的形貌底部。幸运的是，这些物种是通过离子的掠角表面散射在原位产生的。我们在第 2.8.2 节中讨论了离子表面散射和电荷交换的机制。对于每个表面散射事件，离子能量都会降低。这意味着产生中性的快原子，其能量取决于初始离子能量和侧壁表面碰撞次数。如果快原子的动能足够低，它们就会粘附在表面上。以这种方式，活性（例如富氟富碳氟聚合物）和钝化物种（例如富碳碳氟聚合物）可以分布在形貌的不同深度和底部。

这种方法可以通过使用多状态脉冲来实现，其中每个状态产生具有不同起始能量和有点调制的成分的分子离子。重要的是要指出，起始离子能量不是离散的，而是呈现一定的分布，我们将在第 9.2 节中讨论。这不会改变在高深宽比刻蚀中使用多状态脉冲的基本思想。

7.1.2　化学溅射

如第 7.1.1 节所述，RIE 的主要机制是化学辅助溅射，其中离子和卤素原子/分子协同刻蚀表面（Coburn 和 Winters，1979a）。然而，当反应等离子体与刻蚀表面直接接触时，化学反应离子也会影响表面。这与在去除步骤中使用惰性气体的定向 ALE 不同。这是实现自限制的先决条件，是 ALE 的标志。

化学反应离子最常见的来源是含卤素、氧和氢的气体，它们在等离子体中离解和电离。离子碳氟化合物物种如 CF_2^+ 对于 SiO_2 的刻蚀非常重要。当反应离子撞击表面时，同时提供物理能和化学反应性，结果是与通过惰性气体离子的纯物理溅射相比，溅射速率提高。这种效应用于反应离子束刻蚀（RIBE），我们将在第 8 章中介绍。它也是 RIE 中的刻蚀机制之一，根据工艺条件的不同，它可能或多或少很重要。SiO_2 的高深宽比刻蚀的建模表明，化学增强溅射在深宽比大于 1 的刻蚀中起着非常重要的作用（Huang 等人，2019）。

Tachi 等人测量了通过质量选择的反应 F^+、Cl^+ 和 Br^+ 离子以及非反应 Ne^+、Ar^+ 和 Kr^+ 离子轰击下硅的化学溅射产率（Tachi 和 Okudaira，1986）。由于比较了质量几乎相等的离子，溅射产率应该没有差异，因为溅射产率取决于撞击离子的质量和能量［见式 (2.8)］。然而，图 7.2 中的实验结果表明，与周期表中的非反应邻居相比，反应离子的溅射产率更高。氯的化学效应大于氟，溴的化学效应几乎没有。对于较低的离子能量，这种效应也更明显。这些结果可以通过注入卤素离子和与硅形成强键来解释。这将降低改性层的结合能 E_0，并导致更高的溅射产率［见式 (2.8)］。

这种效应被称为化学溅射（Tachi 和 Okudaira，1986）。"化学溅射"一词也被应用于通过吸附而存在的卤素和其他反应物种来提高溅射产率（Coburn，1994a）。根据定向 ALE 的最新发展，我们将使用术语"化学溅射"来严格描述反应离子的作用。这种效应存在于 RIE 和 RIBE 中，但不存在于定向 ALE 中。这里，在去除步骤中使用惰性气体离子。这种机制可以最好地描述为化学弱化表面的物理溅射或化学辅助溅射。当然，这种机制也存在于 RIE

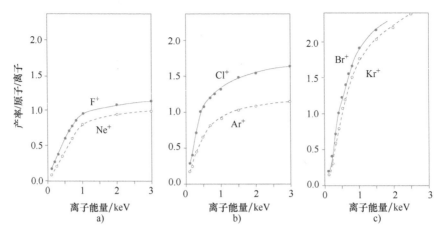

图 7.2　质量相似的反应离子和非反应离子对硅的总溅射产率。

资料来源：Tachi 和 Okudaira（1986）。© 1986，AIP 出版

中，并且在许多情况下是主要的刻蚀机制，因为中性和自由基的通量通常很大。有趣的是，用氧气对金属进行化学溅射也会降低溅射产率。这是在 RIBE 中用来提高选择性的一种效应。

撞击离子的化学反应性也改变了溅射速率的角度依赖性。用氩离子溅射硅的典型溅射速率最大值对于硅的氯离子溅射是不存在的。对于掠入射，产率从正入射到约 40° 是平缓的，然后逐渐下降到零（Chang 和 Sawin，1997；Chang 等人，1997；Mayer 等人，1981；Guo 和 Sawin，2009）。在正常入射下，反应离子很可能被注入更深，这会使更大深度的材料弱化，并提高溅射速率，从而导致化学溅射的角度依赖性变平（Mayer 等人，1981）。反应离子轰击也可能使表面粗糙，这可能是导致更平坦的离子角度依赖性的附加效应。

图 7.3 显示了在离子能量为 150eV 的情况下，作为氯和溴化氢等离子体离子入射角函数的多晶硅刻蚀产率（Jin 等人，2002）。结果与 Mayer 等人（1981）、Chang 等人（1998）与 Vitale 等人（2001）报告的值吻合良好。

SiO_2 的入射角相关刻蚀和溅射产率如图 7.4 所示（Mayer 等人，1981）。对于能量为 600eV 的非反应氩离子，在入射角为 60° 附近可得到最大溅射产率。反应 CF_3^+ 离子的行为完全不同。对于 200eV 和 400eV 的离子能量，产率峰值出现在正入射时。当离子能量增加到 600eV 和 1000eV 时，最大值偏移约 30°。Cho 等人报道了出自碳氟束研究的实际 RIE 速率偏差，他们将其归因于钝化层的形成（Cho 等人，2000）。

这些实验结果表明，取决于入射角的刻蚀产率随刻蚀材料、离子性质和离子能量以及钝化层形成而强烈变化。此外，产率将随着表面粗糙度的变化而变化，根据碰撞位置会改变表观入射角。当模拟 RIE 期间的轮廓演变时，必须考虑这种行为。

7.1.3　混合层形成

在 RIE 中，将注入的原子混合到本体中会形成一层也被称为"边缘层"的层。该层包含活性物种，如卤素。Graves 和 Humbird 对氩离子以及氟分子和离子与硅的相互作用进行了

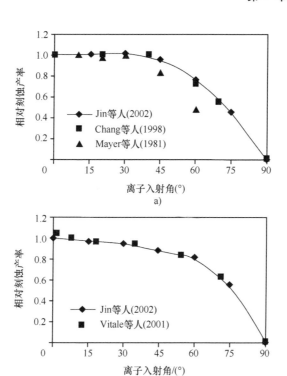

图 7.3　多晶硅的刻蚀产率与离子入射角的关系。离子能量为 150eV，饱和表面覆盖：a）在 Cl$_2$ 等离子中；b）在 HBr 等离子体中。资料来源：Jin 等人（2002）。© 2002，AIP 出版

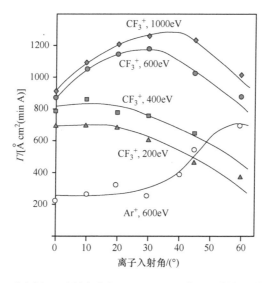

图 7.4　SiO$_2$ 的刻蚀和溅射产率与 CF$_3$$^+$ 和 Ar$^+$ 束的入射角和能量的关系。资料来源：Mayer 等人（1981）。© 1981，AIP 出版

分子动力学（MD）模拟（Graves 和 Humbird，2002）。他们发现，混合层的形成主要是由于氟离子直接注入非晶硅表面。然而，在氩离子撞击下，吸附在硅表面上的氟不会混入该层中。更仔细的检查表明，氟离子的影响通过产生裂纹和裂缝增加了硅的表面积，氟主要残留在该层的表面上（Graves 和 Humbird，2002）。对于用氯刻蚀硅，Feil 等人得出了相同结论（Feil 等人，1993）。

如果这些发现可以推广，这意味着 RIE 中混合层的形成是由反应离子引起的。定向 ALE 中不存在这些反应离子，其在去除步骤中使用惰性气体离子如 Ar⁺ 以实现自限制。这对表面光滑度和选择性有重要影响，如第 7.2 节所述。RIE 中存在混合层但定向 ALE 不存在混合层的另一个原因是，在定向 ALE 中，反应物种在每个去除步骤中被完全去除。如果在改性步骤之后存在任何混合层，则在接下来的步骤中去除该层。

对于在氯等离子体中硅刻蚀的情况，混合层的厚度已经用 MD 模拟（Gou 等人，2010）。对于 45 个单层氯暴露，计算的混合层厚度与离子能量的关系如图 7.5 所示，足以达到稳定状态。结果与实验数据非常一致（Layadi 等人，1997）。根据半峰处的全宽度计算厚度，发现当离子能量从 25eV 增加到 150eV 时，厚度为 10Å 和 22Å 深。曲线的斜率表明，由于同时刻蚀，在较高能量下存在饱和。一般来说，RIE 中的混合层只有几纳米深，当待刻蚀结构的尺寸在几十纳米量级时，这就足够好了。然而，先进器件的关键尺寸低于 10nm。这是 ALE 进军半导体器件刻蚀的原因之一。

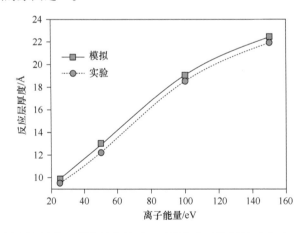

图 7.5　计算的反应层厚度与入射能量的关系，以及与实验数据的对比（Layadi 等人，1997）。
资料来源：Gou 等人（2010）。© 2010，AIP 出版

混合层的组成在深度方向上不均匀。根据氯浓度的不同，可形成不同的 $SiCl_x$ 种类。对于 50eV 的离子能量，Gou 等人发现了一种化学计量分布，其中 $SiCl : SiCl_2 : SiCl_3$ 等于 $1.0 : 0.12 : 0.005$（Gou 等人，2010）。在模拟中未发现 $SiCl_4$。这些物质是非挥发性的，在 RIE 使用的温度下不会发生热解吸。因此，需要离子轰击来刻蚀。这正是式（7.4）中描述的机制。通过混合层的离子轰击喷射出的氯化物的组成反映了混合层的化学计量，如图 7.6 所示。

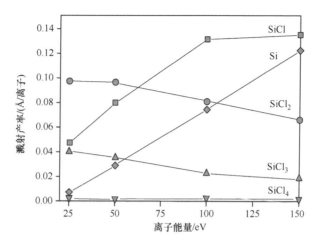

图 7.6 计算的 $SiCl_x$（$x = 0$，1，2，3，4）产物产率与入射能量的关系。
资料来源：Gou 等人（2010）。© 2010，AIP 出版

在"通过溅射解吸"时所有刻蚀产物都是"非挥发性"的这一事实对刻蚀轮廓有重要影响。如果这些物种向形貌侧壁的方向喷出，它们将在那里重新沉积。这导致侧壁钝化，并可用于获得垂直轮廓。正如我们将在下面展示的，直接再沉积不是钝化物种的唯一来源。当刻蚀物种在等离子体中离解和电离时，后者也可以在等离子体中形成。

当用含氟或含溴物质刻蚀硅时，形成类似的混合层。氟化硅非常易挥发，可以进行热刻蚀。因此，当用富氟气体如 SF_6 或 NF_3 刻蚀硅时，碳氟化合物钝化气体用于钝化侧壁。

对于 SiO_2 和 Si_3N_4 的 RIE，混合层由碳氟化合物层、硅化合物的表面和混合区组成。这与通过沉积反应层进行表面改性的定向 ALE 的情况非常相似。必须根据离子能量精确控制该层的厚度，以避免刻蚀停止（Joubert 等人，1994）。离子能量必须足够高，以使离子穿透边缘层并激活界面处挥发性刻蚀产物的形成。

7.1.4 刻蚀产物的作用

在 RIE 中，挥发性和溅射刻蚀产物重新进入等离子体生成区域，在那里它们可以被电离和离解。这导致包含来自晶圆材料并参与刻蚀过程的物种的形成，作为直接或通过沉积间接到反应器壁的通量。这种效应在热刻蚀和自由基刻蚀以及具有不涉及等离子体的去除步骤的 ALE 中不存在。在通过溅射去除的定向 ALE 中，存在这种影响，但程度要小得多，因为当去除达到自限制时，来自晶圆的产物通量会减少，这大体上会导致来自晶圆的产物通量更低。

反应产物在刻蚀表面上的重新沉积极大地影响 RIE 刻蚀结果。一些刻蚀工艺，例如硅栅极和隔离沟槽刻蚀工艺，依赖于含硅物种的再沉积用于侧壁钝化，以实现垂直刻蚀轮廓。不均匀的再沉积会导致整个晶圆的刻蚀速率和关键尺寸（CD）不均匀。重新沉积到腔室壁上会导致反应产物的积聚，这需要定期进行等离子体清洗。由于刻蚀产物在离开晶圆时处于

中性状态，中性传输决定了电子碰撞电离和离解以及再沉积是否发生以及在何处发生（Kiehlbauch 和 Graves，2003）。

等离子体中含有来自等离子体表面原子的刻蚀物种数量令人惊讶。由 HBr、Cl_2 和 O_2 组成的硅刻蚀等离子体的定量质谱显示，在某些实验条件下，高达 50% 的离子通量是 $SiCl_x Br_y^+$（Cunge 等人，2002）。当然，如果晶圆上的较大区域被掩模覆盖，则浓度降低。但即使在这种情况下，假设选择性不是无限的，来自掩模的刻蚀产物也会参与刻蚀过程，这使事情更加复杂。图 7.6 中的 MD 模拟结果表明，随着离子能量的增加，刻蚀产物的卤素饱和程度降低，这使得产物的挥发性降低，并增加了粘附概率（Gou 等人，2010）。这是一个普遍趋势。反应产物在该过程中的参与是非常重要的，并且在 RIE 机制的讨论中经常被忽视。

7.2 性能指标

在本节中，我们将从一般角度讨论刻蚀性能，并将其与更简单刻蚀技术的 RIE 共有机制以及 RIE 的特定机制联系起来。当然，有各种不同的 RIE 工艺，它们具有非常具体的性能特征。例如，鳍式场效应晶体管（FinFET）栅极刻蚀工艺与高深宽比电介质刻蚀工艺非常不同。我们将在第 7.3.2 节和 7.3.3 节中讨论这些具体情况。

7.2.1 刻蚀速率

RIE 中的刻蚀速率是物理溅射速率、热（自发）刻蚀速率和离子 – 中性粒子协同刻蚀速率之和（Gerlach – Meyer 和 Coburn，1981；Chang 等人，1997；Marchak 和 Chang，2011）。电子（Coburn 和 Winters，1979a）和光子（Shin 等人，2012）激发的刻蚀也可以起作用。每个刻蚀机制的贡献取决于等离子体条件和待刻蚀的材料。对于典型的 RIE 工艺，对刻蚀速率的主要贡献来自式（7.4）给出的中性粒子和离子之间的协同作用。式（7.4）中描述的机理是化学改性、弱化表面的溅射。

使用式（7.4）分析刻蚀速率（ER）对两种通量（离子通量 J_i 和中性粒子通量 J_n）之比的敏感性表明，当两种通量的大小相似时，斜率最陡［在考虑式（7.4）中的其他参数（如中性粘附系数和离子能量）后］。在此条件下，刻蚀速率对通量变化最不敏感。因此，具有平衡的离子和中性粒子通量的 RIE 工艺更具可重复性。它们也具有最高的刻蚀速率。

图 7.7 显示了 Chang 和 Sawin（1997）以及 Chang 等人（1997）进行的中性氯和 Ar^+/Cl^+ 混合束实验的结果。在低通量比下观察到刻蚀产率的初始急剧上升，其中反应受到活性中性物种供应的限制。这种刻蚀机制被称为中性限制机制。当反应在高通量比下变得受离子通量限制时，刻蚀产率逐渐饱和。这里，刻蚀产率是离子能量平方根的函数［见式（2.6）］。无论使用氯离子还是氩离子，都可以观察到这些趋势。图 7.8 示意性地说明了中性粒子和离子限制工艺的区域。

离子限制区在高深宽比形貌的刻蚀中起着重要作用。原因是中性粒子的角分布是各向同

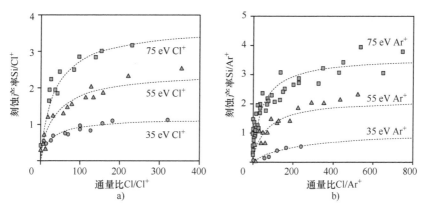

图 7.7 在三个离子能量下的离子增强多晶硅刻蚀：a）氯原子和离子；b）氯原子和氩离子。
资料来源：Chang 和 Sawin（1997）；Chang 等人（1997）。© 1997，AIP 出版

性的。它们与形貌侧壁碰撞，并通过 Knudsen 扩散到达底部（见第 2.8.1 节）。这导致随着深宽比的增加，中性粒子通量快速衰减。相反，离子携带电荷并被等离子体鞘加速到刻蚀表面（见第 9.2 节）。因此，它们的角分布是定向的，与中性粒子相比，它们的通量衰减程度较小。中性粒子和离子具有不同角分布的含义是，随着深宽比的增加，中性粒子和离子通量以不同的速率衰减，并且根据式（7.4），刻蚀速率改变。由于作为深宽比的函数，离子通量衰减小于中性粒子通量，因此在离子受限区域中工作是有利的。与平衡状态相比，刻蚀速率将较低，但具有不同顶部开口尺寸的形貌将被更均匀地刻蚀。

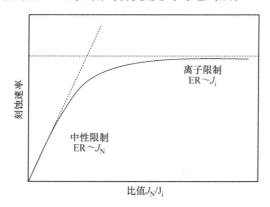

图 7.8 中性粒子和离子限制工艺区域示意图

这种方法经常用于不使用聚合钝化气体的工艺中，例如使用氯基等离子体刻蚀硅（Huard 等人，2017）。该机制在一定程度上与定向 ALE 有关，例如，具有 Cl_2/Ar^+ 的硅 ALE。这里，去除步骤从完全氯化的表面开始。只要氯在撞击位置附近，每个撞击的氩离子都会去除表面硅。随着去除步骤的进行，这种可能性减小，去除步骤达到自限制。在使用 Cl_2/Ar 等离子体对硅进行离子限制刻蚀时，离子碰撞位置处始终存在氯。离子的去除不是

自限制的，但氯吸附步骤在离子通量限制的状态下是饱和的。当然，即使在离子限制的情况下，RIE 也会产生混合层。

式（7.4）中未考虑另外的刻蚀机制。首先，如果能量足够高且中性粒子通量低到无法确保连续覆盖，快离子，无论是化学反应性的还是非反应性的，都有助于直接溅射体材料。如果表面完全被反应中性物种覆盖，由于溅射原子的起源深度较浅，体区材料的溅射概率较低（见图 2.8）。其次，中性和自由基可以自发地用热能进行刻蚀。

图 7.9 显示了来自协同离子中性刻蚀、纯物理溅射和氯自由基/氩离子束热刻蚀的贡献（Chang 等人，1997）。很明显，在离子限制状态下的工作抑制了物理溅射和增强的化学增强溅射，即协同离子 – 中性粒子刻蚀。该实验中的物理溅射产率比化学辅助溅射低约 1 个数量级，因为离子能量仅为 100eV。产率将随着离子能量的平方根而增加 [见式（2.6）]。对于该系统，热刻蚀速率非常低，因此在离子通量受限的状态下的工作不会引入显著的热刻蚀。化学改性表面的刻蚀也可以由电子（Coburn 和 Winters，1979a）和光子（Shin 等人，2012）引发。对于具有所有这些组分的 RIE 工艺，刻蚀速率由各种物种通量的贡献决定。为了保证晶圆间和器具间的重复性，必须精确控制这些通量。

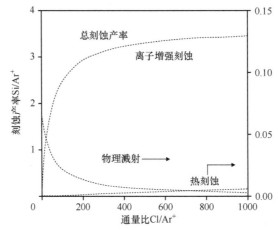

图 7.9　用 Cl 和 100eV Ar⁺ 进行离子增强多晶硅刻蚀的图示。多晶硅的物理溅射和热刻蚀的刻蚀产率显示在右侧 y 轴上。资料来源：Chang 等人（1997）。© 1997，AIP 出版

到目前为止，我们分析了刻蚀速率随刻蚀物种通量的变化。当然，RIE 速率也取决于材料特性。对于给定的等离子体条件，不同的材料以不同的速率刻蚀。优化工艺化学以实现每种材料的高刻蚀速率。式（7.4）中以参数 ν、ν_n 和 s 的形式考虑了材料特性，分别为每单位轰击能量去除的体积、每反应中性粒子去除的体积和中性粒子粘附概率。每单位轰击去除的体积 ν 与溅射产率成比例，并且可以通过式（2.8）来描述，其中 E_0 是化学改性的混合层的结合能。这类似于定向 ALE，其中通过化学吸附和在某些情况下扩散到薄表面层来实现改性。

每个反应中性粒子去除的体积 ν_n 是弱化体材料的中性粒子的函数。化学混合层的结合能是体材料的结合能、吸附中性物种的化学反应性及其浓度的函数。

在一个简单的框架中，改性层可以被设想为具有化学键网络的固态晶格，这些化学键构

成有效结合能。RIE 中使用的活性物种与半导体制造中使用的典型元素的化合价为 1（氢、卤素）或 2（氧）。因此，这些活性物种在固体中形成末端键，从而中断晶格并降低有效结合能。用氧气刻蚀的情况是特殊的。氧形成挥发性 CO 和 CO_2，但也形成非常牢固结合的 SiO_2 和金属氧化物。

键终止效应取决于浓度。活性物种浓度越高，有效结合能越低。如果浓度足够高，可以形成完全反应的物种。根据这些物种的沸点，它们可能以热能离开表面，或者可能需要离子碰撞产生的动能。比较水合物、氧化物和卤素的沸点，为给定元素选择合适的刻蚀气体是一种常见的方法。化合物的沸点越低，刻蚀速率越高。未反应的体材料的结合能被认为对于离子驱动工艺是重要的，例如高深宽比刻蚀。优化掩模材料获得高结合能以得到高选择性。有效结合能的指标是材料的模量。

材料特性对 RIE 速率影响的一个特殊情况是掺杂硅的刻蚀。在氟等离子体中，重 n 掺杂的硅刻蚀速度更快，而 p 掺杂的硅的刻蚀速度慢于未掺杂的硅（Lee 和 Chen，1986；Winters 和 Haarer，1987）。这种掺杂效应在氟自由基刻蚀中比在 RIE 中更明显。如图 7.10 所示，氯氟等离子体中的影响更强，其次是氟和溴。图 7.10 中的实验在电感耦合等离子体反应器中进行，压力为 4mTorr，源功率为 475W，偏置功率为 70W。

如果未掺杂的硅轮廓是垂直的，则对应的轮廓对于 n 掺杂的硅趋向于更多的底切，而对于 p 掺杂的硅倾向于更多的锥形。Lee 和 Chen 提出了一个空间电荷模型来解释硅刻蚀中的掺杂效应。该模型假设刻蚀速率受到场增强扩散机制的限制，即 Cabrera – Mott（CM）扩散（Winters 等人，1983）。掺杂会改变表面的空间电荷。n 掺杂硅中的场增强扩散驱动卤素离子进入体区并增强刻蚀，而 p 掺杂硅中排斥场将卤素离子推向表面，从而抑制刻蚀（Lee 和 Chen，1986）。第 6.1.2 节在定向 ALE 的改性深度中讨论了相同的 Cabrera – Mott 扩散机制。

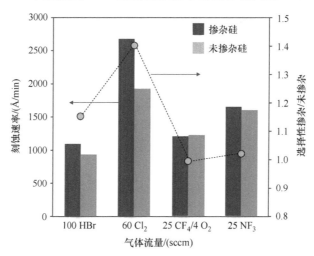

图 7.10　n 掺杂和未掺杂多晶硅的 HBr、Cl_2、NF_3 和 CF_4/O_2 等离子体刻蚀速率。所有其他反应器参数，如压力和功率设置保持恒定

氧化硅和氮化硅的 RIE 机制与在改性步骤中使用反应层沉积的定向 ALE 有关。氧化硅的 RIE 依赖于用于刻蚀和离子轰击的活性碳氟聚合物的沉积，以形成边缘层。Joubert 等人观察到暴露于电子回旋共振（ECR）碳氟等离子体的氧化物表面随射频偏置电压变化的三个不同的区域（Joubert 等人，1994）。这些机制包括小射频偏置电压的碳氟膜沉积机制、中等偏置电压的碳氟抑制机制和高射频偏置电压的氧化物化学增强溅射机制（见图 7.11）。实验结果是在微波功率为 1000W、压力为 1mTorr 的 ECR 反应器中获得的。这些不是典型的氧化硅刻蚀条件，其在压力高于 10mTorr 的中等密度等离子体下工作。尽管如此，结果还是很有见地和重要的。CHF_3 从沉积到刻蚀过渡的偏置电压阈值为 35V，C_2F_4 的则为 60V。从聚合物抑制状态到化学增强溅射状态的转变，对于 CHF_3 在 55V 下发生，C_2F_4 则在 80V 下发生。C_2F_4 需要更高的离子能量来刻蚀，因为其具有比 CHF_3 更高的聚合物沉积速率（Joubert 等人，1994）。

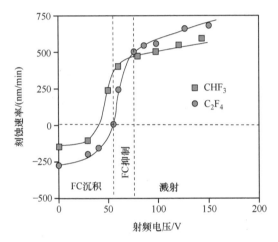

图 7.11   在 CHF_3 和 C_2F_4 等离子体中的氧化硅刻蚀速率与射频电压的关系。
资料来源：Joubert 等人（1994）。© 1994，AIP 出版

碳氟聚合物不仅是刻蚀抑制层，也是氟的来源，氟与硅和碳反应，碳与氧反应。Schaepkens 等人发现，SiO_2、Si_3N_4 和硅在稳态刻蚀期间以及在足够高的偏置电压下被几纳米薄的碳氟膜覆盖。一般趋势是衬底刻蚀速率与碳氟膜的厚度成反比（Schaepkens 等人，1999）。图 7.12 显示了 SiO_2、Si_3N_4 和硅的厚度依赖性。图 7.12 中的可变参数为进料气化学（CHF_3、C_2F_6、C_3F_6 和 C_3F_6/H_2）和工作压力（6mTorr 和 20mTorr）。射频偏置功率值对应于 100V 的自偏置电压。所有三种材料和所有工艺条件的刻蚀速率的厚度依赖性落在一条趋势曲线上。与工艺条件无关，SiO_2 表面仅覆盖有 1.5nm 或更薄的碳氟膜。在所研究的能量范围内，离子穿透深度约为 1nm。因此，原则上可以利用化学增强溅射机制直接刻蚀 SiO_2 表面。

硅表面覆盖着一层相对较厚的碳氟膜，厚度为 2 ~ 7nm。Si_3N_4 的膜厚度介于 SiO_2 和硅之间，为 1 ~ 4nm。碳氟膜厚度的这种差异及其与刻蚀速率的相关性允许使用碳氟化合物或

氢氟碳化合物进料气体将 SiO_2 对 Si_3N_4 和硅进行选择性刻蚀。导致各种基材上膜厚度差异的潜在机制是基材在基材刻蚀期间的化学反应中消耗碳氟膜中碳的能力的差异（Schaepkens 等人，1999）。Schaepkens 等人提出了刻蚀产率的数学描述，其中包括碳氟化合物沉积速率、净碳氟化合物刻蚀速率和碳消耗因子。

图 7.12 中碳氟化合物进料气体的 RIE 的厚度依赖性与我们在聚合物膜活化的定向 ALE 中观察到的不同（见图 6.15，Metzler 等人，2014）。在 RIE 中，活性氟和碳的来源是这些物质的连续通量。该过程受到反应物到边缘层和反应产物从边缘层的离子辅助扩散的限制。如果该层太厚，刻蚀将停止。在 ALE 中，每循环刻蚀深度（EPC）受到聚合物层中碳和氟的量的限制。如果该层比入射离子的投影射程厚，即如果这些离子不能到达边缘层以激发与刻蚀表面的反应，则将对其进行溅射，直到达到临界厚度。这将增加达到饱和的步骤时间，但不会增加 EPC。

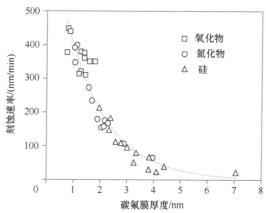

图 7.12　在稳态刻蚀条件下绘制的 SiO_2、Si_3N_4 和硅样品的刻蚀速率与表面上存在的碳氟膜厚度的关系。资料来源：Schaepkens 等人（1999）。© 1999，AIP 出版

7.2.2　ERNU

RIE 刻蚀机制的复杂性为实现满足先进半导体器件要求的刻蚀速率均匀性带来了严峻的工程挑战。ALE 刻蚀技术利用步骤的自饱和来实现整个晶圆的 EPC 均匀性。在大多数实施方式中，热刻蚀和自由基刻蚀仅使用一种活性物种的通量，并且通量均匀性和表面温度的控制是足够的。

然而，RIE 的特点是连续的离子和中性粒子通量，它们根据式（7.4）协同作用。热刻蚀以及物理和化学溅射也会导致局部刻蚀速率不均匀性（ERNU）。钝化物种沉积在表面上。此外，反应产物的离解和再沉积有助于局部刻蚀速率。这些过程受到复杂的中性输运模式的影响（Kiehlbauch 和 Graves，2003）。为了在整个晶圆上实现良好的刻蚀均匀性，所有中性和离子通量必须在整个晶圆中均匀。因为等离子体是所有刻蚀和钝化物种的来源，所以其在晶圆上的均匀性至关重要。由于刻蚀反应器内的中性粒子通量行为复杂，部分原因是晶圆本身阻挡气流，因此几乎不可能使用不可调的静态等离子体生成和气体注入系统来实现完美的

均匀性。因此，在先进的 RIE 刻蚀工具中，强制采用调整射频功率、气体注入和晶圆温度的均匀性的解决方案。

7.2.3　ARDE

RIE 容易发生 ARDE，从式（7.4）可以很容易看出。对于形貌内部刻蚀前端的给定点，式（7.4）中的净离子和中性粒子通量取决于可以看到等离子的立体角。也存在能量依赖性，因为离子和中性离子离开侧壁的散射概率取决于能量和撞击角（见第 2.8.2 节和第 7.3.3 节）。离子、自由基和中性反应物种具有非常不同的角度和离子分布，这导致 RIE 中的 ARDE。

对 ARDE 的综合分析表明，有几个促成因素。根据 Gottscho 等人（1992），最重要的是：①中性粒子的 Knudsen 扩散（Coburn 和 Winters，1989）；②离子遮蔽（Shaqfeh 和 Jurgensen，1989）；③中性粒子遮蔽（Giapis 等人，1990）；④有差别的充电（Arnold 和 Sawin，1991；Ingram，1990）。对于氧化硅的刻蚀，碳氟聚合物沉积的两种特定机制（Joubert 等人，1994）也必须考虑：⑤聚合物覆盖侧壁的充电（Hayashi 等人，1996）；⑥聚合物前驱体的遮蔽（Joubert 等人，1994）。随着深宽比超过 50∶1 的电介质形貌的刻蚀的出现，离子散射正成为一个重要的贡献因素（Huang 等人，2019）。

1）Knudsen 扩散：这种中性传输机制的基本原理可以在第 2.8.1 节中找到。中性原子或分子到达形貌底部的概率取决于粘滞系数 s 和传输概率 K。中性粒子通量的衰减可以使用式（2.18）计算。Gottscho 等人指出，该表达式仅适用于低表面覆盖率区域，其中中性粘滞系数与深度或通量无关。中性粒子限制区域就是这样。他们导出了更现实的通量依赖 Langmuir 吸附情况的修正表达式（Gottscho 等人，1992）。

2）离子遮蔽：因为刻蚀速率取决于离子能量通量，所以离子角分布有助于 ARDE。如果离子角分布的宽度为 0°，并且方向垂直于表面法线，则离子遮蔽将不存在。然而，由于基本规律，这一理想场景无法实现。离子角分布的宽度可以很窄，但它是有限的。它由等离子体性质决定，将在第 9.2 节中讨论。

3）中性粒子遮蔽：在典型的 RIE 工艺条件下，压力在 0.1 ~ 100mTorr 之间，碰撞的平均自由程比刻蚀结构的特征尺寸长得多。因此，中性输运处于分子流动状态，相对于与形貌侧壁的碰撞，气相碰撞可以忽略。如果排除与离子或侧壁表面的电荷交换反应产生的快中性粒子，中性粒子角分布几乎是各向同性的。如果刻蚀速率受到式（7.4）中中性粒子通量的限制，则孔中心中性遮蔽的影响可以表示为（Gottscho 等人，1992）

$$ER_n = \nu_n S J_n \sin^2\left[\arctan\left(\frac{AR}{2}\right)\right] \tag{7.5}$$

式中，AR 是孔的宽深比，定义为宽度除以形貌深度的值（$AR = w/d$）。沟槽的表达式为

$$ER_n = \nu_n S J_n \sin\left[\arctan\left(\frac{AR}{2}\right)\right] \tag{7.6}$$

对于除了底表面中心之外的轮廓的其他部分，或者对于沟槽或通孔以外的结构，以及对于侧壁刻蚀非常重要的情况，立体角表达式变得更加复杂（Gottscho 等人，1992）。实际应

用中的式（7.5）和式（7.6）的含义是，与相同顶部开口尺寸的沟槽相比，孔的 ARDE 更严重。

4）差别充电：掩模和形貌侧壁的充电将影响离子轨迹，并削弱形貌底部的离子通量。对于给定的电荷，相对的带电表面之间的距离越短，电场越强。因此，形貌充电当然取决于 CD。由于它衰减了离子通量，CD 较小和电场较强的特征刻蚀较慢，导致较浅的深度，从而导致 ARDE。由于离子和电子的角度分布不同，会产生不同的电荷。如第 9.1 节所示，离子比电子更具方向性。这导致与被正离子轰击的形貌底部相比，非导电掩模的负电荷更多。

Ingram 的模拟表明，在沟槽刻蚀过程中，正常入射正离子的轨迹会受到局部场结构的干扰。这导致沟槽侧壁处的通量增强（Ingram，1990）。表面电势不断变化，直到电子和离子通量沿着表面的所有点相等。结果是离子轨迹的分散和形貌侧壁的大量离子轰击（见图 7.13）。

Arnold 和 Sawin 模拟了平面中矩形沟槽的表面电荷和离子轰击畸变。假设电子通量是各向同性的，热能为 5eV。离子通量被建模为单向且垂直于完全隔离的衬底表面。离子能量为 100eV。在这些条件下，他们发现 70% 的离子以 4 的深宽比撞击侧壁（Arnold 和 Sawin，1991）。结果如图 7.14 所示。这些模拟中的离子能量远低于先进高深宽比刻蚀中使用的离子能量，其中产生数千电子伏特的离子能量。如果表面完全隔离，更高的离子能量会导致掩模和侧壁上的电势更高。此外，离子在更深的形貌中，以及在带电侧壁的影响下行进得更长。因此，这在高深宽比电介质刻蚀中是非常重要的影响，这将在第 7.3.3 节中讨论。

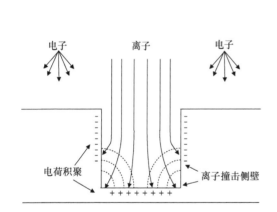

图 7.13　局部表面充电的起源和影响示意图。资料来源：Arnold 和 Sawin（1991）。© 1991，AIP 出版

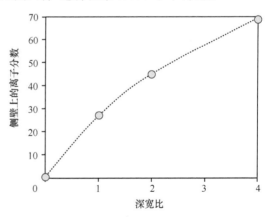

图 7.14　沟槽深宽比对影响侧壁的离子百分比的影响。资料来源：Arnold 和 Sawin（1991）

5）聚合物覆盖侧壁的充电：在 SiO_2 和 Si_3N_4 的刻蚀中，反应性物质是碳氟聚合物。这导致了侧壁为碳氟聚合物层的有差别的充电的特殊情况。Hayashi 等人使用深宽比超过 10:1 的毛细管板进行了漂亮的实验。反应器是磁增强 RIE 室，气体混合物由 C_4F_8 和 CO 组成，压力为 40mTorr。他们发现，在离子能量和离子质谱不变的情况下，高深宽比毛细管板衰减了离子通量。当向等离子体中加入氧气时，离子通量部分恢复。氧的添加减小了侧壁聚合物沉

积。因此，作者得出结论，形貌侧壁处的碳氟聚合物会导致侧壁带电（Hayashi 等人，1996）。

原则上，碳氟化合物层中较高的碳浓度应增加膜的导电性。因此，这种影响将取决于工艺条件，这可能导致不同的聚合物厚度和组成。用于刻蚀硅和金属的钝化层是氧化物或氟化物，它们很可能不导电。较薄的钝化层将减少电荷，但在保护形貌免受由电荷偏转离子的撞击引起的横向攻击和弯曲方面也将不太有效。这会在弯曲和充电之间产生折中。等离子体脉冲是允许电荷耗散的有效方法。

6）聚合物前驱体的遮蔽：一种常用的减少或消除 ARDE 的技术并不能解决根本原因，而是利用了刻蚀与沉积的深宽比的竞争效应。使用聚合气体保护侧壁或作为反应物种的 RIE 工艺的特征在于同时或连续（在 MMP 的情况下）的刻蚀和沉积工艺。图 7.12 显示，在刻蚀过程中，碳氟化合物基等离子体中的刻蚀速率受氧化物表面上碳氟化合物膜沉积的强烈影响。这种沉积主要通过深宽比高达 10∶1 的中性物种和更高深宽比的中性化的离子物种实现（Huang 等人，2019）。

随着深宽比的增加，聚合物物种的通量衰减。衰减的程度尤其取决于沉积物种的角度分布和粘附系数，并且将不同于刻蚀物种。如果它们的衰减比刻蚀物种的能量通量慢，ARDE 将被放大（Joubert 等人，1994）。如果它们比刻蚀物种衰减得更快，这将减少 ARDE。在极端情况下，这将导致所谓的反向 ARDE。在某些情况下，当小形貌仍在刻蚀时，可以观察到芯片的开口区域中的沉积。这种效果可以通过通量平衡或通过使用单独沉积步骤在较大结构或开放区域沉积更多来获得。使用聚合反应来降低 ARDE 具有降低刻蚀速率的负面影响。所需的聚合度也由轮廓性能要求驱动，例如，在高深宽比电介质刻蚀中。这里，使用更高的射频功率来增加刻蚀物种到形貌底部的能量通量，并平衡轮廓和 ARDE 性能。

7.2.4 选择性

无明显沉积的 RIE 呈现出"固有"选择性。固有选择性是"过剩"去除能量的函数，对于 RIE，其可以是几百甚至几千电子伏特。显然，这些能量超过了打断任何化学键所需的能量，因此材料之间的溅射或刻蚀速率差异将减小。如果 RIE 具有占主导地位的溅射成分，则可以根据式（2.8）估计产率。对于溅射驱动工艺，选择性取决于质量、结合能和密度的差异。

无沉积的 RIE 无法获得无限的固有选择性。通常，RIE 的固有选择性比热和自由基刻蚀或定向和热各向同性 ALE 差得多。因此，沉积物种必须添加到 RIE 工艺中，以在不需要刻蚀的位置沉积保护层，而在需要刻蚀的地方进行刻蚀。

图 7.15 说明了刻蚀选择性的概念框架。热刻蚀和热各向同性 ALE 具有最高的固有选择性，因为过剩能量接近于零。无限的固有选择性是可能的。自由基的选择性较低，因为它们具有不成对的电子。它们可以克服活化势垒，否则可能在热刻蚀中提供选择性。

定向 ALE 的固有选择性更低。这里，通过仔细选择离子能量来实现选择性，使得活化的刻蚀材料的溅射阈值高于必须不刻蚀的材料的溅射阈值。大多数材料的溅射阈值为几十电

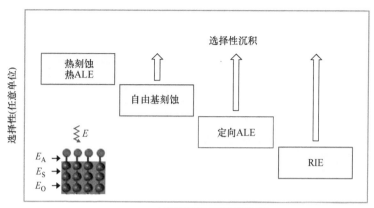

图 7.15 刻蚀选择性的概念框架

子伏特（见表 2.1）。能量在固体材料内部的非弹性碰撞中损失。只有撞击离子动能的一小部分用于喷射表面原子。剩余的能量会对材料造成损坏，从而对最终器件的性能产生负面影响。例如，空位和其他缺陷会影响 FinFET 栅极器件的性能，其中刻蚀了非常窄的栅极沟道（Eriguchi 等人，2014）。材料的损伤也可以降低化合物材料的溅射阈值。一个例子是 Cl_2/Ar^+ 硅 ALE 对 SiO_2 的选择性，其中薄栅极氧化物最终被损坏并被溅射掉（见第 6.2 节）。提出的机制是氧原子的亚阈值优先溅射，这使得剩余的硅可用于氯化和溅射。如上所述，典型的 RIE 工艺在离子能量远高于溅射阈值的情况下工作。过剩能量是各种刻蚀技术中最高的，因此固有选择性通常较低。

沉积反应经常用于提高选择性。我们在第 6.1.3 节中描述了具有反应层沉积的定向 ALE 方法，其中我们讨论了 SiO_2 的 C_4F_6/Ar^+ ALE。在连续 RIE 中，沉积和去除反应同时进行。与 SiO_2 相比，由于 SiO_2 中存在氧，选择性的来源是 Si_3N_4 和硅上的聚合物堆积增强。这为通过形成 CO 或 CO_2 去除碳创造了一条途径，而在 Si_3N_4 和硅中不存在。刻蚀速率由表面上碳氟层的厚度控制。这与氟在碳氟膜上向界面的扩散限制供应以及刻蚀产物的向外扩散一致（Oehrlein 和 Lee，1987）。

聚合物增强的选择性使得能够利用碳基掩模对 SiO_2、Si_3N_4 和低 κ 材料进行图案化和高深宽比刻蚀。低 κ 材料可以是氟掺杂的 SiO_2 或 SiOCH 基材料。选择性通过在碳上沉积聚合物来实现。应用包括接触孔刻蚀、用于金属化结构的沟槽和通孔的刻蚀、用于 DRAM 电容器的高深宽比 SiO_2 孔，以及用于 3D NAND 闪存的 SiO_2 和 Si_3N_4 或多晶硅多层堆叠中的高深宽比孔和沟槽。这使得具有 C_xF_y 化学性质的 RIE 成为半导体工业中最重要的刻蚀应用之一。

沉积增强选择性的另一个例子是将硅对氧化硅的选择性刻蚀。一个典型的应用是用几纳米薄的栅极氧化物停止层图案化多晶硅栅。在 20 世纪 90 年代末，摩尔定律将栅极氧化物的厚度推到了 50nm 以下。当时引入了所谓的软着陆步骤。其想法是，大部分轮廓由含氯或含氟的主刻蚀确定；软着陆步骤以合理的垂直轮廓清除大部分硅，而过刻蚀去除硅残留物并拉直底部轮廓。优选的软着陆包含 HBr 和氧气。该工艺中的刻蚀产物是 SiO_xB_y，其被重新沉积在栅极氧化物上并增加栅极氧化物的选择性。后者不能在覆盖硅和 SiO_2 晶圆上精确测量，因为去除的 SiO_2 的量非常小并且由于图案化晶圆上的负载效应。

反射法可用于测量寿命，作为栅极氧化物暴露和击穿时原位选择性的指标（Lill 等人，2001）。图 7.16 描述了在 10mTorr 的感应耦合等离子体中获得的实验结果。HBr 与氧的比率为 10∶1。20Å 和 14Å 厚的栅极氧化物的寿命在安装在晶圆上的试片上测量，这些试片上的暴露硅和 SiO_2 的量不同，以产生不同程度的硅负载。当硅负载增加时，栅极氧化物寿命变短。这是硅耗氧和暴露的栅极氧化物上保护性聚合物沉积减少的结果。

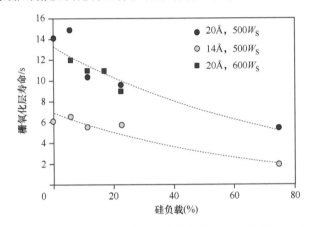

图 7.16　ICP 等离子体中栅氧化层寿命与硅负载的关系。资料来源：Lill 等人（2001）

7.2.5　轮廓控制

到目前为止，我们讨论了性能指标，与其他刻蚀技术相比，RIE 的表现参差不齐。由于 RIE 中的刻蚀是同时物种通量协同效应的结果，RIE 在晶圆尺度（ERNU）、形貌尺度（ARDE）和原子级尺度（表面粗糙度）上表现出较差的内在均匀性。由于大量过剩能量，与热刻蚀、热 ALE、自由基刻蚀和定向 ALE 相比，固有选择性更差。从好的方面来看，RIE 刻蚀速率通常高于任何 ALE 技术，因为 ALE 技术在每个步骤中耗费时间来达到饱和，并且经常需要在步骤之间进行清洁。

RIE 之所以成为半导体行业的图案化工具，是因为它的轮廓调整功能。RIE 可以创建各种不同的形状和侧壁角度，其中一些如图 2.2 所示。根据式（7.4），纯 RIE 是化学辅助溅射工艺。溅射不能产生完美的垂直轮廓，因为溅射产率是撞击角的函数。非反应离子具有溅射产率的角分布，最大值在 40°~60°之间（见图 2.9）。对于硅的氯离子溅射，没有观察到这样的最大值。对于从正入射到约 40°产率是平坦的，如图 7.3 所示，然后逐渐降至零 [Jin 等人（2002），另见 Chang 和 Sawin（1997）、Chang 等人（1997）、Mayer 等人（1981）和 Jin 等人（2002）]。

溅射形貌的轮廓由溅射产率的角度分布确定。对于大的入射角，溅射产率越低，轮廓越锥形。因此，可以使用化学和化学增强溅射来实现锥形轮廓。然而，RIE 工艺也具有自由基和热刻蚀成分。例如，当用氟等离子体刻蚀硅时，默认的轮廓将是强重入的。这意味着在没有沉积工艺的情况下，可以通过平衡来自溅射的锥形以及来自自由基和热刻蚀的横向刻蚀来实现垂直轮廓。

John Coburn 列出了使用 RIE 控制侧壁角度的三种方法（Coburn，1994a）：侧壁保护或钝化、刻蚀物种的选择和温度。我们更详细地分析这些方法。

7.2.5.1　侧壁钝化

图 7.17 描述了 RIE 中的侧壁钝化机制。钝化层的源可以是等离子体通过 CVD 或视线沉积溅射物质。为了实现垂直轮廓，同时沉积和刻蚀反应的速率必须平衡。沉积过多会导致锥形轮廓（<90°轮廓角），而钝化不足将导致凹入轮廓（>90°轮廓角）。

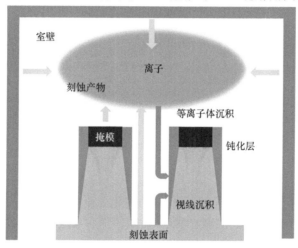

图 7.17　RIE 中的侧壁钝化机制

为了从等离子体钝化侧壁，一些气体被添加到气体混合物中，其可以直接或与刻蚀副产物结合形成钝化物种。例如，氧气与氯气混合以刻蚀具有垂直轮廓的硅。氧与硅和氯反应，在表面形成不挥发的氯氧化硅。当该材料被通过离子轰击去除时，它可能会重新沉积到形貌的侧壁上。后一种效应在图 7.17 中突出显示为"视线沉积"。

同样的工艺化学也可以通过等离子体的 CVD 之类的沉积来钝化侧壁。该机制在图 7.17 中描述为"等离子体沉积"。它依赖于来自晶圆的材料在等离子体中形成钝化物种。在氯和氧 RIE 硅的情况下，硅可以形成非挥发性和挥发性刻蚀产物。当这些物种到达晶圆上方的等离子体激发区域时，它们可以通过电子碰撞离解和电离。例如，$SiCl_4$ 的离解将形成非挥发性 $SiCl_x$ 中性粒子和离子。过程中形成的氯被泵走。非挥发性 $SiCl_x$ 物质可以沉积在晶圆上。它们也可以覆盖反应器壁，然后从那里溅射到晶圆上。因此，反应产物具有复杂的生命周期，这对刻蚀性能很重要（Kiehlbauch 和 Graves，2003）。

钝化层厚度可以通过改变进料气体混合物来调节。图 7.18 显示，对于相同的工艺、总流量和功率，HBr/O_2 形成比 Cl_2/O_2 更厚的侧壁钝化层。钝化层厚度强烈依赖于气相中的氧浓度。较高的氧气流量导致较厚的钝化层。图 7.18 中的结果是使用氧化硅掩模对刻蚀的硅线和空间进行的角度相关 X 射线光电子能谱（XPS）测量获得的。晶圆在感应耦合 RIE 反应器中刻蚀（Desvoivres 等人，2001）。

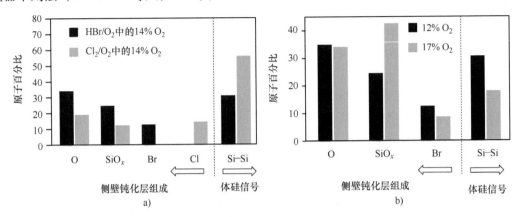

图 7.18　用 Cl_2/O_2 和 HBr/O_2 进行硅刻蚀的侧壁钝化。资料来源：Desvoivres 等人（2001）。© 2001，AIP 出版

形貌的刻蚀涉及掩模，并且大多数掩模材料的刻蚀选择性是有限的。因此，刻蚀的掩模材料也将进入等离子体区域并参与沉积过程。取决于掩模材料的种类和选择性，这可能影响侧壁厚度和组分。图 7.19 显示了使用 $HBr/Cl_2/O_2$ 刻蚀硅（掩模分别为光刻胶和氧化硅）的侧壁厚度和组分（Bell 和 Joubert，1997）。可以从金属硅信号推断出侧壁厚度，当光电子穿过钝化层时，金属硅信号被衰减。两种掩模的钝化厚度非常相似。利用抗蚀剂掩模，8% 的碳被结合到侧壁中。碳最初从光刻胶的顶部去除，随后从气相再沉积。

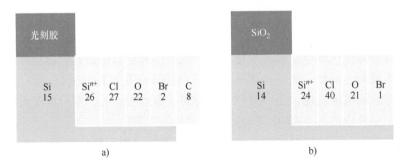

图 7.19　使用 $HBr/Cl_2/O_2$ 进行硅刻蚀的侧壁钝化，掩模分别为光刻胶和氧化硅。

资料来源：Bell 和 Joubert（1997）

当 CF_4 被添加到 $HBr/Cl_2/O_2$ 刻蚀工艺中时，非挥发性氯氧硅和溴氧硅的形成被抑制，取而代之的是挥发性氟化硅的形成。氯氧和溴氧钝化膜多半由 CF_xCl_y 层代替（见图 7.20）。CF_4 的加入使钝化机制从混合等离子体/视线沉积机制转变为等离子体沉积机制。来自钝化层下面的体材料的硅信号从 28 原子% 增加到 40 原子%，这表明钝化层较薄。

接下来，我们将更详细地讨论等离子体钝化。特别是，我们将分析为什么可以通过等离

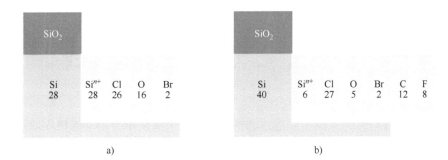

图 7.20　使用 $HBr/Cl_2/O_2$ 和 $HBr/Cl_2/O_2/CF_4$ 进行硅刻蚀的侧壁钝化。资料来源：Vallier 等人（2003）

子体钝化保护垂直表面，同时在形貌底部刻蚀水平表面。在覆盖晶圆上，沉积诱导前驱体的添加降低了刻蚀速率。如果钝化气体流量过大，刻蚀将停止。

在三维结构中，刻蚀物种对垂直表面的离子和中性通量低于对水平表面的离子和中性通量。这允许形貌底部的刻蚀比横向更快。然而，我们还必须考虑等离子体沉积反应是 CVD 过程，其在水平表面上的沉积速率高于在垂直表面上的。

出于两个原因，水平表面的优先刻蚀是可能的。首先，CVD 沉积由中性物种驱动。由于更宽的角度分布，它们的通量衰减速度将快于高能离子的通量。因此，离子可以通过溅射清除形貌的底部。其次，当撞击角大于 $60°$ 时，溅射产率迅速下降，离子散射产率增加，侧壁也是如此（见图 2.16）。式（7.4）中表示每单位轰击能量去除的材料体积的参数 ν 变为零，并且在接近垂直的侧壁上抑制了协同 RIE。

另一种侧壁钝化机制是非挥发性刻蚀产物的直接视线再沉积。我们在定向 ALE 的轮廓性能的背景下讨论过该机制（见第 6.2 节）。图 6.24 说明了当溅射产物的再沉积增加时，轮廓变得不那么弯曲，最终逐渐变窄。这里，通过增加粘滞系数来模拟再沉积（Berry 等人，2018），而在实际应用中，这通常通过增加离子通量或离子能量来实现，以增强溅射。

通过改变射频偏置功率来调节离子能量是一个轮廓调节旋钮，通常用于 RIE 工艺开发。它是基于非挥发性刻蚀产物的侧壁钝化直接视线重新定位。钝化物种到侧壁的通量尤其取决于刻蚀前端的表面积。与具有较大相邻开放区域（如隔离线或阵列末端的线）的形貌相比，窄形貌将看到较低的钝化物种通量。这会导致更多的锥形隔离形貌。这种效应被称为轮廓微负载，可以在等离子体钝化和视线钝化中观察到。这是一种不期望的效果，因为它引入了形貌锥角和 CD 的差异。

除了由式（7.4）表示的协同刻蚀之外，RIE 机制还可以包括同时的热刻蚀和自由基刻蚀以及直接物理和化学溅射。侧壁钝化必须防止自由基和反应中性粒子以及离子轰击的横向刻蚀。在氯等离子体中刻蚀铝是防止自由基刻蚀的一个很好的例子。$AlCl_3$ 的沸点为 $180℃$，因此氯等离子体中的铝的 RIE 具有大的自由基刻蚀成分。含硼和含碳气体用于钝化侧壁，同时通过离子轰击保持形貌底部没有钝化物种。

侧壁钝化在高深宽比 SiO_2 刻蚀中的作用是防止来自协同刻蚀以及直接物理和化学溅射的刻蚀。该过程中的离子能量非常高，非协同溅射起着重要作用（见第 7.3.3 节）。离子撞击将导致侧壁钝化层的溅射，但只要钝化层被补充，下面的体材料就会受到保护。沉积和刻蚀之间的平衡必须通过物种通量的平衡来实现。如果钝化层太厚，则刻蚀形貌的深宽比增加，ARDE 减慢刻蚀速率。例如，这是对高级逻辑器件的接触孔刻蚀的挑战。越来越多地使用具有 C_4F_8/Ar^+ 的定向 ALE 代替基于 C_4F_8 的 RIE，因为聚合物在氩离子溅射步骤中被去除，这防止了形貌的堵塞。

7.2.5.2　刻蚀物种的选择

在这种实现垂直轮廓的方法中，通过选择刻蚀气体来抑制由自由基或热刻蚀引起的各向同性刻蚀，形成挥发性较低的反应产物（Coburn 和 Winters，1979b）。Coburn 给出了用含氟、氯和溴的气体刻蚀硅的例子（Coburn，1994a）。硅在暴露于氟自由基或中性粒子（如 F_2 和 XeF_2）中时会自发刻蚀，因此形成凹入轮廓。氯等离子体的各向同性刻蚀成分少得多，溴也不存在。当暴露于不同的卤素等离子体时，硅的这种刻蚀行为可以通过反应产物的挥发性来解释。SiF_4、$SiCl_4$ 和 $SiBr_4$ 的沸点分别为 $-86℃$、$57.6℃$ 和 $153℃$。因此，SiF_4 比 $SiBr_4$ 更可能在热能下解吸，$SiBr_4$ 需要离子轰击来激发解吸。基于这一观察结果，Coburn 建议使用氟、氯和溴气体的混合物，以获得如图 7.21 所示的垂直轮廓。这种方法广泛用于使用卤素气体的 RIE 工艺开发。

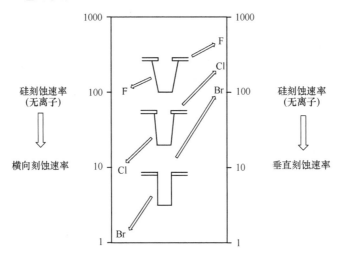

图 7.21　不同卤素对 RIE 轮廓的作用图解。资料来源：Coburn（1994a）。© 1994 Springer Nature

7.2.5.3　温度

也可以通过降低晶圆温度来减少自发刻蚀。因此，即使在表面上在 $-110℃$ 及以下使用 SF_6 等离子体，也可以得到垂直硅轮廓（Tachi 等人，1988）。这种方法不需要额外的钝化物种。Tachi 等人提出了 SF_6 的多层物理吸附作为可能的侧壁钝化机制。图 7.22 显示，当温度降低到 $-100℃$ 以下时，硅刻蚀速率增加，光刻胶刻蚀速率降低。同时，轮廓变得垂直而没有底切。这些趋势正在用于深硅刻蚀，例如，用于硅通孔（TSV）和微机电系统（MEMS）应用。在某些情况下，即使在温度低于 $-100℃$，也不能阻止横向刻蚀，向 SF_6 中加入大约 10% 的氧以提供更好的侧壁钝化（Bartha 等人，1995）。Bartha 等人认为 Tachi 及其同事的结果受到反应器壁中少量氧气的影响。低温刻蚀最近成为等离子体刻蚀界重新关注的焦点。

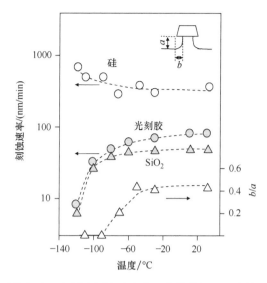

图 7.22　SF$_6$ 等离子体中硅和光刻胶刻蚀速率的温度依赖性；具有抗蚀剂掩模硅线刻蚀的
轮廓性能，由底切与深度的比率表示。资料来源：Tachi 等人（1988）。© 1988，AIP 出版

　　温度谱的另一端是所谓的非挥发性材料的高温刻蚀。这些物质形成沸点为几百或几千摄氏度的卤化物和水合物。在铁电随机存取存储器（FeRAM）结构的制造中，图案化铂和铱接触层以及锆钛酸铅（PZT）和钛酸锶钡（BST）铁电层的挑战推动了高温 RIE 的引入（Yokohama 等人，1995）。尽管如此，即使使用高刻蚀温度，也几乎不可能获得垂直轮廓。原因是缺乏有意义的横向自由基或中性物种刻蚀。即使在反应等离子体中温度升高，RIE 刻蚀的主要机制也是溅射。在这些条件下无法获得垂直轮廓。

　　这些例子说明在 RIE 中温度是轮廓控制的一个重要参数。表面温度影响在形貌侧壁上发生的刻蚀和沉积反应的速率，从而影响最终的轮廓。侧壁上的刻蚀工艺与驱动 RIE 刻蚀速率的相同：协同化学增强溅射、热和自由基刻蚀以及物理溅射。沉积工艺包括 CVD 型气相沉积和视线溅射再沉积。所有这些过程都有其独特的温度敏感性。

　　我们首先讨论物理溅射。RIE 中的离子携带的能量在几十到几千电子伏特之间，并且可以在中性物种受限区域引起物理溅射。当撞击到表面上时，这些离子在固体材料中产生碰撞级联。可以使用理想气体的能量和温度之间的关系来估计碰撞级联中原子的温度：

$$E = \frac{3}{2}Nk_\mathrm{B}T \tag{7.7}$$

　　假设碰撞是弹性的，撞击离子的能量为 100eV，碰撞级联由 $N = 10$ 个原子组成，根据式（7.7），该原子系综的温度超过 77000K。将晶圆温度提高几百开尔文也不会有什么不同。因此，物理溅射对温度不敏感。如果该工艺主要是物理溅射过程，则轮廓不会随温度变化。同样的观点适用于化学溅射（用化学活性离子溅射）。

　　根据式（7.4），具有离子中性物种协同作用的 RIE 是一种化学增强的溅射工艺，其中表面键被活性物质的吸附削弱，而被削弱的材料的去除是离子轰击的结果。溅射过程本身对温度不敏感。吸附过程对分子更敏感，对自由基吸附不敏感（见图 6.3）。RIE 会产生大量的向着晶圆的自由基通量，可以安全地假设自由基吸附主导大多数 RIE 工艺，而不是中性物种吸附。因此，主要是自由基吸附的纯协同 RIE 的刻蚀速率（没有平行的热或自由基刻蚀或沉积过程）很可能对温度不敏感。

基于这些论点，我们可以排除物理、化学和化学增强溅射作为 RIE 中轮廓形状温度敏感性的主要根源。

现在我们讨论 RIE 中的刻蚀工艺，其仅需要热能进行刻蚀。热刻蚀的工艺窗口如图 3.1 所示。它描述了低于和高于刻蚀速率下降的最佳温度。低温下较低的速率是由激活离解化学吸附和解吸所需的能量驱动的。较高温度下的速率下降是由于物理吸附成为速率限制所导致的。在较高温度下分子可能只是从表面散射，而不是形成弱范德华键。没有物理吸附，随后的步骤，即化学吸附，就不会发生。总之，提高温度可以影响热刻蚀的两种方式的刻蚀速率。

自由基的化学吸附不需要间歇性物理吸附（见图 5.1）。因此，自由基化学吸附的活化势垒很低，化学吸附速率在很大程度上与温度无关。同时，解吸速率随温度呈指数增长［见式（2.3）］。因此，当温度升高时，自由基刻蚀的速率通常会增加。加速的各向同性自由基刻蚀是温度升高时轮廓变得更垂直或底切的主要原因之一。

大多数 RIE 工艺采用沉积工艺来钝化刻蚀结构的侧壁。沉积工艺可分为 CVD 型等离子体沉积和视线溅射。这些沉积过程的温度敏感性是什么？在视线溅射的情况下，反应产物是非挥发性的，否则它们会热解吸。当它们撞击附近的侧壁时，它们会重新沉积。这种情况不会随着温度的变化而发生很大变化。由于我们之前得出结论，基于溅射的刻蚀是温度无关的，因此溅射和再沉积物种的通量与温度无关。

CVD 沉积速率是中性物种、自由基和离子通量的函数，类似于 RIE。在中性物种和自由基的情况下，由于物理吸附的需要，中性物种的粘附系数随着温度的升高而降低。自由基和离子的粘滞系数对温度不太敏感。通常，当温度升高时，在 RIE 中观察到较薄的侧壁钝化。这对于 RIE 中的轮廓调整具有非常重要的影响。

总之，使用晶圆温度可以非常有效地调整 RIE 分布。这是加速横向热刻蚀和自由基刻蚀以及抑制 CVD 沉积速率的结果。这对 RIE 反应器的设计有着重大的影响。因为刻蚀轮廓由钝化物种的通量决定，所以反应性和钝化物种（包括反应产物）的气体成分均匀性必须在整个晶圆上极其均匀，以在晶圆上的任何地方实现相同的轮廓。同时，整个晶圆的温度必须非常均匀。由于侧壁钝化是钝化物种的通量和粘附系数以及与温度相关的自由基刻蚀的结果，因此可以在有意义的范围内补偿通量不均匀性和晶圆温度。这种方法在工业中被广泛使用。

7.2.6 CD 控制

在半导体器件的刻蚀期间，来自掩模的关键尺寸被转移到下层。这种转移的准确性由局部刻蚀轮廓决定。如果侧壁完全垂直而没有各向同性凹陷或锥形，则掩模和刻蚀形貌之间的 CD 变化为零。因此，第 7.2.5 节中关于轮廓调整的讨论直接适用于 RIE 中的 CD 控制。CD

控制实质上是芯片、晶圆以及晶圆之间的侧壁钝化厚度控制。

掩模 CD 和形貌 CD 之间的差异称为 CD 偏差或 ΔCD。从对轮廓形成机制的讨论中可以明显看出，ΔCD 取决于刻蚀开口的深宽比。形成侧壁轮廓的过程，如化学增强和物理溅射、自由基和热刻蚀、视线再沉积以及等离子体沉积，由其自身的特征内传输机制控制，这导致深宽比相关的轮廓角和 ΔCD。这种效应称为 CD 微负载。它对 RIE 横向刻蚀的意义就如同 ARDE 对垂直刻蚀的意义。其表示为感兴趣形貌的 ΔCD 差，例如孤立线和密集线：

$$CD \text{ 微负载} = \Delta CD_{iso} - \Delta CD_{dense} \tag{7.8}$$

为了表征复杂布局，CD 微负载可以通过最大和最小 ΔCD 的差异来表征：

$$CD \text{ 微负载} = \Delta CD_{max} - \Delta CD_{min} \tag{7.9}$$

ΔCD 的测量方法取决于应用以及哪些是芯片整体性能中的重要因素。例如，将硬掩模开口工艺中的 ΔCD 定义为光刻胶和刻蚀掩模的底部 CD 之差是有意义的，因为掩模的底部 CD 定义了下一次刻蚀的 CD。金属线的 ΔCD 可以定义为掩模的底部 CD 和金属线一半高度处的 CD 之间的差值，因为它描述了金属线的横截面和电阻率。

在集成电路（IC）制造中测量 CD 的优选方法是自上而下扫描电子显微镜（SEM）或 CD - SEM，其产生二维图像。掩模区域和刻蚀形貌由较浅或较深的颜色或灰色阴影表示。线或孔的边缘由亮度跳变定义。使用复杂的算法提取所需形貌高度的尺寸。CD - SEM 产生的值提供了良好的代表，但不是侧壁给定高度处的实际物理尺寸。使用横截面 SEM 或透射电子显微镜（TEM）校准 CD - SEM 来克服这一缺点。

自顶向下 SEM 的优点在于它是无损的，具有高吞吐量，并允许测量复杂的二维形状，如 L 形或 T 形结构、孔、椭圆形开口、彼此接近的线条末端以及其他形貌。芯片的计量配方可以包括各种形貌的整个尺寸范围。为了测量 ΔCD，必须在相同位置的刻蚀前后测量这些形貌。结果是不同位置的 ΔCD 表。芯片布局（这是设计者的意图）与最终刻蚀 CD 之间的差异也称为边缘放置误差（EPE）。导致 EPE 的因素包括光刻和刻蚀的系统误差。在掩模的设计中必须考虑这些系统误差。在系统光刻误差的情况下，这被称为光学邻近校正，并且存在计算模型来预测光学 EPE。刻蚀邻近校正仍然主要基于迭代实验。尽管在 RIE 的形貌尺度建模方面取得了重大进展，但由于基础工艺的复杂性，仍然无法用计算模型预测刻蚀邻近效应。第 7.2.5 节对 RIE 侧壁钝化机制的讨论强调了这一点。

图 7.23 描绘了具有和不具有侧壁钝化的刻蚀工艺的 CD 偏差起源示意图。图中给出了掩模在刻蚀之前的尺寸，以提供参考点。左侧显示了带有侧壁钝化的工艺情况。具有净沉积（浅灰色）的侧壁形成锥形轮廓（深灰色）。CD 偏差是形貌底部的 CD 和掩模底部的 CD 之间的差异。

钝化可以通过 CVD 沉积或视线溅射从等离子体中产生。在从气相 CVD 沉积的情况下，孤立形貌表现出比致密形貌更大的 CD 偏差，因为随着刻蚀形貌的深宽比增加，致密区域中沉积前驱体的传输被衰减。视线溅射不需要从形貌顶部输运。沉积源是形貌底部的刻蚀前端。尽管如此，孤立形貌将具有更大的 CD，因为非挥发性溅射沉积物起源的区域对于孤立形貌来说更大。与致密形貌相比，对于孤立形貌，更大的表面积暴露于接下来的刻蚀。

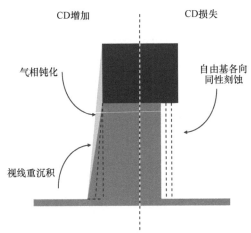

图 7.23　具有和不具有侧壁钝化的 CD 偏差的起源示意图

在没有侧壁钝化的刻蚀的情况下，孤立形貌将比密集形貌收缩得更快，因为与密集形貌相比，刻蚀物种到侧壁的通量更大。这导致了一种见解，即具有和不具有侧壁钝化的刻蚀工艺通常表现出相反的 CD 微负载趋势。这一点如图 7.24 所示。

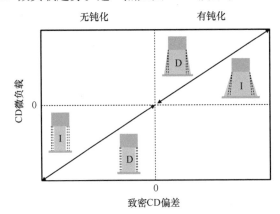

图 7.24　具有和不具有侧壁钝化的 CD 偏差和微负载趋势

CD 微负载的大小随 CD 偏差而增加。这对于目标是增加或缩小 CD 的过程非常重要。例如，所谓的光刻胶修整的目标是通过各向同性刻蚀光刻胶来收缩线的 CD 或增加沟槽的 CD。光刻胶修整经常用于实现无法直接打印的小型 CD。它也被用作多重图案化中的调节参数。我们将在第 7.3.1 节中对此进行更详细的讨论。

图 7.25 显示了具有电介质硬掩模的 130nm 多晶硅栅极工艺的致密线 CD 偏差和 CD 微负载之间的折中。对于传统的 $HBr/Cl_2/O_2$ 工艺，不可能达到所需的 0nm 致密线偏差和 0nm CD 微负载。如果钝化层的厚度足以在致密阵列中实现垂直轮廓，例如，通过减少氧气流量，则孤立线非常锥形化。在这种情况下，孤立线 CD 偏差约为 40nm。

当 CF_4 添加到工艺中时，侧壁钝化从氯氧化硅和溴化氧变为碳基（见图 7.20）。碳基钝化层更薄，然而仍提供防止横向刻蚀的保护。这种更薄和更强的钝化层可以实现零 CD 微负载，而不会对致密和孤立线产生 CD 偏差，如图 7.25 所示。这说明了钝化层材料的特性对于设计具有优良 CD 控制的 RIE 工艺的重要性。

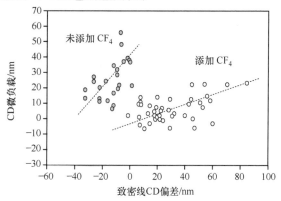

图 7.25　使用 HBr/Cl$_2$/O$_2$ 和 HBr/Cl$_2$/O$_2$/CF$_4$的多晶硅栅极刻蚀的 CD 微负载

　　总之，RIE 在刻蚀技术中是独特的，因为它能够刻蚀具有垂直侧壁的高深宽比形貌。这是导致锥形轮廓的化学增强溅射以及驱动横向刻蚀和底切的自由基刻蚀之间相互作用的结果。这些工艺具有不同的与外观相关的刻蚀行为，这可能导致致密和孤立形貌的轮廓不相同的轮廓微负载。CD 偏差和 CD 微负载是轮廓微负载的结果。工艺工程师的目标是选择最适合给定应用的刻蚀和钝化化学物质，并找到所有物种通量的平衡点，从而获得所需的 CD 性能。

7.2.7　表面光滑度

　　RIE 工艺的特征在于存在混合或边缘层。Graves 和 Humbird 对利用氟的硅刻蚀的 MD 模拟（Graves 和 Humbird，2002）以及 Feil 等人对利用氯的硅刻蚀的模拟（Feil 等人，1993）得出结论，即边缘层是由活性离子注入引起的。反应离子撞击产生裂纹和裂缝来增加硅的表面积，反应中性物种可以扩散到裂纹和裂缝中并终止键合。这会导致局部微粗糙度，并在一定条件下导致纳米级的表面粗糙度，如图 7.26 所示。RIE 不允许对表面光滑度进行原子级精度控制。然而，定向 ALE 由于惰性离子轰击而使表面光滑或至少保持光滑（Kanarik 等人，2018）。

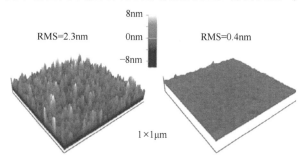

图 7.26　具有交替氯等离子体的定向 ALE 以及在 50eV 下用 50eV Cl$_2$/Ar – RIE 进行氩离子轰击的 AFM 测量的硅表面粗糙度。资料来源：Kanarik 等人（2018）。© 2018，美国化学学会

7.2.8 LWR/LER

当形貌的某个长度上出现宽度变化时，这种变化称为线宽粗糙度（LWR）。当这些变化仅沿一个边缘测量时，称为线边缘粗糙度（LER）。LWR 和 LER 会产生局部 CD 偏差和EPE，从而影响器件性能。因此，它们是 EPE 总预算的一部分，也是 CD 控制的一个日益重要的组成部分。形貌边缘的粗糙度不仅具有幅值，还具有频率分量。光刻工程师测量并将LWR 和 LER 表示为功率谱密度（PSD）与边缘粗糙度的空间频率。刻蚀工艺工程师采用了这种方法和命名法。

任何堆叠的初始掩模都是光刻胶图案，其特征在于图 7.27 所示的典型形貌。它们是具有高空间频率大于 $1/50 \text{nm}^{-1}$ 的裂缝，具有中等空间频率在 $1/50 \sim 1/200 \text{nm}^{-1}$ 之间的抗蚀剂脚部，以及具有低空间频率小于 $1/200 \text{nm}^{-1}$ 的体区形貌。

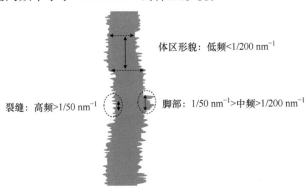

图 7.27　图案化光刻胶的 LER/LWR 形貌和频率。资料来源：Lill 等人（2014）

RIE 可以通过沉积和横向刻蚀填充裂缝以及通过定向刻蚀去除脚部来提高高和中等空间频率。RIE 无法处理低频形貌，因为长度尺度太大，无法填充或移除。

用于改善高频 LWR/LER 的横向刻蚀和沉积反应也影响 CD 微负载。为了实现最佳性能，可以将横向刻蚀（修整）和沉积分离成单独的所谓抗蚀剂处理步骤。图 7.28 显示了CD 微负载与 LWR 的折中曲线以及用光刻胶处理改善的性能。

RIE 还可以引入高频和中频 LER 和 LWR。由于形貌侧壁暴露于反应离子轰击，我们在第 7.2.7 节中讨论的表面粗糙化机制原则上也适用于 LER。此外，当刻蚀结构由多个层组成时，识别每个步骤的粗糙化或平滑化效果很重要。已经开发了原子力显微镜（AFM）技术，以直接测量光掩模上的侧壁粗糙度（Reynolds 等人，1999）和晶圆上的刻蚀形貌（Goldfarb等人，2004）。

Goldfarb 等人证明，光刻步骤后在抗蚀剂壁上发现的各向同性抗蚀剂粗糙度在用氟基等离子体刻蚀电介质底层期间变得各向异性。这些各向异性抗蚀剂粗糙形貌称为条纹。在抗蚀剂层上产生的条纹充当将这种形貌传播到刻蚀底层的模板（Goldfarb 等人，2004）。在剩余抗蚀剂较多的情况下，通过从较高的抗蚀剂开始或通过增加选择性来减少粗糙度传播。然而，该行业的总体趋势是走向更薄、抗刻蚀性更低的光刻胶。这对高选择性掩模开口刻蚀工

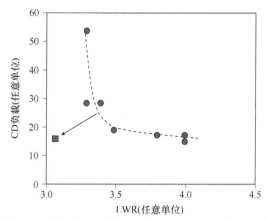

图 7.28 CD 微负载/LWR 折中可以通过分离光刻胶刻蚀和沉积反应来克服。资料来源：Lill 等人（2014）
艺具有很高的价值。

典型的栅极堆叠从顶部包含以下薄膜：光刻胶/底部抗反射涂层（BARC）/SiO_2 硬掩模/多晶硅。原子力显微镜（AFM）测量显示，在使用 $HBr/Cl_2/O_2$ 的栅极刻蚀步骤期间，SiO_2 或碳硬掩模开口步骤之后的 LWR 被转移到多晶硅栅极中（Pargon 等人，2008）。这意味着最终多晶硅 LWR/LER 的控制强烈依赖于栅极刻蚀步骤之前的光刻和等离子体刻蚀步骤，并且必须优化这些步骤以成功地最小化最终多晶硅栅极 LWR/LER。

减少光刻胶粗糙化的一种行之有效的方法包括等离子体处理步骤（Pargon 等人，2009；Azarnouche 等人，2013）。Pargon 等人研究了 HBr 和 Ar 等离子体对 193nm 光刻胶组成的影响。他们能够利用缝补在光刻胶膜上的具有不同截止波长的窗口来区分真空紫外（VUV，110 ~ 210nm）光、自由基和离子的影响。HBr 和 Ar 等离子体固化处理都诱导抗蚀剂膜中的表面和体区化学改性。低能量离子轰击和 VUV 等离子体光的协同效应导致大约 10nm 深的表面石墨化或交联，而等离子体 VUV 光负责从抗蚀剂本体中去除酯和内酯基团。

由于 HBr 等离子体在 160 ~ 170nm 附近发射 VUV 光，并且可以对光刻胶进行更深的化学改性，Pargon 等人发现它可以对 193nm 光刻胶至少 240nm 的深度进行改性。氩等离子体在 100nm 附近发射 VUV 光，其影响更浅（Pargon 等人，2009）。HBr 处理期间的化学效应导致 sp^2 键的形成，这很可能是由于氢扩散到抗蚀剂膜中。作为交联和去除含氢以及含氧酯和内酯基团的结果，HBr 等离子体被确立为提高抗蚀剂抗蚀性并显著降低 193nm 光刻胶图案的 LWR/LER 的优选方法。

Azarnouche 等人比较了 193nm 抗蚀剂的 HBr 等离子体和 VUV 的处理。他们发现，这两种处理都增强了暴露于用于开放电介质抗反射涂层（DARC）的碳氟等离子体刻蚀工艺的光刻胶的抗蚀性（Azarnouche 等人，2013）。研究表明，LWR 在抗蚀剂图案的顶部退化，并沿图案侧壁传播。在栅极图案化期间，粗糙度的高频和中频分量没有完全转移，从而允许在每个等离子体步骤处 LWR 降低。等离子体刻蚀期间抗蚀剂掩模的耐久性的概述可见于 Oehrlein 等人（2011）的综述中。

RIE 不能改善低频 LER 和 LWR，因为尺寸太大，无法通过刻蚀或沉积去除。然而，RIE 会导致抗蚀剂和硬掩模弯曲或不稳，从而恶化低频 LER 和 LWR。线弯曲和不稳的影响是线的深宽比以及材料的应力和杨氏模量的函数。它也被称为线弯曲或摆动。Stan 等人比较了由低 κ 电介质［层间电介质（ILD）］制成并用 TiN 硬掩模刻蚀的细线的实验和建模结果（Stan 等人，2015）。这种结构用于逻辑和存储器件的后段工艺（BEOL）模块中对用于铜金属化的沟槽进行图案化。

通过 AFM 测量刻蚀的结构。发现刻蚀深度是屈曲的主要控制参数之一。对于相同的宽度，对于图案更深且深宽比更大的线条，屈曲更为明显。TiN 掩模的高度和 ILD 的杨氏模量以及 TiN 掩模的杨氏模量和压应力是影响屈曲行为的其他参数。线弯曲由 TiN 掩模中的压应力引起，并且压力的功被转换为结构的弯曲能量。在实验中，ILD 鳍（Fin）的应力比 TiN 低 2 个数量级，可以忽略不计。线弯曲机构如图 7.29 所示。

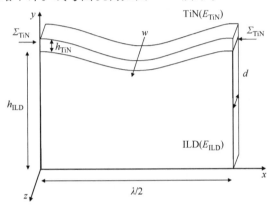

图 7.29　在半波长 λ/2 上 TiN 覆盖的 ILD Fin 的屈曲偏离平面外 w。在残余压应力 Σ_{TiN} 作用下，TiN 梁的屈曲受到 ILD 板变形的限制。E_{TiN} 和 E_{ILD} 是指相应的杨氏模量。资料来源：Stan 等人（2015）。© 2015，美国化学学会

图 7.30 显示了根据结构高度 h_{ILD} 和 h_{TiN} 以及 TiN 帽或掩模的应力 Σ_{TiN} 将图 7.22 所示结构的屈曲和未屈曲状态分开的等高线。线条表示建模结果，两个数据点是实验结果，其中样品 A 屈曲，样品 B 未屈曲。实验中 Σ_{TiN} 为 1.4GPa。

这种 ILD 线屈曲的具体案例说明了在刻蚀线时可以观察到的一般趋势。为避免屈曲，薄膜必须无应力。压应力对于屈曲性能特别要减小。这对于离子辅助沉积技术来说是一个挑战，因为离子轰击倾向于产生具有压应力的膜。离子也在 RIE 期间注入膜中，并使外层受压。通常，当 RIE 工艺中的射频功率降低时，线弯曲的发生被抑制。具有低模量的弱掩模材料可以通过在刻蚀之前或期间在 RIE 反应器中用低应力膜包封来稳定。如果薄膜具有拉应力，甚至可以改善线弯曲。

另一方面，如果薄膜受到压应力，设计用于生成垂直轮廓的沉积可能会产生意外的副作用屈曲。如果观察到线弯曲，则改变侧壁钝化化学可以导致成功。

图 7.30 显示，对于给定的形貌宽度（CD）和薄膜应力，存在一个最大堆叠高度，超过该高度线会发生弯曲。换句话说，线的深宽比受到薄膜应力的限制。然而，这并不意味着对于没有任何应力的膜，深宽比可以是无限的。根据经验，刻蚀线的深宽比限制为 10 ~ 15。

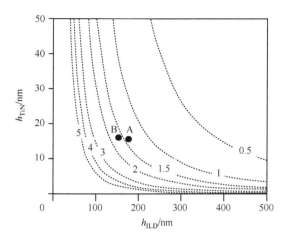

图 7.30　在（h_{ILD}，h_{TiN}）面中最小临界屈曲应力 Σ_{TiN} 从 0.5 ~ 5GPa 的等值线（Fin 宽 32nm）。每条等值线都标有以 GPa 为单位的临界应力值，并将各种尺寸 Fin 的未屈曲和屈曲状态分开。资料来源：Stan 等人（2015）。© 2015，美国化学学会

孔洞和通孔形貌的 LWR 和 LER 主要由高频和中频粗糙度（如条纹）控制。掩模开口中条纹形成的机制类似于线条。在光刻胶中产生的条纹被转移到底层。屈曲并不重要，因为圆形形貌是自支撑的。然而，高深宽比孔的刻蚀具有独特的挑战。它们是圆度和扭曲的潜在损失。顾名思义，损失圆度意味着高深宽比孔的底部横截面形状不再是圆形。扭曲表示孔的中心与顶部孔的中心偏移的效果。我们将在第 7.3.3 节中讨论圆度损失和扭曲的机理。

到目前为止，我们讨论的 LER/LWR 挑战对于极紫外（EUV）抗蚀剂更为明显。由于随机效应，EUV 抗蚀剂的高频 LER 和 LWR 是暴露剂量的函数。EUV 中的曝光时间非常昂贵，因此需要刻蚀和材料解决方案来修复 EUV 图案化中的高频 LWR/LER。此外，EUV 抗蚀剂在机械上不如 UV 抗蚀剂稳定，这导致抗蚀剂屈曲的挑战。

7.3　应用示例

当考虑到各种 IC 器件类型、这些器件的功能要素以及 IC 制造商特定的集成解决方案时，在先进 IC 制造中使用了数百种刻蚀应用。有几种方法可以对刻蚀应用进行分类。

1）材料：RIE 应用可根据待刻蚀材料进行分类。在 20 世纪 90 年代，刻蚀工具被分成三种需要通过 RIE 图案化的材料：氧化硅、硅和金属，特别是铝。当铝被铜取代以形成 IC 器件的互连时，铝刻蚀被低 κ 电介质的刻蚀所取代，以形成填充有铜的沟槽和通孔。同时，钨作为一种常见的金属化材料出现。这导致 RIE 分为导体和电介质应用。不同类型的反应器用于这些应用：用于导体刻蚀应用的高密度变压器耦合等离子体（TCP）、电感耦合等离子体（ICP）或电子回旋等离子体（ECP）反应器以及用于电介质应用的电容耦合等离子体（CCP）反应器。关于刻蚀应用类别的决定主要是关于使用何种类型的反应器的决定，因此非常重要。

今天仍然使用导体和电介质刻蚀应用的分类；然而，材料的电阻率不是分类的决定性属性。例如，氮化硅经常在导体和电介质刻蚀工具中被刻蚀。高深宽比硅通孔主要在使用碳氟化合物气体的电介质刻蚀 CCP 工具中刻蚀。在离子束刻蚀（IBE）工具引入工业之前，在 ICP 或 CCP 反应器中对钴和铁等非挥发性金属进行图案化。

决定刻蚀工具选择的因素是成功刻蚀器件所需的等离子体条件和化学物质。如果应用需要高密度的自由基以实现强各向同性刻蚀组分，则需要高密度等离子体，如 TCP、ICP 或具有深度离解的 ECR。尽管先进的 TCP 和 ICP 反应器可以产生数千电子伏特的离子能量，但离子能量仍然是次要需求。依赖于在晶圆表面形成化学反应聚合物层进行刻蚀的应用需要中密度等离子体，其中进料气体未完全离解。为了在表面反应，聚合物层通常需要激活和去除高能离子。对于中密度等离子体和高离子能量，CCP 反应器是正确的选择。我们将在第 9 章中讨论驱动这些特性的等离子体物理学。

2）深宽比：事实证明，具有极端 CD 控制的 4~10∶1 形貌刻蚀与导体刻蚀应用的等离子体要求在很大程度上重叠。同时，CCP 工具成为刻蚀高深宽比（50∶1 或更高）沟槽和孔的首选工具。这种按深宽比的分类在今天是更重要的，因为它推动了反应器开发路线图。

3）器件类型：刻蚀应用也可以按器件类型分组：逻辑、闪存、动态随机存取存储器（DRAM）和新兴存储器。这种分类对市场分析更为重要，技术意义有限。可以说，通常高深宽比刻蚀应用主导了存储器 IC 的制造。双大马士革低 κ 刻蚀是逻辑 IC 所独有的。刻蚀反应器材料的发展被逻辑器件的刻蚀所推动。

4）IC 制造模块：先进半导体器件的制造可能包括数百个工艺步骤。整个流程通常分为前段工艺（FEOL）、中段工艺（MEOL）和后段工艺（BEOL）模块。通常，在 FEOL 模块中创建晶体管，在 MEOL 模块中形成接触和存储器件，并且在 BEOL 模块中实现金属化。这种分类随 IC 制造商而异。IC 制造模块的分类对于防止金属交叉污染非常重要。

在下文中，我们将讨论具有独特要求的重要刻蚀应用。

7.3.1　图案化

7.3.1.1　自对准图案化

大多数刻蚀工艺的目标是转移光刻产生的图案，以形成留在 IC 中的结构。在 IC 制造的早期，光刻形成图案，RIE 将其转移到硅、氧化硅或铝中，以形成晶体管栅极、隔离形貌和传导电流的金属线。当时，还不存在特殊的"图案化刻蚀"。

器件微缩导致更高的深宽比，并需要更好的 CD 控制。这一趋势始于硅刻蚀，因为硅 RIE 需要在基于氯和溴的刻蚀化学中添加氧，并且抗蚀剂不能提供足够的选择性。这就需要引入用于刻蚀硅栅极和硅隔离沟槽的硬掩模，并在 180nm 节点引入了一类新的应用，掩模开口或硬掩模图案化。后来，引入碳层以打开厚介电硬掩模并刻蚀介电形貌。因为碳不能用抗蚀剂选择性地刻蚀，所以这需要在碳的顶部有一个薄的介电层，这也可以作为光刻的 DARC。因为 DARC 层含有氮，氮与抗蚀剂相互作用，在轮廓底部形成一个底部，所以引入了有机抗反射涂层。这些薄膜也被称为 BARC。结果，简单的硬掩模演变为复杂的堆叠，旨在解决光刻和刻蚀挑战。

在大多数情况下，这些多个掩模层在同一 RIE 室中原位刻蚀。这引发了复杂的多层硬掩模或图案化刻蚀的引入。如图 7.31 所示，生成最终掩模所需的刻蚀应用数量稳步增加。在 45nm 节点处，引入切割掩模以减少线之间的尖到尖的空间。由于光学和刻蚀邻近效应，直接光刻和刻蚀会在线端之间产生过大的间隙。在切割掩模方法中，首先将顶部 DARC 层图案化为线和空间。然后，剥离抗蚀剂，并旋涂新的抗蚀剂层。然后光刻只印制小窗口，允许通过 RIE 切割线条。随后，刻蚀掩模步骤的其余部分。切割掩模利用这种想法将图案分成两个或多个部分，并按常规处理每个部分。当所有的光刻和刻蚀工艺完成后，完整的图案就会出现。这是一种产生超出光刻分辨率的形貌的强力方法，称为光刻 – 刻蚀 – 光刻 – 刻蚀（LELE）。这显然是昂贵的，而且还面临着将整个图案的不同部分精确对齐的挑战。此对齐称为交叠。叠加误差导致 EPE 仅线 CD 偏差、CD 微负载、LWR 和 LER。

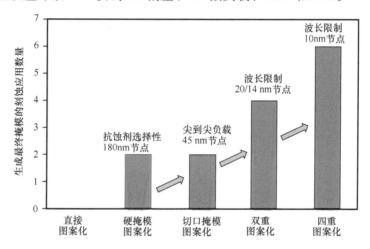

图 7.31　在 FEOL 逻辑图案化中生成器件图形最终掩模所需的刻蚀步骤数。资料来源：Lill 等人（2014）

在本节中，我们将讨论自对准双重图案化和四重图案化，这将进一步增加刻蚀应用的数量，如图 7.32 所示。自对准多重图案化的核心是侧壁图像转印（SIT）或侧墙图案化技术。这里，用 193nm 浸没光刻对第一条线进行图案化。间距是线条宽度和线条之间的间距之和，是所需最终间距的两倍。第一条线称为芯轴或芯线。根据性能和成本要求，芯轴可以由不同的材料制成。对于关键逻辑 FEOL 应用，芯轴通常由多晶硅制成。在存储器应用中，使用 CVD 或旋涂碳材料。在下一步中，在芯轴上沉积衬里。为了提供选择性，氧化硅通常用作衬里材料。在侧墙刻蚀之后，以对侧墙的高选择性刻蚀芯轴。最后，使用氧化物侧墙刻蚀下一层，在低深宽比刻蚀的情况下，该层可以是最终的硬掩模。对于高深宽比刻蚀，还需要另一个转移层来图案化最终的硬掩模。在没有定量截止标准的情况下，我们使用术语高深宽比和低深宽比。完整的自对准双重图案化（SADP）流程如图 7.32 所示。图 7.32 所示的技术被称为具有正侧墙调节的 SADP，因为侧墙决定了线的位置和宽度。

现在我们从刻蚀技术的角度更详细地讨论每个步骤的要求。根据芯轴是由碳还是多晶硅制成，使用基于氧或基于卤素的工艺。最终芯轴的深宽比仅约为 3∶1。因此，高密度等离子

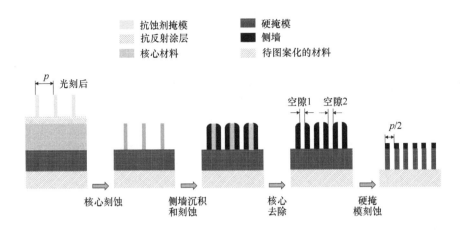

图 7.32   具有正侧墙调节的自对准双重图案化示意图。资料来源：Lee 等人（2014）。© 2014，IOP 出版

体通常用于芯轴刻蚀。目前最先进的光刻扫描仪使用 193nm 波长的激光和 1.35 的数值孔径，其基本印制极限为 40~45nm 半间距。为了形成等宽的线条和空间，芯轴与空间宽度的比率必须在 1:3 左右。光刻印制 45nm 相等的线条和间隔。随后，在氧基等离子体中将该线修整至约 23nm，这将空间增加至 67nm。这种修整工艺还具有降低高频和中频 LER/LWR 的优点。

刻蚀芯轴的掩模是介电层，在大多数情况下是 DARC，它是氧氮化硅（SiON）。如果芯轴是碳，则选择性是固有的。不需要沉积工艺来获得选择性。氧气会自发地刻蚀碳，通过向氧气等离子体中添加 HBr 或含硫化合物，如 COS 或 SO_2，来获得侧壁钝化。溴的钝化作用是基于 CBr_4 不易挥发的事实——它的沸点为 190℃。溴也可以与从硬掩模溅射的硅和氧结合，形成氧溴酸硅。硫的钝化作用被认为是由硫与碳形成聚合物的能力引起的。钝化层由等离子体沉积而成。

在多晶硅芯轴的情况下，典型的 RIE 工艺是基于卤素的。如果使用氯或溴化氢气体，则通过氧氯化硅和溴化氢反应产物的等离子体沉积实现掩模的选择性。这些化合物还提供侧壁钝化。对于基于氟的等离子体化学，添加碳氟聚合物气体以通过碳化合物提供掩模和侧壁钝化。

芯轴轮廓必须绝对垂直，且无底脚。否则，侧墙轮廓将不对称，在极端情况下，侧墙可能会倾倒。较薄但有效的钝化层是优选的，如硫或碳。

SADP 流程的下一步是侧墙沉积，通常通过 SiO_2 或 Si_3N_4 的共形 CVD 或 ALD。在 BEOL SADP 中使用 TiO_x 侧墙。因为侧墙的外侧是通过沉积形成的，所以 LWR/LER 在外缘的性能非常优异。内边缘由芯轴光刻、修整和刻蚀工艺确定。修整步骤使侧壁平滑。因此，SADP 最突出的特性之一是优异的高频和中频 LWR/LER 性能。

低频 LWR/LER 受到芯轴或侧墙潜在弯曲或屈曲的影响。两者都影响侧墙之间的空间，但不影响侧墙的宽度，这仅由沉积决定。为了利用这一效应，引入了正负间隔方案。正性侧墙方案用于对线的宽度为关键尺寸的结构进行图案化。例如，逻辑 Fin 和 FinFET 栅极。

负性侧墙双重图案化对于线之间的空间更重要的结构的图案化是优选的，例如沟槽。具有负性侧墙调节的 SADP 如图 7.33 所示。在侧墙沉积之后，SADP 分为正性和负性侧墙方案。

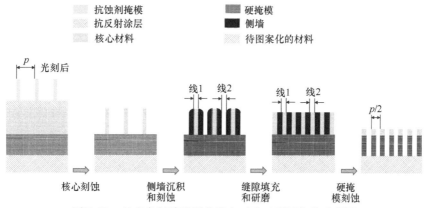

图 7.33　具有负间隙壁调节的自对准双重图案化示意图

在正性侧墙方法中，使用基于氟的工艺刻蚀侧墙。ICP/TCP 和 CCP 反应器均用于此刻蚀。芯轴通常在侧墙刻蚀后原位刻蚀。侧墙刻蚀/芯轴移除的关键要求是无侧墙损失、无侧墙底脚、底层无凹陷以及最小的侧墙顶部轮廓锥形。碳氟基等离子体化学用于侧墙刻蚀。用氧去除碳芯轴，用氟等离子体去除多晶硅芯轴。为了减轻侧墙宽度损失，可以使用原位沉积步骤在刻蚀期间保护侧墙的侧壁。

芯轴高度是 SADP 工艺成功的一个重要参数，因为它决定了侧墙的高度。芯轴的高度必须至少为侧墙宽度的 2~3 倍，以便在刻蚀前侧墙具有垂直侧壁。由于芯轴和侧墙宽度相同，芯轴刻蚀后侧墙的深宽比也为 2~3。芯轴膜不得具有任何固有应力以防止屈曲。如果直接用侧墙对器件进行图案化，则使用更高的芯轴。

在负性侧墙方法中，侧墙之间的间隙被填充并抛光。通常，填充材料与芯轴材料相同。如果填充材料是芯轴以外的任何材料，则后续切割可选择芯轴或间隙填充材料。这允许自对准切割掩模并放松交叠要求。抛光间隙填充材料后的下一步是选择性地去除侧墙材料。该工艺不能太各向同性，否则填充材料会被底切，机械完整性会受到损害。

芯轴和填充的间隙用作刻蚀最终硬掩模或另一转移层的掩模材料。因此，芯轴高度主要取决于选择性要求。

SADP 可以表现出所谓的奇-偶效应，如图 7.32 和图 7.33 所示。在正性侧墙的情况下，这种效果表现为交替使用较大和较小的空间 CD（见图 7.32 中的空间 1 和 2）。在负性侧墙 SADP 中，奇数-偶数效应影响线 CD（见图 7.33 中的第 1 行和第 2 行）。奇偶效应的解决方案是对芯轴图案、侧墙沉积和侧墙刻蚀进行精确的 CD 控制。芯轴光刻和侧墙沉积后的 CD 测量经常用于重新设定芯轴修整和侧墙刻蚀工艺的目标以获得最佳性能。

SADP 也可用于图案化孔洞掩模。图 7.34 显示，通过重复 SADP 过程两次，可以获得方孔排列和六边形孔排列。在六边形版图的情况下，两个 SADP 图案相对于彼此旋转 60°。掩模开口刻蚀使它们变圆，并将它们变成圆孔。例如，使用双 SADP 对高级 DRAM 单元的掩模图案化。在使用交叉 SADP 的大批量制造中可以产生约 20nm 的半间距。

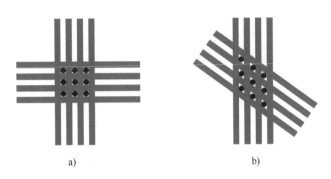

图 7.34　孔结构的交叉 SADP 示意图：a) 方孔排列；b) 六边形孔排列

　　为了产生约 10nm 的半间距，使用自对准四重图案化（SAQP）。工艺流程如图 7.35 所示。顾名思义，SIT 按顺序应用两次，以将间距缩小为原来的 1/4。侧墙用于正性方法。刻蚀工艺与 SADP 相同，不同之处在于最终侧墙仅约 10nm 宽，线弯曲是一项艰巨的挑战，这需要膜粘附和应力工程。

　　图 7.35 还显示了利用所谓的侧墙之上侧墙（SOS）技术的简化 SAQP 方法。在该实施方式中，将第二侧墙直接沉积到第一侧墙上，并且省去了形成第二芯轴的沉积和刻蚀步骤。这需要第一侧墙的方形轮廓以最小化不对称性。通过优化沉积和刻蚀工艺，可以将侧墙刻蚀成方形轮廓。SOS – SAQP 还需要第二侧墙材料。正性风格 SAQP 创建三种类型的空间，如图 7.35 所示。需要精确控制芯轴和第一侧墙 CD，以确保所有三个空间相等。

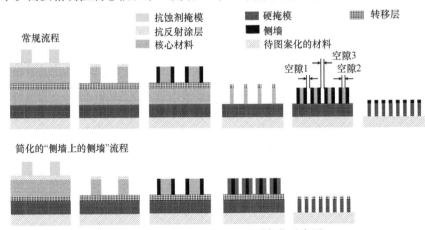

图 7.35　正调节自对准四重图案化示意图

7.3.1.2　极紫外（EUV）光刻

　　极紫外（EUV）扫描仪使用 13.5nm 的波长，该波长由激光驱动的锡等离子体光源产生。EUV 光刻的短波长使得能够在没有 SADP 的情况下以低于 60nm 的间距图案化线和空间。可以用 SADP 而不是 SAQP 来图案化亚 20nm 线和空间（Raley 等人，2018）。然而，EUV 光刻面临着线边缘粗糙度和曝光剂量之间的权衡。虽然 EUV 比前沿 193nm 曝光的分辨率提高了 2.5 倍，但是 LER 是整体分辨率提高的限制因素。最新的 EUV 光源产生的光子比 193nm 光源少 10 倍以上。这些光子的随机分布，称为散粒噪声，可能会由于某些区域的曝光不足而导致线条边缘粗糙。虽然增加曝光剂量可以减少曝光不足相关的缺陷，但是也会使曝光过度相关的缺陷变得更糟。增加给定源的剂量也会降低吞吐量并显著增加成本。

　　EUV 抗蚀剂比 193nm 抗蚀剂薄，因为线 CD 只有 20 ~ 30nm 宽，如果抗蚀剂太厚，这可能会导致弯曲。为了提高 EUV 抗蚀剂的抗蚀性，正在测试金属氧化物纳米颗粒作为添加剂。尽管做出了这些努力，但图案化 EUV 抗蚀剂很薄并且具有高 LER。正在引入新的平滑技术，其结合了与传统光刻胶的 LWR/LER 处理类似的沉积和刻蚀工艺。这些工艺在 ICP/TCP 反应器中单独或原位运行，随后进行掩模刻蚀。交替选择性碳沉积和定向 ALE 平滑显示出良好的性能（Wise 和 Shamma，2018）。这是如何使用 ALE 的平滑效果来帮助实施 EUV 光刻的示例。

　　到目前为止，在本章中，我们已经看到了许多不同的图案化应用：多层掩模开口、LELE、SADP、SAQP 和 EUV 图案化。在这些图案化技术中使用的刻蚀工艺具有共同的特征，即它们主要由化学而不是离子轰击驱动。图案化中最重要的性能指标是 CD 控制。CD 偏差由横向、化学刻蚀和侧壁钝化沉积（主要来自等离子体）的平衡驱动。这意味着用于图案化的 RIE 反应器必须运行广泛的刻蚀化学，并且必须具有允许调节反应物和刻蚀产物流到晶圆的每个点的硬件特征。温度必须在整个晶圆上以高分辨率可调。

　　根本挑战是 RIE 反应器远不是理想的化学反应器，例如，在化学工程中用于模拟化学反应的连续流搅拌釜反应器（CFSTR）。CFSTR 模型假设液体、气体和浆料的完美混合和工作。晶圆的刻蚀不仅涉及气体，还涉及固体晶圆，该固体晶圆正好位于反应器顶部气流的中心。图 7.36 说明了由于晶圆阻塞，反应器中反应物和反应产物通量的复杂性（Kiehlbauch 和 Graves，2003）。图 7.36 中的模型假设压力为 50mTorr，感应射频功率为 50W，氯流量为 500sccm。所得刻蚀速率为 600nm/min，主要刻蚀产物为中性 $SiCl_2$。

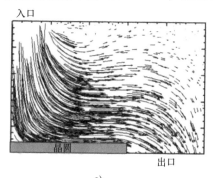
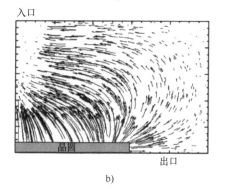

　　　　　　　　　　a)　　　　　　　　　　　　　　　　　　b)

图 7.36　氯等离子体中硅刻蚀的模拟：a) 对流氯通量；b) 扩散的 $SiCl_2$ 产物通量。该图描绘了对称反应器的一半。气体入口位于反应器顶部的中心。资料来源：Kiehlbauch 和 Graves（2003）。© 2003，AIP 出版

进入的氯气如图 7.36a 所示。在反应器内的任何一点，箭头的长度和方向表示流动的大小和方向。氯通量撞击晶圆的中心，然后扫过晶圆表面，流向边缘，在那里被泵走。由于晶圆正在刻蚀，反应产物的浓度从晶圆的中心到边缘增加。反应产物向其最低浓度点扩散，即氯气入口处（见图 7.36b）。这导致更多的锥形轮廓，从而在晶圆边缘处产生更大的 CD。

为了抑制这种影响，中心气体注入系统可以配备面向侧面而不是向下的喷嘴。此外，气体喷嘴可安装在反应器壁处，以将反应物注入更靠近晶圆边缘的位置。当反应剂通量扩散时，刻蚀产物倾向于聚集在晶圆中心，这导致晶圆中心的 CD 更大（Kiehlbauch 和 Graves，2003）。当气体注入以喷淋头的形式分布在反应器的整个顶盖上时，观察到反应物通量扩散（Kiehlbauch 和 Graves，2003）。在低于 10mTorr 的压力下，它们也主导着质量传输。

基于这些讨论，我们可以看到，只要在完全覆盖的范围内改变压力，例如，通过多晶硅栅极主刻蚀和过刻蚀，就可以翻转整个晶圆的 CD 偏差均匀性图案。主刻蚀可以在 4 ~ 5mTorr 下进行，过刻蚀可以在 50mTorr 或其附近进行。这意味着不同的气体注入点必须能够独立和联合定址，以在整个晶圆上形成反应物和反应产物的均匀性。此外，工艺工程师必须调整中心和边缘气流，以找到最佳设置。

气体调节可能不足以在晶圆上实现小于 5Å 的 CD 均匀性，这是先进器件的常见要求。晶圆边缘的 CD 需要比气流所能提供的更多的局部调节。此外，即将进行的光刻图案可能具有 CD 非径向不均匀性图案。对于这种残余 CD 不均匀性的情况，使用温度来局部改变钝化物种的粘附系数。为此，已经开发了具有多个加热区和局部加热器的静电卡盘（ESC）用于先进图案形成。毫无疑问，反应器的整体几何形状必须尽可能对称。

总之，图案化刻蚀工艺具有强烈的化学刻蚀成分。它们通常在具有高密度 ICP 或 TCP 源的 RIE 器具中进行。调整 CD 的主要参数是气流和晶圆表面温度。

7.3.2　逻辑器件

7.3.2.1　Fin 刻蚀

从平面晶体管到鳍式场效应晶体管（FinFET）和围栅（GAA）晶体管的演变如图 7.37 所示。FinFET 的形成包括两个重要的 RIE 应用，即鳍（Fin）刻蚀和 FinFET 栅极刻蚀。首先，我们将讨论 Fin 刻蚀。

Fin 的最重要部分是 Fin 轮廓的顶部 30% ~ 50%。在 Fin 旁边的沟槽填充隔离氧化硅之后，该隔离氧化硅然后选择性地凹陷。这将 Fin 的顶部暴露，充当晶体管的沟道。栅垂直于 Fin 放置，并围绕 Fin 缠绕。产生的结构如图 7.37b 所示。在平面晶体管中，沟道与晶圆表面水平。沟道旁边的氧化硅填充沟槽用作浅沟槽隔离（STI，见图 7.37a）。

硅 Fin 刻蚀的建模结果如图 6.24 所示，用定向 Cl_2/Ar ALE 刻蚀的锗 Fin 如图 6.25 所示。这些示例说明了 Fin 刻蚀中的一些主要挑战：ARDE、轮廓形状和轮廓负载。由于刻蚀材料是硅和锗，所以刻蚀工艺具有很强的化学成分。因此，Fin 刻蚀通常在 ICP/TCP RIE 反应器中进行。

刻蚀不会落在停止层上，因此任何 ARDE 都将直接转化为深度变化。ARDE 可以通过偏

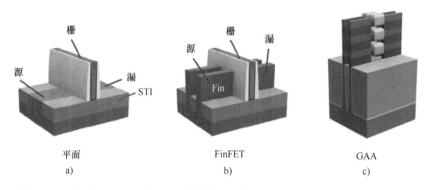

图 7.37　平面、FinFET 和 GAA 晶体管的示意图。资料来源：Draeger（2016）

置脉冲、MMP 和定向 ALE 最小化。第 6.1 节和第 7.1 节讨论了这些循环技术降低 ARDE 的原因。Fin 顶部 30% ~50% 的轮廓表现非常重要。通常，期望没有任何弓形的垂直轮廓。由于 Fin 具有 10 ~20 的相对较高的深宽比，因此轮廓的关键部分长时间暴露于离子和自由基。密集区域中的轮廓弯曲是一个挑战，可以通过原位 CVD 的周期性侧壁钝化来缓解。先进的 RIE 反应器提供了原位电介质原子层沉积（ALD）能力。当使用周期性钝化来保护顶部 Fin 轮廓时，重要的是仔细调整钝化穿透步骤，以避免轮廓不连续。

　　尽管 Fin 刻蚀是高深宽比刻蚀，但必须谨慎使用离子能量以避免离子注入或化学损伤。这种损坏会对 FinFET 的沟道 Fin 的性能产生负面影响，例如运行速度。Eriguchi 等人对入射离子蔓生导致的 FinFET 器件的等离子体诱导物理损伤进行了 MD 模拟（Eriguchi 等人，2014）。我们之前在第 2.5 节中碰到术语"蔓生"（另见表 7.2）。这归因于碰撞级联的性质。撞击离子不仅在垂直方向上而且在横向方向上穿透固体表面。在 Fin 结构的刻蚀过程中，撞击离子也在横向方向上渗透到晶体中，导致侧壁区域中的横向损伤。

　　离子能量为 200eV 时注入的氩和氯原子数的模拟结果如图 7.38 所示。这些数字不包括 0.25nm 厚的非晶表面层，其将在刻蚀后的湿法清洗中去除。缺陷是氩和氯间隙以及哑铃状硅。缺陷的深度约为 1nm。这意味着对于 10nm 宽的 Fin，该模型预测，即使在仅 200eV 的相当低的离子能量下，受损区域也占整个 Fin 宽度的约 20%。随着 Fin 宽度的减小和离子能量的增加以便刻蚀具有更高深宽比的 Fin 片，受损与未受损 Fin 片材料的比率增加，通过退火进行修复成为一个挑战。如果缺陷仍然存在，则会降低器件的电学性能。

　　Mizotani 等人使用 MD 模拟研究了氢离子高能入射在垂直硅壁上的损伤形成机制（Mizotani 等人，2015）。他们发现氢离子对硅衬底的穿透深度仅微弱地取决于入射角，因此氢离子在掠入射时会形成深度损伤。氢可以比更大和更重的离子更深地渗透到硅衬底中，并且可以导致硅衬底的显著非晶化（见表 2.2）。这种行为对于使用 HBr 气体刻蚀 Fin 和硅栅极具有重要意义。

　　图 7.39 描述了不同撞击角度下 500eV 氩气和 300eV 氢气注入的建模结果对比。每种情况下的氩离子剂量为 $7.3 \times 10^{15} \mathrm{cm}^{-2}$，氢离子剂量为 $9.4 \times 10^{16} \mathrm{cm}^{-2}$。氩原子和氢原子被描绘得不成比例地大，以使它们更可见。在 300eV 氢离子正常和 30° 入射的情况下，离子轰击

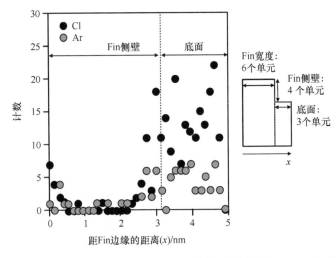

图 7.38　200eV Fin 刻蚀后 Fin 中氩和氯原子的数量。资料来源：Eriguchi 等人（2014）

造成的损伤如此之深，以至于几乎 10nm 的衬底被非晶化。即使在 80° 入射角下，非晶化硅层也比相同入射角下能量更高的 500eV 氩离子更深（Mizotani 等人，2015）。观察到注入氢的深度延伸了与损伤轮廓相似的距离。

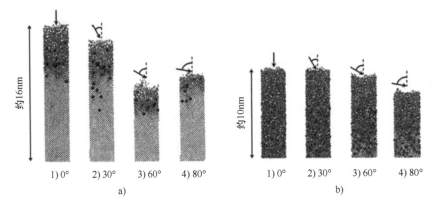

图 7.39　用 500eV 氩离子（图 a）和 300eV 氢离子（图 b）在不同撞击角度下注入硅。资料来源：Mizotani 等人（2015），ⓒ 2015，美国真空学会

7.3.2.2　栅极刻蚀

如图 7.37 所示，随着从平面到 FinFET 栅极的演变，晶体管栅极的刻蚀发生了巨大变化。栅极刻蚀应用的最重要的性能要求之一是 CD 控制，因为栅极的长度由刻蚀线的 CD 和 LWR/LER 决定。事实上，栅极 CD 是如此重要，以至于逻辑器件的技术节点都以晶体管的 CD 命名。

集成电路使用互补金属氧化物半导体（CMOS）技术制造，该技术使用互补对称的 p 型（PMOS）和 n 型（NMOS）MOSFET 对实现逻辑功能。NMOS 和 PMOS 硅晶体管栅极分别掺杂磷和硼。为了降低成本，NMOS 和 PMOS 栅极同时刻蚀。这需要解决掺杂效应，例如，使用含氟刻蚀化学方法（见第 7.2 节）。氟等离子体和碳聚合物等离子体钝化也是减少 CD 微负载的有效解决方案（见第 7.2 节）。

对栅极氧化物的选择性非常重要。事实上，要求是不仅在几埃的栅氧化层上停止，而且是要避免其下的晶体硅损伤。硅衬底的等离子体氧化发生在 HBr/O$_2$ RIE 过刻蚀期间。这种氧化硅在随后的湿法清洗中被去除。这导致栅极附近的凹陷区域，增加了源极和漏极区域与沟道之间的电阻。通过使用较短的多晶硅过刻蚀时间、较低的源和偏置功率、较低的衬底温度和较低的 O$_2$ 流量，可以减少等离子体氧化和硅损失（Vitale 和 Smith，2003）。使用具有氯改性和氙离子去除的定向 ALE 可以消除这种影响（Tan 等人，2015）。图 6.21 显示了 Cl$_2$/Xe ALE（Lill 等人，2018）和传统 HBr/O$_2$ RIE 多晶硅栅极过刻蚀（Vitale 和 Smith，2003）的栅极氧化物损失的比较。

当引入金属栅极材料和高 κ 介电材料（如氧化铪）时，在 45nm 技术节点上实现了晶体管栅极技术的重大变化。用氧化铪代替氧化硅将泄漏电流降低了 2 ~ 3 个数量级。高 κ 材料可以在物理上更厚，而不会在电学上显得更厚。电相关的栅极氧化物厚度称为有效栅极氧化物厚度。

用金属代替硅消除了栅极氧化物正上方的所谓耗尽区。当施加栅极电压时，半导体栅极中的该耗尽区充当较厚的栅极氧化物。因此，栅极金属的实施减少了有效栅极氧化物厚度。

高 κ/金属栅极在 45nm 技术节点处使用两种竞争的集成技术实现。在所谓的"先栅极"方法中，将具有高 κ 栅极氧化物、金属栅极和掩模层的栅极堆叠沉积到平面表面上并进行刻蚀。在"后栅极"方法中，多晶硅栅极被刻蚀以定义栅极的尺寸。在侧墙沉积和刻蚀之后，用介电材料（通常是氧化硅）填充栅极之间的空间。该材料被抛光以将多晶硅栅极暴露并去除。该去除步骤很重要，因为栅极沟道正好暴露在薄的保护性氧化硅层之下。RIE、自由基刻蚀和湿法刻蚀的组合用于去除多晶硅栅极。之后，将高 κ 和金属膜沉积到暴露的沟槽中。因此，栅极的形成是最后一步，这解释了术语"后栅极"。

先栅极方法的挑战在于氧化铪是一种非挥发性材料。困难的是，刻蚀薄的氧化铪层而不在栅极线的底部留下任何残留物，以同时实现对沟道的高选择性。使用 BCl$_3$ 的等离子体可以对硅和氧化硅选择性地刻蚀 HfO$_2$，但必须仔细控制偏置功率以实现如图 7.40 所示的选择性。在该实验中，需要仅仅 5W 的偏置功率实现 30Å/min 的刻蚀速率以及对硅和氧化硅的无限选择性。实验在 200mm ICP 反应器中以 5mTorr、800W 的源功率和 100sccm BCl$_3$ 进行。为了提高刻蚀产物（如氯化铪）的挥发性，将高温刻蚀引入栅极刻蚀（Helot 等人，2006）。在另一种方法中，在室温下刻蚀氧化铪，并在湿法刻蚀工艺中去除残余物。与离子轰击相结合的卤素自由基的暴露使液相化学法的去除变得容易。

Martin 等人（2009）研究了室温下 Cl$_2$/BCl$_3$ 等离子体中铝酸铪薄膜的离子增强化学刻蚀机理。在 BCl$_3$/Cl$_2$ 等离子体中刻蚀了从纯 HfO$_2$ 到纯 Al$_2$O$_3$ 的 Hf$_{1-x}$Al$_x$O$_y$ 薄膜的几种成分，发现它们的刻蚀速率在 Cl$_2$ 和 BCl$_3$ 等离子体中均与 $\sqrt{E_i}$ 成比例。这表明该工艺是溅射工艺。在 BCl$_3$ 等离子体中，在低于 50eV 的离子能量下，沉积占主导地位，而在高于该能量时，刻蚀发生，刻蚀速率是在 Cl_2 中的 3 ~ 7 倍。这可以通过更易挥发的含硼刻蚀产物如（$BOCl$）$_3$ 的形成来解释。该反应途径有助于氧的分离以及氯对金属铝和铪的刻蚀（Martin 等人，2009）。

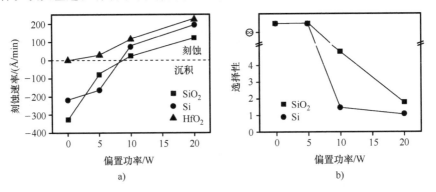

图 7.40   室温下用 BCl_3 等离子体刻蚀 HfO_2。资料来源：Joubert 等人（2006）。© 2006，IOP 出版

由于刻蚀挑战和"先栅极"方法中材料集成灵活性有限，"后栅极"集成在 45nm 以下节点的业界占据主导地位。这一选择证明是实现栅极集成的下一个变化的正确选择，即从平面到 FinFET 栅极的变化（见图 7.37）。这里，用于牺牲栅极的多晶硅层沉积在高 Fin 上。刻蚀的挑战是在高 Fin 内部刻蚀垂直栅极，而在角部没有残留物。这是具有 Cl_2/Ar^+ 的硅的定向 ALE 可以解决的挑战。图 6.31 显示了连续 RIE 和定向 ALE 的形貌尺度建模结果的比较。ALE 更好的角部去除性能清晰可见。这些模拟结果已在实验中再现。为了提高吞吐量并降低工艺成本，定向 ALE 仅用作过刻蚀步骤，以在主刻蚀为 RIE 时清除角部。对 Fin 的选择性的重要性与平面栅极刻蚀中的类似。栅极氧化物包裹在一个垂直 Fin 上，这可能会带来角部侵蚀问题。

7.3.2.3   侧墙刻蚀

传统上，氮化硅是栅极侧墙的首选材料。氮化物比氧化硅起到更好的阻挡作用，以防止下游加工过程中的扩散。侧墙的目的是将源极和漏极接触孔与栅极隔离。随着晶体管不断微缩，电容耦合正成为影响器件性能的一个挑战，低 κ 侧墙材料正在研究中。

侧墙刻蚀是 Si_3N_4 被刻蚀的最早应用之一（Regis 等人，1997）。这是典型的 Si_3N_4 RIE 应用。Si_3N_4 也在碳氟化合物等离子体中刻蚀，就像氧化硅这样。然而，它不含氧气来消耗碳。因此，Si_3N_4 刻蚀需要向等离子体中添加氢。通常使用含有 CHF_3、CH_2F_2 和 CH_3F 的气体混合物。

侧墙刻蚀的主要挑战是由于侧墙宽度各向同性损失导致的 CD 控制、由于站脚导致的轮廓性能以及选择性。缺乏选择性会导致硅损失，这是我们在第 7.3.2.2 节栅极刻蚀中遇到的挑战。在轮廓底部的站脚和选择性之间存在折中。为了去除底部站脚，需要更高的离子能量。不管怎样，较高的离子能量去除了碳氟层的厚度，这提高了 Si_3N_4 和硅之间的选择性。

Si_3N_4 RIE 中轮廓与选择性挑战的根本原因是由于高离子能量而缺乏固有选择性。这使得定向 ALE 成为潜在的替代刻蚀解决方案。Posseme 等人使用定向 ALE 演示了垂直底部轮

廓，如图6.30所示（Posseme 等人，2014）。在他们的方法中，Si_3N_4 在第一步中被氢或离子轰击定向损伤。在各向同性刻蚀工艺中，用稀释的 HF 酸去除该改性层。Posseme 等人证明，SiGe 沟道层的凹陷小于 6Å，没有 Si_3N_4 站脚（Posseme 等，2014）。Sherpa 等人证明了一种全干式定向 ALE 工艺，通过电容耦合氟等离子体与 SF_6 或 NF_3 进料气而非稀释 HF 进行去除（Sherpa 和 Ranjan，2017）。

7.3.2.4 接触孔刻蚀

接触孔刻蚀是非常关键的应用。每一个接触孔都必须打开，逻辑芯片才能正常工作，而高级逻辑芯片上可能有数十亿个接触孔。源极/漏极接触孔是晶体管的电极，向晶体管的沟道注入载流子并从沟道移除载流子。栅极接触孔将器件电路连接到晶体管栅极。源极/漏极接触孔刻蚀更复杂，因为深宽比更高。

源极/漏极接触孔集成方案的演变如图7.41所示。最初，接触图案化包括对孔进行光刻，并通过 RIE 以对硅衬底的高选择性将这些孔转移到氧化硅中。由于微缩，接触孔的深宽比增加，这导致离子能量增加。这引发了对使用 CF_4/H_2 等离子体刻蚀氧化硅和硅的选择性机制的研究，以及基于碳氟化合物的层作为选择性促进剂的发现（Oehrlein 和 Lee，1987）。我们在第 7.2 节中讨论了沉积增强的选择性机制。很快发现富碳气体（如 C_4F_8）对硅具有很大的选择性，由于认识到接触孔的深宽比达到 6:1 或更高，因此进行了 ARDE 研究（Hayashi 等人，1996）。

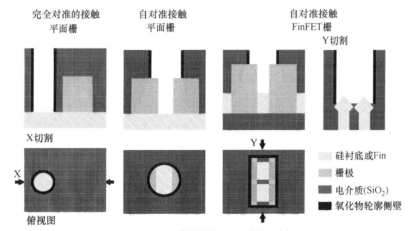

图 7.41 晶体管接触孔演变的示意图

在 20 世纪 90 年代后期，逻辑和 DRAM 器件的进一步微缩缩小了栅极线之间的空间，以致接触孔开始与栅极重叠，无论是由于设计还是未对准。导致的接触称为自对准接触。在这种接触中，刻蚀在到达硅衬底层之前将栅极结构的角部暴露（见图7.41）。这减小了接触孔的直径并增加了深宽比。根据未对准的程度，自对准接触的深宽比可以是 10:1 或更高。这给了刻蚀技术人员对即将到来的具有挑战性的高深宽比的第一次预览，因为高深宽比结构可以通过简单地改变接触孔和栅极之间的对准来生成。

除了 ARDE 之外，自对准接触孔刻蚀的主要挑战是对暴露角的选择性。该角由来自栅极

硬掩模的 Si_3N_4 和封装栅极并电隔离栅极和接触孔的衬里制成。如果选择性太低，Si_3N_4 角会击穿并产生接触孔到栅极的短路。该挑战的解决方案是再次钝化增强的选择性，例如，通过使用 C_4F_8 等离子体 RIE 工艺。如第 6.1.3 节所述，碳氟聚合物倾向于沉积在氮化硅上，而不是沉积在氧化硅上。原因是当离子轰击时氟和碳混合时的消耗，这导致 SiF_4、CO 和 CO_2 的形成。氮化硅不含氧，这导致富碳层的积累。

随着 FinFET 栅极的到来，选择性要求进一步提高。当着陆在 Fin 上时，它们的角暴露出来。为了降低接触电阻，在 Fin 周围生长外延硅或 SiGe，如图 7.41 所示。对 SiGe 的选择性低于对硅的选择性。外延形成菱形 Fin 延伸，这增加了接触面积并降低了接触电阻。由于缺乏选择性而去除表面峰会增加接触电阻。

为了提高选择性，钝化聚合物的厚度必须进一步增加。这会导致在形貌的顶部沉积过多的聚合物，并增加未打开接触孔的风险。具有 C_4F_8/Ar^+ 的定向 ALE 在每个氩轰击步骤中去除聚合物，如第 6.1.3 节所述。同时，离子能量保持尽可能低。这些优势推动 C_4F_8/Ar^+ 定向 ALE 成为第一个工业上使用的 ALE 工艺（Hudson 等人，2014）。该工艺的刻蚀机理被详细研究过（Metzler 等人，2014；Metzler 等人，2016；Huard 等人，2018）。

7.3.2.5 BEOL 刻蚀

在所有逻辑刻蚀应用中，BEOL 刻蚀经历了一个最显著的变化。在 21 世纪之交之前，逻辑器件金属化是用铝实现的，铝直接用抗蚀剂掩模或硬掩模刻蚀。铝很容易被氯腐蚀。各向同性刻蚀成分很强。为了实现垂直轮廓，使用硼（通过添加 BCl_3）或碳（通过添加 CH_4）聚合物沉积工艺。

到了 20 世纪末，事情已变得很清楚，为了满足电阻要求，必须用铜代替铝。铜的 RIE 被尝试，其可行性得到初步证明（Schwartz 和 Schaible，1983；Choi 和 Han，1998）。然而，铜不容易形成挥发性刻蚀产物。因此，为提高刻蚀速率，研究了更高的刻蚀温度和紫外（UV）辐射（Choi 和 Han，1998）。尽管如此，仍存在许多挑战，如氯残留物引起的腐蚀。

作为一种替代方案，开发了一种所谓的铜大马士革互连方法，并将其转化为大批量生产。它是当今所有逻辑器件中使用的集成方法。大马士革互连集成有两个实施例："先沟槽"和"先通孔"。两种方法的简化流程如图 7.42 所示。对于"先通孔"集成方案，先对通孔图案化，然后使用第二个掩模（通常为碳）刻蚀沟槽。在刻蚀步骤之后，该碳掩模必须使用氧基自由基刻蚀去除。氧自由基会损伤多孔低 κ 电介质。因此，业内采用了"先沟槽"金属硬掩模方案，这是目前主流的 BEOL 集成策略。这里，沟槽图案是在 TiN 硬掩模中定义的。使用光刻胶掩模部分刻蚀通孔。通过等离子体去除抗蚀剂，并使用金属掩模一起刻蚀通孔的底部和沟槽。金属掩模最终在金属化过程中通过化学机械研磨（CMP）去除，这避免了使用破坏性等离子体工艺（Lionti 等人，2015）。

除刻蚀步骤外，BEOL 集成还包括其他处理步骤，如刻蚀后清洁、低 κ 密封、阻挡层沉积、铜填充和 CMP。对不同集成方案和挑战的详细描述超出了本书的范围。感兴趣的读者可以参考专注于 BEOL 金属化主题的书籍（Lionti 等人，2015）。

BEOL 介电材料随着时间的推移而发展。最初的材料是 SiO_2，κ 值约为 4.2。引入掺氟

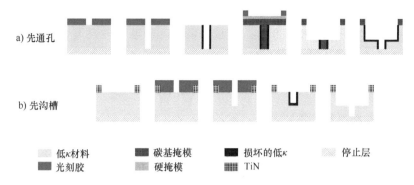

图 7.42　说明互连制造的金属硬掩模集成流程的简化工艺流程：a）"先通孔"；
b）"先沟槽"。资料来源：Lionti 等人（2015）。© 2015，IOP 出版

SiO_2 以将材料的介电常数降低至约 3。具有低于 3 的超低 κ 值的含碳氧化硅在 90nm 节点处引入。接下来的发展是在 45nm 节点处的多孔低 κ 材料。通过引入孔隙，获得了低于 3 的 κ 值。Intel 在 14nm 节点的多个互连级别上实现了气隙。空气的 κ 值约为 1.0。

低 κ 材料的 RIE 可以被认为是研究介电材料，特别是多孔介电材料的反应等离子体损伤的典型应用。多孔材料的刻蚀具有非常独特的挑战。刻蚀过程中产生的侧壁不是连续的，这意味着反应性物种可以扩散到侧壁中。超过逾渗阈值约 20% 的孔隙率会导致相互连接的孔隙，刻蚀物种可以深入到材料的主体中。含碳氧化硅的化学损伤通常意味着碳基团的损失以及 $Si-OH$ 和 $Si-F$ 基团的形成。因此，绝缘体的电气性质，如介电常数、泄漏电流和击穿电压受到影响。这种化学损伤机制存在于多孔和无孔含碳的氧化硅中。

因此，多孔低 κ 刻蚀的方法是使用侧壁重钝化来封闭孔。多孔低 κ 材料通常在双频 CCP 反应器中用基于 C_4F_8 的工艺刻蚀。C_4F_8 是一种富含碳的气体，可在等离子体中有效地生成碳氟聚合物，如第 7.3.2.4 节关于接触孔刻蚀所述。CCP 反应器产生等离子体密度，其中气体未完全离解，存在较大的自由基和离子。等离子体脉冲已被证明可以减少等离子体损伤，这可能是由于进一步增加了富碳自由基的浓度（Jang 等人，2019）。

低温下的 RIE 最近被证明可以显著降低低 κ 材料损伤（Iacopi 等人，2011）。这种方法背后的想法是在较低的温度下减缓有害反应物种向低 κ 材料的扩散［见式（2.15）］。然而，Iacopi 等人在他们的研究中发现，这种影响在很大程度上与体积扩散率的变化无关。相反，这取决于粘附系数以及自由基复合和反应系数的增加，有利于等离子自由基物质的早期不可逆表面吸附（Iacopi 等人，2011）。这种效应减少了渗透到多孔基质中的深度，并限制了损伤。

原子层刻蚀（ALE）已用于扩展 BEOL RIE 工艺（Lutker Lee 等人，2019）。Lutker Lee 等人证明，定向 ALE 成功地抑制了 RIE，同时将低 κ 损伤降至最低。此外，ALE 显示出改善的硬掩模选择性，并导致较低的线边缘图案粗糙度。

最近，正在研究铜和钴、钼和钌等替代低电阻材料的刻蚀（Toyoda 和 Ogawa，2017；Altieri 等人，2017）。对金属刻蚀重新产生兴趣的原因是用于电镀铜（ECP）的扩散阻挡层用较高电阻材料填充过多体积的金属化线。如果可以刻蚀低电阻材料，则可以使用电介质扩

散阻挡层。石墨烯薄膜就是为了这个目的而研究的。然而，在等离子体刻蚀期间，金属的刻蚀也受到物理和化学损伤的影响。例如，扩散到铜中的刻蚀物种会形成更高电阻的化合物。如果该受损层的厚度与扩散阻挡层的厚度相似，则铜刻蚀没有益处。

7.3.3　DRAM 和 3D NAND 存储器

7.3.3.1　DRAM 电容单元刻蚀

直到大约 2010 年，有两种竞争的 DRAM 技术。深沟槽和堆叠电容单元用于制造 DRAM 芯片。在深沟槽单元的情况下，在单晶硅衬底中刻蚀圆柱形的电容器，这推动了高深宽比硅刻蚀的发展。或者，在沉积于硅衬底上的 SiO_2 层中刻蚀电容器。现今，DRAM 器件是用堆叠电容法生产的。

先进的深沟槽刻蚀工艺能够实现 80∶1 的深宽比（见图 2.13）。深硅刻蚀的挑战是氟自由基横向刻蚀的风险。在大多数情况下，DRAM 电容器高深宽比硅刻蚀是在 CCP 反应器中通过磁场增强等离子体密度进行（Rudolph 等人，2004）。工艺气体为 HBr、NF_3 和 O_2，硬掩模由氧化硅制成。在刻蚀过程中，含硅刻蚀产物离开沟槽，并在等离子体上重新引入和离解，以作为气相 CVD 类型钝化的前驱体。同时，来自刻蚀前端的直接视线溅射也会发生。所得的侧壁钝化由含氟和溴的氧化硅组成。

该工艺产生足够的氟自由基，使得在钝化层太薄的位置会发生硅的各向同性刻蚀。必须避免这种各向同性刻蚀，因为它会形成侧袋，即所谓的"鼠咬"。如果这样的口袋足够深，可以到达相邻的沟槽，那么结果就是电气短路和器件失效。增加钝化层厚度可导致沟槽顶部的部分封闭，即所谓的颈缩。这减小了离子可通过其进入沟槽的横截面，并降低了刻蚀速率。因此，硅深沟槽刻蚀的最大挑战之一是颈缩和各向同性硅刻蚀之间的平衡。

横向刻蚀和过多钝化之间的折中也存在于形成堆叠电容器的硅氧化物高深宽比刻蚀中。虽然在硅孔的情况下，侧壁钝化穿透具有灾难性后果，但是对氧化物沟槽的影响以弯曲的形式更为缓慢。其原因是氧化硅不易被氟自由基腐蚀。主要的刻蚀机制是化学增强或化学溅射。

总之，深沟槽硅刻蚀具有化学或自由基刻蚀成分的事实使得对氧化硅硬掩模以高选择性刻蚀更容易。深宽比已达到 80∶1 以上。然而，化学刻蚀成分也是高深宽比硅刻蚀的最大挑战。侧壁钝化层的穿透必须避免，因为这会导致灾难性失效。控制随机各向同性刻蚀的挑战最终导致了深沟槽 DRAM 的消亡。这也是为什么循环 C_4F_8/SF_6 工艺没有用于 DRAM 深沟槽的制造的原因，虽然该工艺成功地用于 MEMS 器件制造并且可以常规地实现 100∶1 和更高的深宽比。SF_6 步骤的各向同性成分无法控制以保持直径低于 40nm 的形貌内部的侧壁完整性。

高深宽比氧化硅电容器刻蚀是实现当今 DRAM 路线图的工艺技术。在双频或三频 CCP 反应器中，使用基于 C_4F_8 和 C_4F_6 的化学物质刻蚀氧化硅电容器。SiO_2 电容器单元刻蚀是典型的高深宽比电介质刻蚀应用。高级电容器单元的深宽比约为 60∶1，并正达到 100∶1。几个水平 Si_3N_4 层是堆叠的一部分，作为在电容器形成之后各向同性湿法去除氧化硅的支撑。电容器刻蚀可在这些层上停止或非选择性地刻蚀通过它们。

掩模是相同孔的六边形排列。间距通常为 40nm，孔 CD 约为 20nm。通过减小间距和孔尺寸来实现器件收缩。这引入了 ARDE 和掩模完整性挑战。掩模通常由非晶硅制成，并且其本身具有 40∶1 的深宽比。在双频或三频 CCP 反应器中用另一种 SiO₂ 硬掩模对其进行刻蚀，工艺类似于硅深沟槽工艺。可以说，硅深沟槽的"遗产"作为堆叠电容器的掩模形成步骤而存在。氧化物硬掩模的掩模由双 SADP 生成，如图 7.25 和图 7.27 所示。这两个 SADP 步骤都必须极其精确地保持 CD，因为即使掩模 CD 中的微小偏差也会影响 ARDE 和掩模完整性。据预测，这种图案化方法将是 EUV 光刻所取代的第一步之一。

高深宽比电介质刻蚀的关键技术挑战是刻蚀速率和 ARDE、轮廓性能（包括颈缩、弯曲、孔变形和扭曲）以及掩模选择性。这些挑战在充分理解刻蚀机制的情况下正在解决。

如第 7.1.3 节所述，SiO_2（和 Si_3N_4）的 RIE 主要是协同化学增强溅射。氧化硅的 RIE 依赖于用于刻蚀和离子轰击的反应碳氟聚合物的沉积，以形成边缘层。离子能量必须足够高，以使离子穿透边缘层并激活界面处挥发性刻蚀产物的形成。

在毯状晶圆和低深宽比形貌中，由于中性通量大于离子通量，等离子体中的中性物种会生成反应碳氟化合物层。这是由于与电离相比，离解阈值能量较低（见第 9.1 节）。在 C_4F_8 和 C_4F_6 等离子体中，通过电子碰撞离解产生中性 CF_x。这些中性粒子通常以各向同性的角度分布到达晶圆表面。它们也被称为热自由基。

将高深宽比形貌刻蚀到诸如 SiO_2 和 Si_3N_4 的电介质中面临着将热自由基传送到刻蚀前端的挑战。这些自由基的传输机制是 Knudsen 扩散（见第 2.8.1 节）。由于真空电导的限制，中性自由基到达形貌底部刻蚀前端的概率随着深宽比的增加而降低（Coburn 和 Winters，1989）。其原因是来自侧壁的扩散反射，这导致入射通量的一部分被从形貌反射回等离子体。相同的传输挑战适用于在底部产生的刻蚀产品，并且必须在侧壁上不重新沉积的情况下输运出形貌。

如果唯一的刻蚀机制是化学辅助溅射，则热中性的衰减将迅速导致刻蚀停止。因此，必须考虑另一种刻蚀机制。该替代机制基于离子散射和中性化，这在第 2.8.2 节和化学溅射中进行过讨论。

散射离子与表面原子的电子结构相互作用，可以交换电荷。电荷交换的概率取决于投射粒子与表面的有效相互作用时间。高深宽比刻蚀中的掠射撞击角延长了相互作用的持续时间。离子被中和，成为保持各向异性角分布的快中性粒子。它们可以向刻蚀前端输送动能，并且是化学反应性的一个来源，使刻蚀得以进行（Huang 等人，2019）。

C_4F_6 和 C_4F_8 等离子体中产生的大部分反应离子是 CF_2^+ 和 CF_3^+。已经用能量控制和质量选择的 CF_2^+ 和 CF_3^+ 离子束对 SiO_2 的刻蚀进行了研究（Toyoda 等人，2004），并通过快自由基相互作用的量子化学 MD 模型进行了模拟（Ito 等人，2013，2014）。

根据模拟，快 CF_2 是破坏 Si–O 键的主要刻蚀剂，因为其在 10eV 的低能下具有较高的化学反应性。然而，在 150eV 时，由于产生更多的反应 F 原子，CF_3 成为主要刻蚀剂，导致更多的 Si–F 键形成（Ito 等人，2013，2014）。这些计算得出的结论是，能量低至几十电子伏特的快离子可以刻蚀 SiO_2。通过快 CF_2 和 CF_3 的化学溅射是高深宽比电介质刻蚀的可能刻蚀机制。

Toyoda 的实验粒子束研究表明，CF_3^+ 刻蚀 SiO_2 的能量超过 50eV（Toyoda 等人，2004）。刻蚀产率在 100eV 为 0.25，200eV 为 0.6，400eV 为 1.0。这里，产率定义为每个入射 CF_3^+ 离子去除的硅原子数。在 CF_3^+ 离子轰击下，在 SiO_2 表面上检测到反应碳氟聚合物层。这意味着通过离子和快中性粒子撞击 SiO_2 表面形成边缘层。因此，离子和快中性粒子是反应物种的来源，同时提供能量使碳氟化合物层与 SiO_2 表面混合。基于这些结果，高深宽比电介质刻蚀似乎是离子和快中性粒子的化学和化学辅助溅射的结果，这是形貌侧壁处离子中和的结果。

Huang 等人进行了计算研究，证实了这一机制。他们模拟了等离子体，并使用产生的通量和能量来研究 SiO_2 中 80:1 深宽比形貌的轮廓演变。进料气体为氩气、C_4F_8 和氧气。等离子体由三个 CCP 耦合射频频率激励。具体的操作条件是气体流量比 $Ar/C_4F_8/O_2 = 75/15/10$，压力 25mTorr，总流量 500sccm，射频功率 80/10/5MHz = 0.4/2.5/5kW。在这些条件下，入射离子的能量高达几千电子伏特，入射角小于 4°。

图 7.43 显示了计算的作为深宽比函数的通量和输送到刻蚀前端的功率。第一个观察结果是，相对较小的离子通量到达形貌的底部。撞击刻蚀前端的离子不会与侧壁发生碰撞，因为在该模型中，离子在撞击表面时会发生中和，成为热中性粒子。离子到刻蚀前端的通量受到从形貌底部朝向该深宽比的离子角分布的视角减小的限制。因此，到刻蚀前端的离子通量随着深宽比而强烈降低。

对于大于 5 的深宽比，到刻蚀前端的快中性粒子通量大约是高于离子通量的 2~3 倍。这是因为离子中和，从而有助于中性通量。随着深宽比从 1 增加到 5，快粒子通量增加一倍以上。这意味着在刻蚀工艺最开始时的快中性粒子与离子通量比在很大程度上由掩模的厚度控制，其可以容易地超过 20:1。

传递到形貌底部的功率密度与快中性粒子和离子的功率密度相似。原因是离子与侧壁碰撞时的能量损失。此外，它们还会在随后的碰撞中损失更多的能量。另一方面，离子具有完全的初始能量，因为它们没有与侧壁碰撞。

热中性粒子通量比其他通量衰减得更快，直到 SiO_2 深宽比达到约 10，超过该比率，快中性粒子是到达刻蚀前端的主要物种。当最初各向异性的快中性粒子与侧壁碰撞时，它们的角分布变得更加各向同性，传导限制开始减少它们到底部的通量。

散射离子的离子和角分布决定了快中性粒子的"热化"进行得有多快。散射角越偏离镜面到较大出射角，中性粒子损失能量就越快。Huard 等人在其三维蒙特卡罗形貌轮廓模型中使用了散射离子和快中性粒子的能量和角分布的以下简化关系（Huang 等人，2019）：

$$E(\theta)_{out} = E_{in}\left(\frac{E_{in} - E_1}{E_2 - E_1}\right)\left(\frac{\theta - \theta_1}{90° - \theta_1}\right); \ \theta > \theta_1; E_1 < E_i < E_2 \qquad (7.10)$$

式中，E_{in} 是进入的离子能量。E_1 是扩散散射的截止能量，Huard 等人将其定义为 10eV。能量小于 10eV 的离子将像热原子一样散射（见第 2.8.1 节）。E_2 是完全镜面散射的阈值，设置为 100eV。假设 $E_i > E_2$ 的入射粒子保留其所有能量。θ_1 是镜面反射的较低截止角，为 70°。第 2.8.2 节讨论了镜面散射的起源。入射粒子 $\theta < \theta_1$ 或 $E_i < E_1$ 被假设为扩散散射（Huang 等

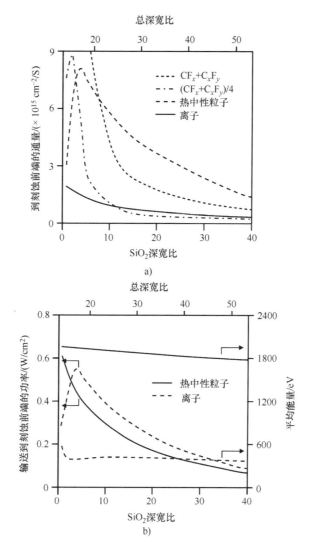

图 7.43 刻蚀前端的通量和功率与深宽比的关系：a）到刻蚀前端的离子、热中性粒子、CF_x
和 C_xF_y 自由基通量；b）由离子和热中性粒子输送到刻蚀前端的功率以及到达刻蚀前端的离
子和热中性粒子平均能量。资料来源：Huang 等人（2019）。© 2019，美国真空学会
人，2019）。

Berry 使用元胞 2 1/2D 蒙特卡罗模拟计算了散射离子的能量和角度分布（Berry 等人，
2017，2020）。图 7.44 描述了 1000eV 氩离子轰击 SiO_2 时，散射离子的角度分布作为撞击角
的函数。镜面反射的出射角为 $\theta_{out} = 90° - \theta_{in}$。该模型预测，经历镜面反射的离子比例实际
上很小。即使在 89° 的非常浅的撞击角下，峰值分数也为 5.5%，而在 85° 的撞击角时，峰值
分数降低了 2 倍以上。分布具有朝向较大出射角 θ_{out} 的长尾。

图 7.45 显示了散射离子的能量分布。对于 88° 和 89° 的大入射角 θ_{in}，观察到接近零的能

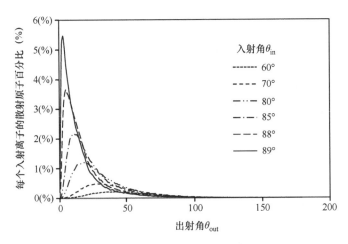

图 7.44   散射离子的角度分布。资料来源：Berry 等人（2020）

量损失。具有相同撞击角但以较大出射角散射的离子会损失能量，如长尾所示。对于 80° 的入射角，所有离子损失超过 25% 的能量。

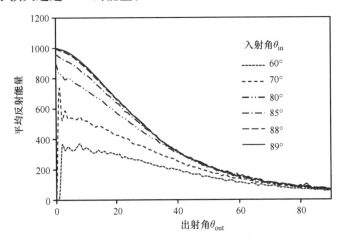

图 7.45   散射离子的能量分布。资料来源：Berry 等人（2020）

这些蒙特卡罗模拟预测，高深宽比刻蚀的主要贡献者是视线离子，而 Huang 的模型对视线离子和散射中性粒子给出了更相等的权重。这两个模型都说明了侧壁散射在高深宽比介质刻蚀中的重要性。有时会提出一种机制，即离子经历多次近镜面侧壁碰撞并聚焦，这种机制似乎极不可能。

这一见解对轮廓变形扭曲的解释具有重要意义。它们不是非对称离子聚焦效应的结果。相反，从侧壁散射的离子的快速热化确保了直接的视线离子撞击驱动刻蚀前端的方向。这提供了高深宽比介质刻蚀方向的稳定性和鲁棒性。轮廓异常（如孔洞变形和扭曲）还有其他根源，下文将对此进行讨论。

　　基于这些模拟结果，Huang 等人（2019）提出了一个适用两种不同范围的高深宽比 SiO$_2$ 刻蚀机制。对于低深宽比 SiO$_2$，大通量 CF$_x$ 和 C$_x$F$_y$ 自由基钝化氧化物表面以形成络合物，然后通过化学增强溅射，形成气相 SiF$_x$、CO$_x$ 和 COF，高能物种（热中性粒子和离子）将其去除（Huang 等人，2019）。因此，直到约 5 的深宽比（不包括掩模的贡献），刻蚀根据第 7.1.1 节所述的常规 SiO$_2$ 刻蚀机制进行。

　　随着深宽比的增加，各向同性热自由基的传导极限降低了它们进入形貌的通量，刻蚀机制也发生了变化。物理和化学溅射的贡献增加，因为高能物种对刻蚀前端的通量超过了传导约束的 CF$_x$ 和 C$_x$F$_y$ 自由基的通量。对于足够大的深宽比，到达形貌底部的中性自由基几乎完全来源于中性化的离子，凭借其最初的各向异性轨迹，可以克服传导极限。随着高能物种向刻蚀前端的通量超过自由基的通量，主要氧化物去除过程从化学增强过渡到化学和物理溅射（关于化学增强、化学和物理溅射的讨论，见第 7.1.2 节）。如图 7.46 所示，由于高能物种的通量减少，以及这些物种向刻蚀前端输送的功率减少，刻蚀速率随深宽比的增加而降低。

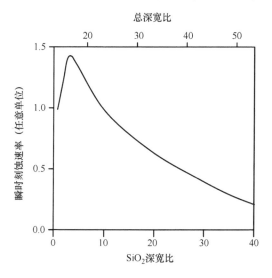

图 7.46　对于高深宽比 SiO$_2$ 刻蚀，刻蚀速率随深宽比的增加
而降低。资料来源：Huang 等人（2019）。© 2019，AIP 出版

　　这种从化学增强溅射到化学和物理溅射的转变推动了对多步骤工艺的需求。初始化学物质沉积更多的 CF$_x$ 聚合物，因为这些聚合物有助于刻蚀过程并被消耗。随着深宽比的增加，工艺必须更精简，因为热中性粒子再也到不了刻蚀前端。它们沉积在形貌的顶部，在那里起着保护形貌侧壁免受离子轰击的重要作用，并防止弯曲。然而，如果它们的通量太高，它们将导致形貌的堵塞和颈缩。这减少了孔的开口并减少了物种通量。刻蚀产物增强了效果，这些刻蚀产物来自于形貌的底部，当它们被输送出形貌时被重新沉积。

　　Kim 等人开发了一个半经验轮廓模拟器，并表明聚合物在侧壁上的净沉积速率决定了颈缩量。暴露于等离子体后，离子撞击导致掩模腐蚀，结果形成一个主平面，如图 7.47 所示。掩模腐蚀受到物理和化学溅射产率的角度依赖性 $\Gamma(\theta)$ 的强烈影响。掩模面腐蚀由 $\Gamma(\theta)$ 的最大值控制，如前面所讨论的，它是溅射材料和入射离子性质的函数。原子质量大的材料的溅射产率在正入射附近达到峰值。原子质量较低的材料对于化学惰性离子（如氩）通常在 50°~70° 出现最大值。然而，即使对于小分子量材料，化学反应离子，如对于硅的氯离子和对于氧化硅的 CF_x，也在正入射附近达到峰值（见图 7.3 和图 7.4）。因此，掩模材料的性质和等离子体化学物在主平面的形成中起着重要作用。

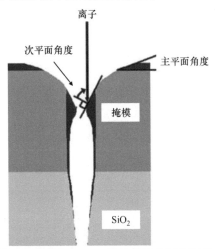

图 7.47　模拟的高深宽比 SiO_2 形貌顶部的刻蚀轮廓。掩模材料是光刻胶。资料来源：Kim 等人（2007）。© 2007 Elsevier

Kim 等人发现，光刻胶（PR）的腐蚀速率和主平面角对氧化物刻蚀轮廓的影响很小。这是与主平面散射相关的离子偏转和非弹性能量损失的结果（Kim 等人，2007）。相对于曲面法线的碰撞角度太小，不允许镜面反射。弯曲是由次级面散射引起的，次级面是再沉积材料的一个面。换言之，根据 Kim 等人（2007）的模型，弯曲是由聚合物"颈部"或次级面顶部的离子反射引起的。沉积前驱体通量和轮廓之间的复杂耦合如图 7.48 所示。在每种情况下，将模拟时间调整到相同的刻蚀深度，这样可直接比较（Kim 等人，2007）。

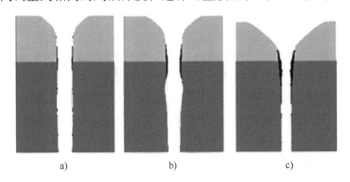

图 7.48　中性沉积物通量对模拟的刻蚀剖面的影响。对中性沉积前驱体通量的三个不同归一化值进行比较，通量分别为 a）1、b）3 和 c）6，调整模拟时间 a）1、b）1.1 和 c）1.9 以提供恒定的刻蚀深度。资料来源：Kim 等人（2007）。© 2007 Elsevier

图 7.49（Kim 等人，2007）显示了根据模拟轮廓得出的颈缩和弯曲。颈缩定义为（顶部 CD – 颈部 CD）/顶部 CD，弯曲定义为（弯曲 CD – 顶部 CD）/顶部 CD。顶部 CD 是刻蚀氧化物形貌顶部开口的宽度。颈缩随着中性沉积前驱体通量的增加而不断增加，而弯曲则呈现有最大值。当中性沉积通量非常低时，次级面角接近 90°，只有少量入射离子可以从该面反射。因此，弯曲可以最小化。然而，在这些条件下，掩模选择性很低（Kim 等人，2007）。

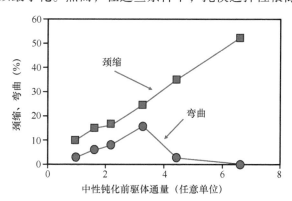

图 7.49　模拟刻蚀轮廓的颈缩和弯曲与中性沉积通量的变化。资料来源：Kim 等人（2007）。© 2007 Elsevier

随着中性沉积物通量的增加，颈缩增加。更多的离子被反射并导致弯曲。随着中性沉积物通量的进一步增加，弯曲开始减小。颈部下方的侧壁被聚合物完全钝化。沉积前驱体通量和弯曲之间的非线性关系是实际工艺开发的重要发现。

Kim 等人的模拟中的掩模材料是光刻胶，溅射速率是通过使用在 193nm 光刻胶中图案化了 220nm 孔的晶圆的实验得出的（Kim 等人，2007）。光刻胶的选择性不足以进行先进高深宽比 SiO_2 刻蚀，这就是为什么引入硬掩模的原因。这就提出了一个问题，即哪种硬掩模材料是最佳选择以及为什么。除了刻蚀选择性以外，是否还有其他材料的性质对选择硬掩模很重要？

用于 DRAM 电容器单元刻蚀的掩模材料首选是非晶硅。在 3D NAND 高深宽比存储器孔刻蚀中，掩模材料是碳和碳化合物。从溅射的角度来看，碳和硅是有趣的材料。碳以 sp^3 键合的金刚石结构具有所有材料中最高的结合能之一。用于半导体制造的碳掩模材料通常是非晶的，并且具有高密度的 sp^2 键。碳结合能的典型值约为 6.7eV。根据式（2.8），溅射速率与结合能成正比。相比之下，非晶硅是一种结合能为 4.7eV 的"弱"材料。

图 7.50 显示了 1keV 氩离子轰击后孤立的碳和硅线的蒙特卡罗模拟结果。该模型为 2 1/2D 模型（Berry 等人，2017）。它表明，碳的侵蚀速度比硅慢，但小面角更陡。碳溅射产率在较大入射角下达到峰值。在 1keV 氩气的情况下，在 50°时比在 0°时高出两倍多。通过对孤立掩模的模拟，我们可以得出结论，碳是更好的掩模材料，因为它具有更高的选择性，更陡的主面可以防止颈缩。

事实证明，当掩模形成密集的线阵列时，这些结论会发生变化（见图 7.51）。在此模型中，再沉积的粘附系数选为 1。在这些模拟中没有考虑等离子体的沉积。颈缩是由掩模材料

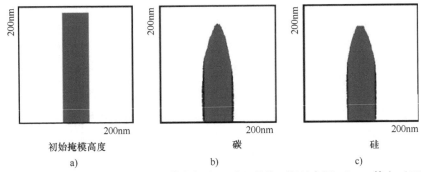

图 7.50　1keV 氩离子轰击碳和硅掩模的侵蚀：孤立形貌。资料来源：Berry 等人（2020）

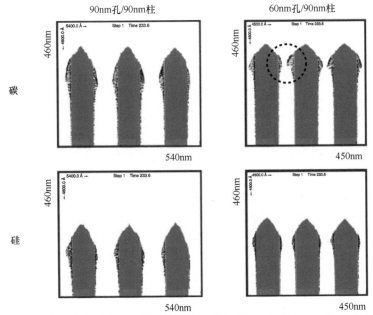

图 7.51　1keV 氩离子轰击时碳和硅掩模的侵蚀：密集形貌。资料来源：Berry 等人（2020）

的再沉积引起的。图 7.51 说明了小面角和颈缩程度与材料和间距有关。

对于 90nm 的孔径，由于掩模溅射和再沉积，碳和硅的主面是相似的。与图 7.50 中的孤立掩模的情况相比，碳的小面角发生变化的原因是，朝向相对侧壁的通量对于更陡的小面角而言更大。对于 60nm 的孔径，碳掩模的颈缩大于硅。这些孔几乎被堵住了。这是因为再沉积的材料是碳，其溅射速率低于硅。颈缩会减小有效直径并增加形貌的表观深宽比。由于 ARDE，当发生颈缩时，刻蚀速率减慢。这意味着尽管具有较低的溅射和刻蚀速率，但碳的选择性较低。

氩溅射结果忽略了化学增强 RIE 刻蚀工艺的各个方面。其机理是化学增强和化学溅射。氟和氧自由基有助于掩模刻蚀。来自气相的聚合物同时沉积有助于颈部形成，并且也被溅射（Kim 等人，2007）。然而，结果正确地反映了实验观察的各个方面。尽管具有较低的固有选择性，但孔径为 20nm 的 DRAM 器件使用硅硬掩模刻蚀。直径约为 90nm 的高深宽比存储孔使用碳硬掩模，因为在颈缩仍然可控的情况下可以利用选择性。

　　到目前为止，我们讨论了颈缩和弯曲之间的关系以及硬掩模材料的作用。接下来，我们将探讨扭曲和变形的关键高深宽比刻蚀的度量。扭曲和变形的定义如图 7.52 所示。形貌底部孔的覆盖区以实线显示，孔顶部孔的形状以虚线显示。图 7.52 显示了孔顶部和底部形状的自上而下叠加。

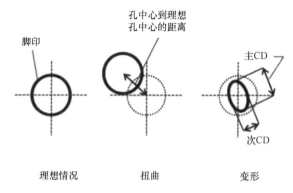

图 7.52　孔扭曲和变形的定义。资料来源：Negishi 等人（2017）。ⓒ 2017，AIP 出版

　　孔变形是与孔的圆形形状的偏差。如果高深宽比孔底部的孔具有椭圆形状，则可以通过长轴除以短轴的比率来表征变形。例如，椭圆度为 1.1 表示长轴比短轴长 10%。典型的要求是椭圆度小于 1.03。

　　扭曲是指孔底部的重心相对于顶部孔的移动。不对称弯曲将导致重心偏移，从而产生扭曲。在这种情况下，变形和扭曲可能具有相同的根本原因。然而，扭曲可能非常严重，以至于底部的部分或全部圆周超出顶部形状。这种情况如图 7.52 所示。在这种情况下，底部孔形状也会变形，但根本原因可能不同。图 7.53 显示了变形和扭曲的实验结果。扭曲可见为孔中心从布局矩阵线的偏移（Kim 等人，2015）。

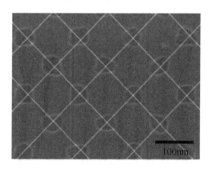

图 7.53　高深宽比底孔变形和扭曲。资料来源：Kim 等人（2015）

　　经常讨论的扭曲和变形的一个根本原因假设是不对称离子散射。其想法是，离子散射的效果为向一侧扭曲的孔提供了正反馈。离子将优先撞击小于垂直的侧壁，被反射，并以大于 90° 的侧壁角撞击侧壁。可以排除这种类型的机制。首先，侧壁几乎完全垂直，并且离子角分布窄（对于高深宽比电介质刻蚀，通常不超过 4°）。因此，离子到侧壁的通量很小。其

次，经过镜面反射而没有能量损失的散射离子数量很少（见图7.45和图7.46）。由于这些原因，离子溅射实际上提供了负反馈。直接视线溅射（化学增强、化学和物理）的盛行是能够以合理的重复性刻蚀高深宽比孔的原因。

有证据表明扭曲和变形的两个主要根源：不对称颈缩和侧壁充电。侧壁充电是唯一能够解释离子视线外轮廓扭曲的机制。

我们首先讨论颈缩作为扭曲和孔井底部变形的根本原因的证据。不对称颈缩的第一个迹象在图7.51中可见。直径为60nm的碳掩模在右侧表现出更多的再沉积（见圆圈图标）。这是随机效应以及沉积和移除相互作用的结果。

Miyake等人计算了圆柱孔轴对称和非轴对称颈缩的孔底入射离子通量分布（Miyake等人，2009）。在非轴对称颈缩的情况下，孔底离子通量的不平衡阻碍了孔底的刻蚀对称性，导致扭曲，如图7.54所示。

Miyake等人在实验中发现，随着颈缩越严重，扭曲的概率越大。对于相同的初始掩模孔CD，扭曲开始的深度随着最小颈缩宽度而减小。颈缩CD的变化是由刻蚀化学中聚合物前驱体的数量引起的（见图7.55）。结果表明，当增加沉积前驱体的流量以减少弯曲时必须小心，因为过多的沉积会导致过度的颈缩和扭曲。多步骤处理是打破弯曲、扭曲和变形之间折中的好方法。聚合物去除步骤已被证明可减少颈缩并改善孔底变形（Kim等人，2015）。

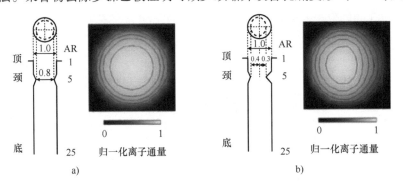

图7.54 圆柱孔轴对称和非轴对称颈缩时计算的孔底入射离子通量分布。
资料来源：Miyake等人（2009）。© 2009，日本应用物理学会

利用AFM在高深宽比沟槽上直接研究了侧壁粗糙度及其对图案变形的影响（见图7.56）。发现掩模侧壁粗糙度的较低空间频率分量在沟槽底部区域被放大，超过$10\mu m^{-1}$的较高空间频率分量消失（Negishi等人，2017）。这些结果还证实，包括颈缩在内的掩模变形应被视为孔底部变形的根本原因之一。

图7.57证实了我们在图7.55中观察到的孔沟槽结构的颈缩宽度和离子能量之间的关系。图7.57中的数据显示了更高的离子能量对延长扭曲自由深度的益处。因此，较高的离子能量是高深宽比电介质刻蚀的主要技术驱动因素之一。

离子视线外的扭曲和变形可以通过充电来解释。离子在电场中的偏转是电场强度和离子经受静电场的时间的函数。高深宽比沟槽中的偏转角可以使用下式计算（Berry等人，2020）：

$$\theta = a\tan\left(\frac{dV_{sw}}{wV_i}\right) \tag{7.11}$$

式中，d 是沟槽的深度；w 是沟槽的宽度；V_{sw} 是一侧壁上的电压；V_i 是离子的加速电压。根据式（7.11），对于能量为 1000eV 的离子，深度为 1000nm、宽度为 50nm 的沟槽，仅仅一个侧壁的 2V 充电就将使离子偏转 2°。该角偏转对应于 50nm 孔的 35nm 扭曲，这对于真实的器件性能来说是完全不可接受的。

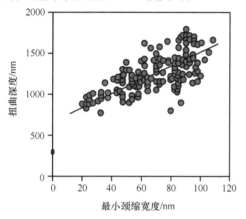

图 7.55　扭曲起始深度 d 与光刻胶掩模最小颈缩宽度 w 的关系。资料来源：Miyake 等人（2009）。© 2009，日本应用物理学会

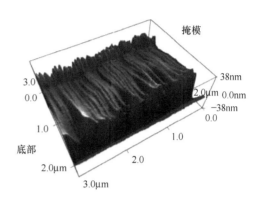

图 7.56　从掩模到沟槽底的高深宽比沟槽侧壁粗糙度的 AFM 测量。资料来源：Negishi 等人（2017）

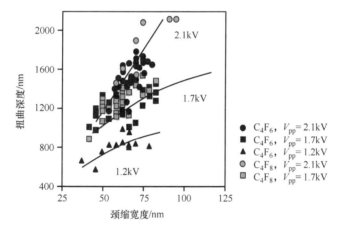

图 7.57　扭曲深度与颈缩宽度和离子能量的关系。资料来源：Negishi 等人（2017）。© 2017，AIP 出版

　　可以对带电孔进行类似的计算。孔和沟槽之间的区别在于，带电和非带电侧壁转至圆形侧壁。因此，侧壁聚合物的导电性对于 SiO_2 和其他介质材料中高深宽比孔的侧壁电荷引起的扭曲是重要的。

　　文献来源提供了关于 CF_x 聚合物电导的非决定性信息。Kurihara 和 Sekine 用毛细管板进行了巧妙的实验（Kurihara 和 Sekine，1996）。他们用深宽比高达 20 的铅玻璃毛细管板测量了离子电流。这些板可以被铜覆盖以使侧壁导电。图 7.58 显示了作为深宽比和侧壁涂层的函数的归一化 O_2^+ 和 CF^+ 离子电流。离子由毛细管板上方的 C_4F_8 或氧 CCP 等离子体产生。

用四极质谱仪在毛细管板下方测量离子电流。非聚合 O_2^+ 和聚合 CF^+ 离子的电流都随着深宽比的增加而减小，并且当使用铜涂覆的毛细管板时两者都增加。CF^+ 离子的离子电流的减少大于 O_2^+ 离子的离子电流的减少，这可以解释为 CF_x 聚合物不导电并增强充电。

Shimmura 等人使用片上监测装置测量 SiO_2 接触孔中的充电电位（Shimmura 等人，2004）。分别在孔中沉积和不沉积碳氟化合物膜两种情形下，在氩等离子体暴露期间测量 SiO_2 接触孔顶表面和底表面的电势。碳氟化合物膜通过 500MHz CCP C_4F_8 等离子体沉积。结果表明，侧壁沉积的碳氟膜具有高电导率（Shimmura 等人，2004）。在实验之后，从等离子体室中移除晶圆上监视器，并在 20V 电压下测量监视器中孔的顶部电极和底部电极之间的电流。结果如图 7.59 所示。它们表明，碳氟聚合物覆盖的孔中的电流比没有覆盖的孔中的电流大 6 个数量级。

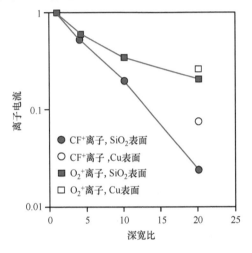

图 7.58　归一化 O_2^+ 和 CF^+ 离子电流与深宽比和侧壁涂层的关系。资料来源：Kurihara 和 Sekine（1996）。©1996，IOP 出版

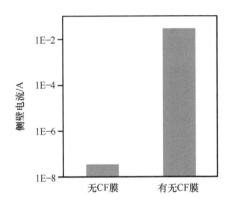

图 7.59　具有和不具有沉积碳氟化合物侧壁膜的 20V 电压时接触孔间的电流。资料来源：Shimmura 等人（2004）。©2004，AIP 出版

充电效应已包含在轮廓演化模型中（Wang 和 Kushner，2010；Huang 等人，2019）。Huang 等人的建模结果如图 7.60 所示。工作条件为 $Ar/C_4F_8/O_2$ 的流量比 = 75/15/10，压力为 25mTorr，总气体流量为 500sccm，射频功率为 80/10/5MHz = 0.4/2.5/5kW。随机过程产生形貌深处的非圆形轮廓。由于掩模的掠角溅射的随机性和统计性质，PR 的壁上出现少量粗糙度。这种粗糙度导致掠角离子的更扩散散射，从而导致形貌中更深的不对称弯曲。在没有充电的情况下，对于高达 20 的深宽比，具有一些统计粗糙度的形貌的最终横截面大致呈圆形。

对于较大的深宽比，形貌的横截面偏离圆形轮廓。过刻蚀倾向于使先前的非圆形形貌变圆，并消除由锥形刻蚀前端引起的异常。通过过刻蚀对形貌进行圆化在充电时效果较差。充电通过在工艺中引入更多随机性和更持久的随机性，加剧了形貌变形（Huang 等人，2019）。

7.3.3.2　高深宽比 3D NAND 刻蚀

3D NAND 器件被称为是垂直集成的，因为存储单元被构建在垂直通道内，该通道被刻

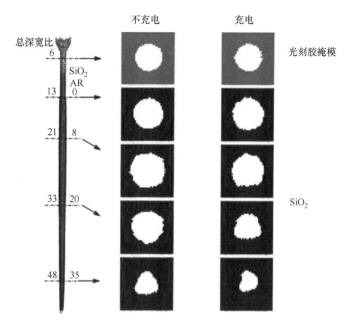

图 7.60 通过过刻蚀的最终刻蚀轮廓的水平切片，图中分充电和不充电两种情况。
资料来源：Huang 等人（2019）。© 2019，AIP 出版

蚀成交替的导体和电介质层的堆叠。表示信息的电荷存储在该通道侧壁的一段中，如图 7.61 所示。

使用了两种策略来微缩器件，这意味着增加内存密度并降低成本。第一种策略是在 x 和 y 平面上传统地减小尺寸，这被称为横向微缩。第二种策略是在垂直方向上微缩，并将更多的器件层堆叠在彼此之上。这就需要大量关键的高深宽比刻蚀，如图 7.61 所示。其中最关键的刻蚀是所谓的通道或存储孔的形成。CD 必须从上到下控制在几纳米或几十度的轮廓角内，以避免器件沿存储孔的阈值电压分布变宽（Oh 等人，2018）。

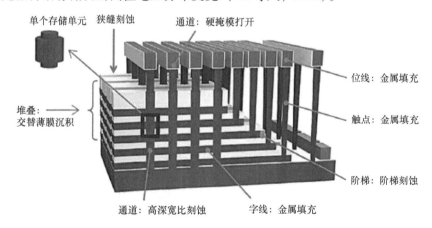

图 7.61 3D NAND 存储器体系结构和关键工艺步骤。资料来源：Lill（2017）

第二个关键的高深宽比电介质刻蚀是隔离沟槽刻蚀，它将存储单元块彼此分离。通道和隔离沟槽被刻蚀到交替层中。最后，器件必须连接到控制逻辑，这就是为什么需要接触孔刻蚀的原因。该过程在 SiO_2 中形成孔。

有两种 3D NAND 技术，即浮动栅极（FG）和替换栅极（RG）闪存。在 FG 3D NAND 的情况下，导电层由多晶硅制成，隔离层为 SiO_2。堆叠称为 OPOP。RG 3D NAND 器件使用钨作为导电层，使用 SiO_2 进行隔离。这两种材料不能以有意义的深宽比一起刻蚀。因此，初始堆叠是 SiO_2/Si_3N_4，其可以在原位刻蚀。此堆叠称为 ONON。在刻蚀和一些附加步骤之后，通过湿化学刻蚀去除 Si_3N_4 层，并且用钨填充开放空间。目前正在开发一种具有恰当的电学性质并能用 SiO_2 原位刻蚀的金属。到目前为止，这样的 OMOM 堆栈仍然难以达到。

因此，在 3D NAND 中有两种类型的关键通道刻蚀：OPOP 和 ONON 通道刻蚀。与电容器单元刻蚀的明显区别在于多晶硅或 Si_3N_4 层的存在，这会导致刻蚀化学的变化。另一个区别是孔的 CD 不同。OPOP 的 CD 约为 70nm，ONON 的 CD 约为 100nm，而 DRAM 电容器单元的 CD 为 20 ~ 30nm。在 3D NAND 器件中使用更大的 CD 的原因是必须有足够的空间将器件放入通道中。

尽管 CD 明显更大，但 3D NAND 的最终深宽比与 DRAM 一样大。必须将深宽比推到极限，以增加内存密度。这意味着与 DRAM 电容器相同的刻蚀挑战和解决方案适用于 3D NAND 通道孔：ARDE、掩模选择性、弯曲、颈缩、扭曲和变形。OPOP 和 ONON 堆叠必须在原位刻蚀，因为刻蚀每一层并停止在下一层上会因吞吐量和成本原因而令人难以承受。

OPOP 通道孔刻蚀需要更大的工艺改变以适应多晶硅层的刻蚀，例如添加额外的含卤素气体。从纯 SiO_2 刻蚀到 ONON 刻蚀的改变必须适应 Si_3N_4 的刻蚀。这是通过向气体混合物中加入含氢气体来实现的。

尽管进行了工艺调整，但在输入所有其他工艺结果之后，两种类型的层之间的选择性并不总是相同的。这提出了两个层之间的刻蚀选择性是否影响扭曲和变形的问题。假设是，如果慢刻蚀层和快刻蚀层之间的刻蚀前端在偏离中心的情况下断裂，则刻蚀速度将在较快的刻蚀层中加快。这将放大不对称性，并可能导致扭曲和变形。

图 7.62 显示了选择性为 3:1 的交替材料堆叠刻蚀的蒙特卡罗模拟结果（Berry 等人，2020）。离子能量为 1keV，溅射物质为氩离子。考虑从掩模而不是从堆叠材料的再沉积。这是为了模拟刻蚀的化学成分。掩模厚度为 150nm，交替堆叠层每层为 20nm。掩模 CD 为 20nm。这些尺寸小于典型的 3D NAND 结构，但可以用来研究趋势。

掩模轮廓在一侧逐渐变窄约 5°，引入初始不对称性。在刻蚀两个堆叠层之后，刻蚀前端在与锥形掩模侧相反的一侧更深。然而，当刻蚀前端到达第三层时，刻蚀前端倾斜被反转。随着刻蚀前端深入堆叠，这种倾斜随机交替。扭曲未被观察到。从该模拟得出的结论是，堆叠中的层的刻蚀速率的差异不会导致扭曲。

狭缝刻蚀切割与存储器沟道刻蚀工艺相同的 ONON 或 OPOP 层。深宽比更加宽松。充电导致的扭曲是一个更大的挑战，因为相对的侧壁没有电连接。

根据接触孔类型，高深宽比接触孔刻蚀工艺图案化两个双材料堆叠或 SiO_2。与阶梯的

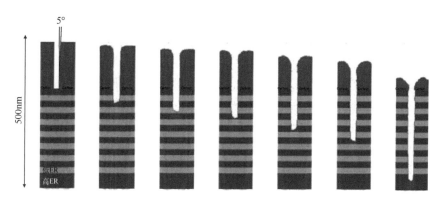

图 7.62　层对层选择性对 3D NAND 沟道通道孔刻蚀的影响。资料来源：Berry 等人（2020）

接触是在 SiO_2 中图案化。选择性是最大的挑战，因为刻蚀深度一步一步地变化（见图 7.61）。

7.3.4　新兴存储

半导体工业中的一个密集研究和开发领域是新型存储器。这些努力背后的驱动力是性能和成本。今天，非常快速且昂贵的 DRAM 与成本较低但速度较慢的 3D NAND 之间存在鸿沟。DRAM 中的信息可以按位寻址，而在 3D NAND 中，只能移动整个页面或文件。DRAM 中的信息必须每隔几十毫秒刷新一次，然而永久存储在 3D NAND 中，该 NAND 被视为非易失性存储器。DRAM 中的刷新循环消耗能量并降低数据存储的安全性。因此，业界正在开发成本比 DRAM 低的位可寻址非易失性存储器。该内存将增强 DRAM 和 3D NAND 闪存，并执行特殊任务。这类存储器称为存储级内存（SCM）。

同时，有人提出了在第三维度上微缩 DRAM 的想法，这在今天是不可能的，因为 DRAM 使用单晶硅晶体管来提高速度，使用超过 $1\mu m$ 高的电容器。最后，需要将新的存储器件嵌入到逻辑芯片中。这些存储器被插入到许多布线层中并执行支持功能。它们的密度不能像独立存储器那样紧凑。磁性随机存取存储器（MRAM）正替代闪存和静态随机存取存储器（SRAM），被开发为嵌入式存储器。我们将在第 8 章讨论 MRAM 器件的图案化。

表 7.1 列出了新出现的存储器件及其实现中使用的典型材料及其用例。

表 7.1　新兴存储器件

新兴存储器	金属	金属氧化物
相变存储器（PCM）	硫族化物（$Ge_xSb_yTe_z$，$As_xTe_yGe_z$）W	
磁性随机存取存储器（MRAM）	Co，Fe，Ta，Ti，W，Pt	MgO
电阻式随机存取存储器（ReRAM）	硫族化物（Ag，Cu）	TiO_2，NbO_x，HfO_x，Al_2O_3，TaO_x
铁电随机存取存储器（FeRAM）	PZT，BST	HfO_x，$HfZr_xO_y$，$HfSi_xO_y$

7.3.4.1　相变存储器（PCM）

第一批大量生产的存储类内存之一是相变存储器（PCM）。它也被称为相变随机存取存储器（PCRAM）。PCM 利用相变材料中非晶态和晶态之间的电阻差异来存储信息（Wong 等人，2010；Burr 等人，2010，2016；Raoux 等人，2008）。最常用的相变材料是锗、锑和碲（GST）的合金。材料分类称为硫族化物。图 7.63 说明了 PCM 单元的切换机制。通过将材料加热到结晶温度以上的电脉冲来"设置"存储器。结晶材料具有比非晶态低的电阻。为了"重置"材料，施加更大的电流，使材料熔化。当复位脉冲被突然切断时，材料在非晶状态下固化，具有高电阻。

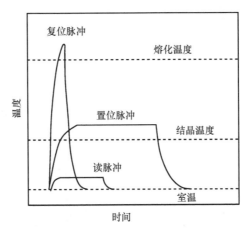

图 7.63　PCM 单元编程和读取示意图。资料来源：Wong 等人（2010）。© 2010 IEEE

GST 材料的重要材料特性，除了别的以外，包括结晶和非晶状态下的电阻、熔化和结晶温度以及这些转变的速度。这些特性取决于 GST 的构成。刻蚀可以通过挥发性物质的选择性去除和等离子体物质的注入来改变表面层的组成。因为锗、锑和碲可以在空气中氧化，所以刻蚀后晶圆的处理至关重要，与其他刻蚀应用不同。需要用密封膜包覆（Shen 等人，2019）。

一种名为 Optane® 的 PCRAM 产品于 2015 年推出，具有交叉字线和位线。该交叉点架构如图 7.64 所示。除了存储单元之外，它还具有一个选择器器件，并且可以在第三维度上堆叠。开关器件用于抑制通过"半选择"存储单元的电流，这些存储单元连接到相同的选择的字线或位线。它确保仅所选字线和位线交叉处的存储单元被激活。有许多不同的选择器器件正在开发中，用于新兴存储器（Burr 等人，2014）。

PCM 的首选开关器件被称为双向阈值开关（Ovonic Threshold Switch，OTS）器件。OTS 开关材料的组成是根据特定需求定制的，但所有 OTS 器件都由类似于 PCM 单元材料的硫族化合物制成。一种可能的实现是由砷、碲和锗制成的合金（Park 等人，2019）。由于材料的相似性，在不损坏的情况下刻蚀 OTS 和 GST 的挑战相当。

表 7.2 显示了相变和 OTS 器件中所用元素的卤化物和氢化物的沸点。所有元素都与氟、氯、溴和氢形成挥发性化合物。氢化物的沸点最低，溴的沸点最高。溴以 HBr 的形式用于 RIE，其中氢的作用占主导地位。因此，刻蚀气体的选择不取决于刻蚀产物的挥发性，而是取决于保持硫族化物化学计量的能力。

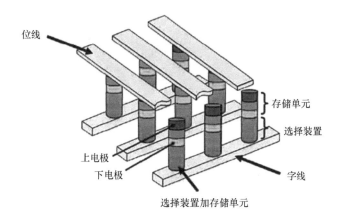

图 7.64 PCM 的交叉点实现。资料来源：Wong 等人（2010）。© 2010 IEEE

表 7.2 相变和 OTS 器件中使用的元素的卤化物和氢化物的沸点

刻蚀剂	Ge		Sb		Te		Se		As	
	产物	沸点/℃	产物	沸点/℃	产物	沸点/℃	产物	沸点/℃	产物	沸点/℃
F	GeF_4	-36.5	SbF_5	141	TeF_4	196	SeF_4	100	AsF_5	-52.8
	GeF_2	130	SbF_3	345	TeF_6	-39			AsF_3	60.4
Cl	$GeCl_4$	86.6	$SbCl_3$	220	$TeCl_2$	328	$SeCl_4$	288	$AsCl_3$	130.2
	$GeCl_2$	450	$SbCl_5$	140	$[TeCl_4]_4$	387				
Br	$GeBr_4$	186	$SbBr_3$	286	$TeBr_2$	339	$SeBr_4$	N/A	$AsBr_3$	221
	$GeBr_2$	150			$[TeBr_4]_4$	414				
H	GeH_4	-88	SbH_3	-18	TeH_2	-1	SeH_2	-42	AsH_3	-62.5

资料来源：Kang 等人（2011a），维基百科。

GST 和 OTS 的化学计量必须在刻蚀后保持，因为微小的变化会影响 GST 和 OTS 的开关温度以及其他电气参数。即使只有几纳米的侧壁材料被改变，对于 20nm 及以下的 CD 的可伸缩性也可能存在风险，因为扩散会改变本体组成。GST 化学计量变化的影响如图 7.65 所示。该图显示了氮掺杂 GST 的反射率随等离子体刻蚀表面处理的变化。未刻蚀表面的反射率变化最快（1），之后是用 Ar、CHF_3 和 Cl_2 刻蚀的样品（2），然后是用相同的等离子体刻蚀并用标准湿法清洗的表面（3）。对于用相同工艺刻蚀的样品，然后用氧等离子体观察到最慢的响应，其表示抗蚀剂剥离工艺（4）。这一处理应用于水平表面，因而用激光探查整个改性表面。结果表明了 PCM 器件加工过程中的经验观察现象：①GST 和 OTS 材料很容易被 RIE 工艺损坏；②通过湿清洗去除受损层来恢复表面是一项挑战，因为后者会引入自身的损伤特征；③暴露 GST 和 OTS 会导致表面氧化并改变装置。

已经广泛研究了卤素在 GST 和 OTS 的 RIE 和中性束刻蚀中的应用（Yoon 等人，2005；Kang 等人，2008，2011a，b；Li 等人，2016；Park 等人，2019；Altieri 等人，2018；Canvel 等人，2019，2020）。Shen 等人（2020）发表了为成功地图案化 PCM 而对干法刻蚀、湿法清洁、封装以及这些工艺之间的相互作用的挑战和创新的综述。至少有两种方法刻蚀 PCM 材料：①确保 GST 和 OTS 材料的刻蚀副产物挥发度尽可能紧密匹配；②使用气相钝化保护

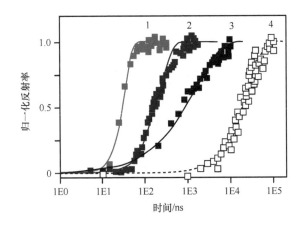

图 7.65　氮掺杂 GST 样品的部分结晶与激光脉冲加热时间，与表面处理有关。
资料来源：Washington 等人（2011）。© 2011，AIP 出版

新刻蚀的侧壁免受反应性物种的攻击（Shen 等人，2020）。

锗、锑、碲、硒和砷的氢化物的沸点在 −90 ~ 0℃ 之间的狭窄范围内。氢气可通过甲烷和乙炔输送至 RIE 反应器。这同时为侧壁提供了碳钝化（Altieri 等人，2018；Shen 等人，2019，2020）。氩气的加入提供了一个旋钮，通过稀释进料气体来控制碳钝化的量。用氢气、甲烷和乙炔刻蚀不会留下卤素残留物，已经知道，卤素残留物会增强金属的腐蚀（Evans，1981）。

在卤素气体中，HBr 对 GST 的损害最小。这很可能是溴的反应性较低和氢的刻蚀作用的结果。发现 CF_4 的卤素表面浓度最高（Kang 等人，2011a；Li 等人，2016）。由于碳的钝化作用，与氯相比，CF_4 给出了更多的垂直分布（Kang 等人，2011a）。刻蚀 GST 线的能量色散 X 射线光谱（EDX）揭示了表面的高锗浓度，随后是耗尽区域（Li 等人，2016）。这是锗比锑和碲更易与卤素反应的结果。Kang 等人也观察到在用氯 ICP 等离子体刻蚀后锗和锑的严重耗尽，如图 7.66 所示。当使用氯中性束时，这种负面影响被抑制。中性束刻蚀 GST 侧壁的退化减少被认为是由于与 ICP 等离子体刻蚀相比，高能垂直粒子通量与随机卤素自由基通量的比率更高（Kang 等人，2011b）。中性束刻蚀速率比 RIE 低 1 个数量级。

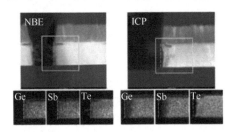

图 7.66　氯等离子体和氯中性束刻蚀 GST 的刻蚀侧壁的横截面图像和 TEM/EDX 图像。资料来源：Kang 等人（2011b）

OTS 面临与 GST 类似的损害挑战。优选的刻蚀气体是甲烷和 HBr。当用含氟或含氯气体刻蚀 OTS 时，发现锗的卤化，而砷和碲保持金属状态（Park 等人，2019）。

刻蚀的 GST 和 OTS 表面容易在大气中氧化。图 7.67 显示了 GST 表面上的氧气浓度随暴露时间和氧气压力的变化（Shen 等人，2019）。GST 表面用氩离子束清洁。数据显示 GST 在空气中氧化最快，其次是在 20Torr 氧气（O_2）和 20Torr 氮气（N_2）中。实验系统的背景压力在毫托范围内，这也是氮气实验中的氧气压力。实验结果如下：① 如果暴露在低氧浓度下，GST 氧化速度非常快。该过程的快速饱和认为是 CM 氧化机制（见第 2.7 节）。②氮气氛在抑制 GST 氧化方面提供了一些益处。刻蚀后在运输过程中对晶圆进行氮气清洁是生产中使用的一种方法。③空气中的湿度加速氧化。

空气中湿度的加速效应如图 7.68 所示（Shen 等人，2019）。当空气中的湿度增加并且暴露时间延长时，氧化态碲的浓度增加。这是非常深氧化的迹象，因为碲在干燥氧气中不易氧化（Gourvest 等人，2012；Yashina 等人，2008）。湿空气对 GST 和 OTS 的深度氧化可以通过在刻蚀后在氮气氛中处理晶圆来有效地抑制（Shen 等人，2019）。

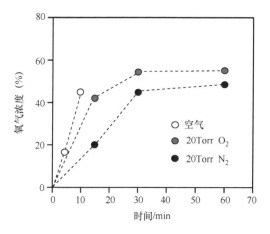

图 7.67　清洁 GST 样品表面的氧气浓度随暴露时间和氧气压力的变化。资料来源：Shen 等人（2020）

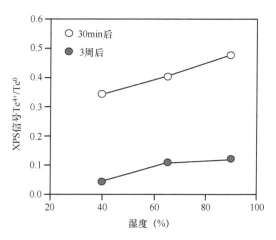

图 7.68　在空气中暴露的前 30min 内，空气中的 GST 氧化与湿度的关系。资料来源：Shen 等人（2019）。ⓒ 2018，IOP 出版

如图 7.69 所示，氧化将非晶 GST 的结晶开始点转移到更高的温度。此外，在不存在氧化的情况下，在 $Ge_2Sb_2Te_5$ 膜的体积内发生成核，而在氧化膜中，在氧化表面发生非均匀成核。因此，必须避免 PCM 器件的氧化，这随着器件尺寸的缩小而成为更大的挑战。

用 CVD Si_3N_4 覆盖或封装是固定组分的有效方法。随着 PCM 器件的微缩，选择的方法变成低温 Si_3N_4 ALD。在封装之前，可以清洁 PCM 器件以去除刻蚀残留物（Shen 等人，2019，2020）。

7.3.4.2　ReRAM

电阻式随机存取存储器（ReRAM）器件可分为导电桥接随机存取存储器（CBRAM）和

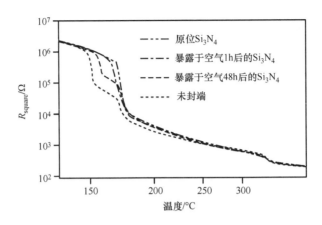

图 7.69　暴露于空气 1h 或 48h 后，100nm 厚的 $Ge_2Sb_2Te_5$ 薄膜未封端、
用 Si_3N_4 原位封端或用 SiN 封端时的电阻随温度的变化。资料来源：Noe 等人（2018）

金属氧化物电阻式随机存取存储器（OxRAM）（Yang 等人，2013）。CBRAM 器件的开关机制基于电化学活性金属阳离子（例如铜）在电解质中的迁移率。电解质的实例有硫化物（掺银的 Ge_xS_x、As_2S_3、Cu_2S、$Zn_xCd_{1-x}S$）、碘化物（AgI、$RbAg_4I_5$）、硒化物（掺银的 Ge_xSe_y）、碲化物（Ge_xTe_y）和三元硫族化合物（$GeSb_xTe_y$）。极板通常是电化学惰性金属材料，例如 W、Pt、Au、Mo、Co、Cr、Ru、Ir、掺杂多晶硅、TiW 或 TaN（Yang 等人，2013）。难以刻蚀的电极材料和潜在的损伤敏感电解质的组合使得 CBRAM 堆叠的刻蚀成为一项艰巨挑战。对于 CD 大的器件，如嵌入式存储器，可以使用 RIE 或 IBE 工具中的氩溅射。CBRAM 堆叠的典型厚度约为 30nm，溅射将导致锥形轮廓和 CD 增加。

OxRAM 器件更易于刻蚀，因为开关材料是金属氧化物，例如 TiO_x、ZrO_x、HfO_x、VO_x、NbO_x、TaO_x 等。金属处于氧化状态的事实表明，它们通常应与卤素反应并形成挥发性副产物。堆叠厚度仅在 15 ~ 20 nm 的范围内。因此，在传统平面器件中刻蚀 OxRAM 器件不会产生难以克服的挑战。对于很多这些金属氧化物，热 ALE 工艺是已知的（见表 4.3）。这为利用图 4.20 所示的思想使用 ALD 和 ALE 在三维结构的侧壁上集成 OxRAM 器件开辟了道路。

问题

P7.1　解释化学和化学辅助溅射之间的异同。

P7.2　解释假设的纯化学和化学辅助溅射刻蚀工艺的 ARDE 的根本原因。

P7.3　使用式（7.4），计算作为离子与中性通量之比的函数的标准化刻蚀速率，并讨论工艺敏感性。假设总通量是恒定的。ARDE 的含义是什么？

P7.4　式（7.4）是否包含纯中性或自由基刻蚀的贡献？

P7.5　解释使用 Cl_2/Ar^+ 工艺的定向 ALE 与使用混合 Cl_2/Ar 化学的偏置脉冲的 RIE 之间的异同。

P7.6　使用图 7.3 和图 7.4，讨论化学溅射角度分布对轮廓的影响。

P7.7　混合层的形成对 RIE 固有选择性的影响是什么？

P7.8　使用式（2.2），解释为什么温度是补偿 RIE 反应器中中性通量不均匀导致的 ERNU 的有效抓手。

P7.9　解释侧壁钝化刻蚀电阻与 CD 微负载之间的关系。

P7.10　为什么侧壁散射是高深宽比形貌 RIE 的关键机制？

参 考 文 献

Altieri, N.D., Chen, J.K.C., Minardi, L., and Chang, J.P. (2017). Review Article: Plasma–surface interactions at the atomic scale for patterning metals. *J. Vac. Sci. Technol., A* 35: 05C203 1–12.

Altieri, N.D., Chen, E., Fong, S. et al. (2018). Plasma processing of phase change materials for PCRAM. *AVS 65-th International Symposium and Exhibition*, Long Beach, CA, USA.

Arnold, J.C. and Sawin, H.H. (1991). Charging of pattern features during plasma etching. *J. Appl. Phys.* 70: 5314–5317.

Azarnouche, L., Pargon, E., Menguelti, K. et al. (2013). Benefits of plasma treatments on critical dimension control and line width roughness transfer during gate patterning. *J. Vac. Sci. Technol., B* 31: 012205 1–11.

Bartha, J.W., Greschner, J., Puech, M., and Maquin, P. (1995). Low temperature etching of Si in high density plasma using SF_6/O_2. *Microelectron. Eng.* 27: 453–456.

Bell, F. and Joubert, O. (1997). Polysilicon gate etching in high density plasmas. V. Comparison between quantitative chemical analysis of photoresist and oxide masked polysilicon gates etched in $HBr/Cl_2/O_2$ plasmas. *J. Vac. Sci. Technol., B* 15: 88–97.

Berry, I.L., Park, J.C., Kim, J.K. et al. (2017). Patterning of embedded STT-MRAM devices: challenges and solutions. *ECS and SMEQ Joint International Meeting 2018*, Cancun, Mexico.

Berry, I.L., Kanarik, K.J., Lill, T. et al. (2018). Applying sputtering theory to directional atomic layer etching. *J. Vac. Sci. Technol., A* 36: 01B105 1–7.

Berry, I.L., Kim, Y., and Lill, T. (2020). High aspect ratio etch challenges and co-optimized etch and deposition solutions. *Seminar at KAIST*, June 2020.

Burr, G.W., Breitwisch, M.J., Franceschini, M. et al. (2010). Phase change memory technology. *J. Vac. Sci. Technol., B* 28: 223–262.

Burr, G.W., Shenoy, R.S., Virwani, K. et al. (2014). Access devices for 3D crosspoint memory. *J. Vac. Sci. Technol., B* 32: 040802 1–22.

Burr, G.W., Brightsky, M.J., Sebastian, A. et al. (2016). Recent progress in phase-change memory technology. *IEEE J. Emerging Sel. Top. Circuits Syst.* 6: 146–162.

Canvel, Y., Lagrasta, S., Boixaderas, C. et al. (2019). Study of Ge-rich GeSbTe etching process with different halogen plasmas. *J. Vac. Sci. Technol., A* 37: 031302 1–9.

Canvel, Y., Lagrasta, S., Boixaderas, C. et al. (2020). Modification of Ge-rich GeSbTe surface during the patterning process of phase-change memories. *Microelectron. Eng.* 221: 111183 1–9.

Chang, J.P. and Sawin, H.H. (1997). Kinetic study of low energy ion-enhanced polysilicon etching using Cl, Cl_2, and Cl^+ beam scattering. *J. Vac. Sci. Technol., A* 15: 610–615.

Chang, J.P., Arnold, J.C., Zau, G.C.H., and Shin, H.S. (1997). Kinetic study of low energy argon ion-enhanced plasma etching of polysilicon with atomic / molecular chlorine. *J. Vac. Sci. Technol., A* 15: 1853–1863.

Chang, J.P., Mahorowala, A.P., and Sawin, H.H. (1998). Plasma-surface kinetics and feature profile evolution in chlorine etching of polysilicon. *J. Vac. Sci. Technol., A* 16: 217–224.

Cho, B.O., Hwang, S.W., Lee, G.R., and Moon, S.H. (2000). Angular dependence of SiO_2 etching in a fluorocarbon plasma. *J. Vac. Sci. Technol., A* 18: 2791–2798.

Choi, S.K. and Han, C.H. (1998). Low temperature copper etching using an inductively coupled plasma with ultraviolet light irradiation. *J. Electrochem. Soc.* 145: L37–L39.

Coburn, J.W. (1994a). Surface-science aspects of plasma-assisted etching. *Appl. Phys. A* 59: 451–458.

Coburn, J.W. (1994b). Ion-assisted etching of Si with Cl_2: the effect of flux ratio. *J. Vac. Sci. Technol., B* 12: 1384–1389.

Coburn, J.W. and Winters, H.F. (1979a). Ion- and electron-assisted gas-surface chemistry – an important effect in plasma etching. *J. Appl. Phys.* 50: 3189–3196.

Coburn, J.W. and Winters, H.F. (1979b). Plasma etching – a discussion of mechanisms. *J. Vac. Sci. Technol.* 16: 391–403.

Coburn, J.W. and Winters, H.F. (1989). Conductance considerations in the reactive ion etching of high aspect ratio features. *Appl. Phys. Lett.* 55: 2730–2732.

Cunge, G., Inglebert, R.L., Joubert, O., and Vallier, L. (2002). Ion flux composition in $HBr/Cl_2/O_2$ and $HBr/Cl_2/O_2/CF_4$ chemistries during silicon etching in industrial high-density plasmas. *J. Vac. Sci. Technol., B* 20: 2137–2148.

Desvoivres, L., Vallier, L., and Joubert, O. (2001). X-ray photoelectron spectroscopy investigation of sidewall passivation films formed during gate etch processes. *J. Vac. Sci. Technol., B* 19: 420–426.

Draeger, N. (2016). Tech Brief: FinFET Fundamentals. Lam Blog. https://blog .lamresearch.com/tech-brief-finfet-fundamentals (accessed 14 September 2020).

Eriguchi, K., Matsuda, A., Takao, Y., and Ono, K. (2014). Effects of straggling of incident ions on plasma-induced damage creation in "fin"-type field-effect transistors. *Jpn. J. Appl. Phys.* 52: 03DE02 1–6.

Evans, U.R. (1981). *An Introduction to Metallic Corrosion*, 3e. Edward Arnold Publishers Ltd.

Feil, H., Dieleman, J., and Garrison, B.J. (1993). Chemical sputtering of silicon related to roughness formation of a Cl-passivated Si surface. *J. Appl. Phys.* 74: 1303–1309.

Gerlach-Meyer, J.W. and Coburn, E.K. (1981). Ion-enhanced gas-surface chemistry: the influence of the mass of the incident ion. *Surf. Sci.* 103: 177–188.

Giapis, K.P., Scheller, G.R., Gottscho, R.A. et al. (1990). Microscopic and macroscopic uniformity control in plasma etching. *J. Appl. Phys.* 57: 983–985.

Goldfarb, D.L., Mahorowala, A.P., Gallatin, G.M. et al. (2004). Effect of thin-film imaging on line edge roughness transfer to underlayers during etch processes. *J. Vac. Sci. Technol., B* 22: 647–653.

Gottscho, R.A., Jurgensen, C.W., and Vitkavage, D.J. (1992). Microscopic uniformity in plasma etching. *J. Vac. Sci. Technol., B* 10: 2133–2147.

Gottscho, R.A., Cooperberg, D., and Vahedi, V. (1999). The black box illuminated. *Workshop on Frontiers in Low Temperature Plasma Diagnostics III (LTPD)*, Saillon, Switzerland.

Gou, F., Neyts, E., Eckert, M. et al. (2010). Molecular dynamics simulations of Cl^+ etching on a Si(100) surface. *J. Appl. Phys.* 107: 113305 1–6.

Gourvest, E., Pelissier, B., Vallee, C. et al. (2012). Impact of oxidation on $Ge_2Sb_2Te_5$ and GeTe phase-change properties. *J. Electrochem. Soc.* 159: H373–H377.

Graves, D.B. and Humbird, D. (2002). Surface chemistry associated with plasma etching processes. *Appl. Surf. Sci.* 192: 72–87.

Guo, W. and Sawin, H.H. (2009). Modeling of the angular dependence of plasma etching. *J. Vac. Sci. Technol., B* 27: 1326–1336.

Hayashi, H., Kurihara, K., and Sekine, M. (1996). Characterization of highly selective SiO_2/Si_3N_4 etching of high-aspect ratio holes. *Jpn. J. Appl. Phys.* 35: 2488–2493.

Helot, M., Chevolleau, T., Vallier, L. et al. (2006). Plasma etching of HfO_2 at elevated temperatures in chlorine-based chemistry. *J. Vac. Sci. Technol., A* 24: 30–40.

Huang, S., Huard, C., Shim, S. et al. (2019). Plasma etching of high aspect ratio features in SiO_2 using $Ar/C_4F_8/O_2$ mixtures: a computational investigation. *J. Vac. Sci. Technol., A* 37: 031304 1–26.

Huard, C.M., Zhang, Y., Sriraman, S. et al. (2017). Role of neutral transport in aspect ratio dependent plasma etching of three-dimensional features. *J. Vac. Sci. Technol., A* 35: 05C301 1–18.

Huard, C.M., Sriraman, S., Paterson, A., and Kushner, M.J. (2018). Transient behavior in quasi-atomic layer etching of silicon dioxide and silicon nitride in fluorocarbon plasmas. *J. Vac. Sci. Technol., A* 36: 06B101 1–25.

Hudson, E., Srivastava, A., Bhowmick, R. et al. (2014). Highly selective atomic layer etching of silicon dioxide using fluorocarbons. *AVS Symposium*, paper PS2+TF-ThM2, November 2014.

Iacopi, F., Choi, J.H., Terashima, K. et al. (2011). Cryogenic plasmas for controlled processing of nanoporous materials. *Phys. Chem. Chem. Phys.* 13: 3634–3637.

Ingram, S.G. (1990). The influence of substrate topography on ion bombardment in plasma etching. *J. Appl. Phys.* 68: 500–504.

Ito, H., Kuwahara, T., Higuchi, Y. et al. (2013). Chemical reaction dynamics of SiO_2 etching by CF_2 radicals: tight-binding quantum chemical molecular dynamics simulations. *Jpn. J. Appl. Phys.* 52: 026502 1–9.

Ito, H., Kuwahara, T., Kawaguchi, K. et al. (2014). Tight-binding quantum chemical molecular dynamics simulations of mechanisms of SiO_2 etching processes for CF_2 and CF_3 radicals. *J. Phys. Chem. C* 118: 21580–21588.

Jang, J.K., Taka, H.W., Yang, K.C. et al. (2019). Etch damage reduction of ultra low-k dielectric by using pulsed plasmas. *ECS Trans.* 89: 79–86.

Jin, W., Vitale, S.A., and Sawin, H.H. (2002). Plasma–surface kinetics and simulation of feature profile evolution in Cl_2+HBr etching of polysilicon. *J. Vac. Sci. Technol., A* 20: 2106–2114.

Joubert, O., Oehrlein, G.S., and Surendra, M. (1994). Fluorocarbon high density plasma. VI. Reactive ion etching lag model for contact hole silicon dioxide etching in an electron cyclotron resonance plasma. *J. Vac. Sci. Technol., A* 12: 665–670.

Joubert, O., Legouil, A., Ramos, R. et al. (2006). Plasma etching challenges of new materials involved in gate stack patterning for sub 45 nm technological nodes. *209th ECS Meeting*, Denver, CO, USA.

Kang, S.K., Oh, J.S., Park, B.J. et al. (2008). X-ray photoelectron spectroscopic study of $Ge_2Sb_2Te_5$ etched by fluorocarbon inductively coupled plasmas. *Appl. Phys. Lett.* 93: 043126 1–3.

Kang, S.K., Jeon, M.H., Park, J.Y. et al. (2011a). Etch damage of $Ge_2Sb_2Te_5$ for different halogen gases. *Jpn. J. Appl. Phys.* 50: 086501 1–4.

Kang, S.K., Jeon, M.H., Park, J.Y. et al. (2011b). Effect of halogen-based neutral beam on the etching of $Ge_2Sb_2Te_5$. *J. Electrochem. Soc.* 158: H768–H771.

Kiehlbauch, M.W. and Graves, D.B. (2003). Effect of neutral transport on the etch product lifecycle during plasma etching of silicon in chlorine gas. *J. Vac. Sci. Technol., A* 21: 116–126.

Kim, D., Hudson, E.A., Cooperberg, D. et al. (2007). Profile simulation of high aspect ratio contact etch. *Thin Solid Films* 515: 4874–4878.

Kim, J.K., Lee, S.H., Cho, S.I., and Yeom, G.Y. (2015). Study on contact distortion during high aspect ratio contact SiO_2 etching. *J. Vac. Sci. Technol., A* 33: 021303 1–6.

Kanarik, K.J., Tan, S., and Gottscho, R.A. (2018). Atomic Layer Etching: Rethinking the art of etching. *J. Phys. Chem. Lett.* 9: 4814–4821.

Kurihara, K. and Sekine, M. (1996). Plasma characteristics observed through high-aspect-ratio holes in C_4F_8 plasma. *Plasma Sources Sci. Technol.* 5: 121–125.

Layadi, N., Donnelly, V.M., and Lee, J.T.C. (1997). Cl_2 plasma etching of Si(100): nature of the chlorinated surface layer studied by angle-resolved X-ray photoelectron spectroscopy. *J. Appl. Phys.* 81: 6738–6748.

Lee, Y.H. and Chen, M.M. (1986). Silicon doping effects in reactive plasma etching. *J. Vac. Sci. Technol., B* 4: 468–475.

Lee, C.G.N., Kanarik, K.J., and Gottscho, R.A. (2014). The grand challenges of plasma etching: a manufacturing perspective. *J. Phys. D: Appl. Phys.* 47: 273001 1–9.

Li, J., Xia, Y., Liu, B. et al. (2016). Direct evidence of reactive ion etching induced damages in $Ge_2Sb_2Te_5$ based on different halogen plasmas. *Appl. Surf. Sci.* 378: 163–166.

Lill, T. (2017). Critical challenges and solutions in 3D NAND volume manufacturing. *Flash Memory Summit*, Santa Clara, CA, USA.

Lill, T., Yuen, S., Ameri, F. et al. (2001). Advanced gate etching: stopping on very thin gate oxides. *Proceeding of the 1st International Conference on Semiconductor Technology*, vol. 2, Shanghai, May 2001, pp. 548–557.

Lill, T., Kamarthy, G., Eppler, A. et al. (2014). Advanced patterning: plasma etch challenges and solutions. *Presentation at the SPIE Advanced Lithography Conference*, San Jose, CA, USA.

Lill, T., Kanarik, K.J., Tan, S. et al. (2018). Benefits of atomic layer etching (ALE) for material selectivity. *ALD/ALE conference 2018*, Incheon, Korea.

Lionti, K., Volksen, W., Magbitang, T. et al. (2015). Toward successful integration of porous low-k materials: strategies addressing plasma damage. *ECS J. Solid State Sci. Technol.* 4: N3071–N3083.

Lutker-Lee, K.M., Lu, Y.T., Lou, Q. et al. (2019). Low-k dielectric etch challenges at the 7 nm logic node and beyond: continuous-wave versus quasiatomic layer plasma etching performance review. *J. Vac. Sci. Technol., A* 37: 011001 1–9.

Marchak, N. and Chang, J.P. (2011). Perspectives in nanoscale plasma etching: what are the ultimate limits? *J. Phys. D* 44: 174011 1–11.

Martin, R.M., Blom, H.-O., and Chang, J.P. (2009). Plasma etching of Hf-based high-k thin films. Part II. Ion-enhanced surface reaction mechanisms. *J. Vac. Sci. Technol., A* 27: 217–223.

Mayer, T.M., Barker, R.A., and Whitman, L.J. (1981). Investigation of plasma etching mechanisms using beams of reactive gas ions. *J. Vac. Sci. Technol.* 18: 349–352.

Metzler, D., Bruce, R.L., Engelmann, S. et al. (2014). Fluorocarbon assisted atomic layer etching of SiO$_2$ using cyclic Ar/C$_4$F$_8$ plasma. *J. Vac. Sci. Technol., A* 32: 020603 1–4.

Metzler, D., Li, C., Engelmann, S. et al. (2016). Fluorocarbon assisted atomic layer etching of SiO$_2$ and Si using cyclic Ar/C$_4$F$_8$ and Ar/CHF$_3$ plasma. *J. Vac. Sci. Technol., A* 34: 01B101 1–10.

Miyake, M., Negishi, N., Izawa, M. et al. (2009). Effects of mask and necking deformation on bowing and twisting in high-aspect-ratio contact hole etching. *Jpn. J. Appl. Phys.* 48: 08HE01 1–5.

Mizotani, K., Isobe, M., and Hamaguchi, S. (2015). Molecular dynamics simulation of damage formation at Si vertical walls by grazing incidence of energetic ions in gate etching processes. *J. Vac. Sci. Technol., A* 33: 021313 1–6.

Negishi, N., Miyake, M., Yokogawa, K. et al. (2017). Bottom profile degradation mechanism in high aspect ratio feature etching based on pattern transfer observation. *J. Vac. Sci. Technol., B* 35: 051205 1–9.

Noe, P., Vallee, C., Hippert, F. et al. (2018). Phase-change materials for non-volatile memory devices: from technological challenges to materials science issues. *Semicond. Sci. Technol.* 33: 013002 1–32.

Oehrlein, G.S. and Lee, Y.H. (1987). Reactive ion etching related Si surface residues and subsurface damage: their relationship to fundamental etching mechanisms. *J. Vac. Sci. Technol., A* 5: 1585–1594.

Oehrlein, G.S., Phaneuf, R.J., and Graves, D.B. (2011). Plasma-polymer interactions: a review of progress in understanding polymer resist mask durability during plasma etching for nanoscale fabrication. *J. Vac. Sci. Technol., B* 29: 010801 1–34.

Oh, Y.T., Kim, K.B., Shin, S.H. et al. (2018). Impact of etch angles on cell characteristics in 3D NAND flash memory. *Microelectron. J.* 79: 1–6.

Pargon, E., Martin, M., Thiault, J. et al. (2008). Linewidth roughness transfer measured by critical dimension atomic force microscopy during plasma patterning of polysilicon gate transistors. *J. Vac. Sci. Technol., B* 26: 1011–1020.

Pargon, E., Menguelti, K., Martin, M. et al. (2009). Mechanisms involved in HBr and Ar cure plasma treatments applied to 193 nm photoresists. *J. Appl. Phys.* 105: 094902 1–11.

Park, J.W., Kim, D.S., Lee, W.O. et al. (2019). Etch damages of ovonic threshold switch (OTS) material by halogen gas based-inductively coupled plasmas. *ECS J. Solid State Sci. Technol.* 8: P341–P345.

Posseme, N., Pollet, O., and Barnola, S. (2014). Alternative process for thin layer etching: application to nitride spacer etching stopping on silicon germanium. *Appl. Phys. Lett.* 105: 051605 1–4.

Raley, A., Mack, C., Thibaut, S. et al. (2018). Benchmarking of EUV lithography line/space patterning versus immersion lithography multipatterning schemes at equivalent pitch. *Proceedings of SPIE 2018*, Volume 10809, 1080915-1.

Raoux, S., Burr, G.W., Breitwisch, M.J. et al. (2008). Phase-change random access memory: a scalable technology. *IBM Res. Dev.* 52: 465–479.

Regis, J.M., Joshi, A.M., Lill, T., and Yu, M. (1997). Reactive ion etch of silicon nitride spacer with high selectivity to oxide. *1997 IEEE/SEMI Advanced Semiconductor Manufacturing Conference and Workshop ASMC 97 Proceedings*, September 1997, Cambridge, MA, USA.

Reynolds, G.W., Taylor, J.W., and Brooks, C.J. (1999). Direct measurement of X-ray mask sidewall roughness and its contribution to the overall sidewall roughness of chemically amplified resist features. *J. Vac. Sci. Technol., B* 17: 3420–3425.

Rudolph, U., Weikmann, E., Kinne, A. et al. (2004). Extending the capabilities of DRAM high aspect ratio trench etching. *2004 IEEE/SEMI Advanced Semiconductor Manufacturing Conference and Workshop* (IEEE Cat. No. 04CH37530), Boston, MA, USA, pp. 89–92.

Schaepkens, M., Standaert, T.E.F.M., Rueger, N.R. et al. (1999). Study of the SiO_2-to-Si_3N_4 etch selectivity mechanism in inductively coupled fluorocarbon plasmas and a comparison with the SiO_2-to-Si mechanism. *J. Vac. Sci. Technol., A* 17: 26–37.

Schwartz, G.C. and Schaible, P.M. (1983). Reactive ion etching of copper films. *J. Electrochem. Soc.* 130: 1777–1779.

Shaqfeh, E.S.G. and Jurgensen, C.W. (1989). Simulation of reactive ion etching pattern transfer. *J. Appl. Phys.* 66: 4664–4675.

Shen, M., Lill, T., Hoang, J. et al. (2019). Meeting the challenges in patterning phase change materials for next generation memory devices. *AVS Symposium 2019*, Columbus, Ohio, USA.

Shen, M., Lill, T., Altieri, N. et al. (2020). A review on recent progress in patterning phase change materials. *J. Vac. Sci. Technol., A* 38: 060802 1–17.

Sherpa, S.D. and Ranjan, A. (2017). Quasi-atomic layer etching of silicon nitride. *J. Vac. Sci. Technol., A* 35: 01A102 1–6.

Shimmura, T., Suzuki, Y., Soda, S. et al. (2004). Mitigation of accumulated electric charge by deposited fluorocarbon film during SiO_2 etching. *J. Vac. Sci. Technol., A* 22: 433–436.

Shin, H., Zhu, W., Donnelly, V.M., and Economou, D.J. (2012). Surprising importance of photo-assisted etching of silicon in chlorine-containing plasmas. *J. Vac. Sci. Technol., A* 30: 021306 1–10.

Stan, G., Ciobanu, C.V., Levin, I. et al. (2015). Nanoscale buckling of ultrathin low-k dielectric lines during hard-mask patterning. *Nano Lett.* 15: 3845–3850.

Tachi, S. and Okudaira, S. (1986). Chemical sputtering by F^+, Cl^+, and Br^+ ions: reactive spot model for reactive ion etching. *J. Vac. Sci. Technol., B* 4: 459–467.

Tachi, S., Tsujimoto, K., and Okudaira, S. (1988). Low-temperature reactive etching and microwave plasma etching of silicon. *Appl. Phys. Lett.* 52: 616–618.

Tan, S., Yang, W., Kanarik, K.J. et al. (2015). Highly selective directional atomic layer etching of silicon. *ECS J. Solid State Technol.* 4: N5010–N5012.

Toyoda, N. and Ogawa, A. (2017). Atomic layer etching of Cu film using gas cluster ion beam. *J. Phys. D: Appl. Phys.* 50: 184003 1–5.

Toyoda, H., Morishima, H., Fukute, R. et al. (2004). Beam study of the Si and SiO_2 etching processes by energetic fluorocarbon ions. *J. Appl. Phys.* 95: 5172–5179.

Vallier, L., Foucher, J., Detter, X. et al. (2003). Chemical topography analyses of silicon gates etched in $HBr/Cl_2/O_2$ and $HBr/Cl_2/O_2/CF_4$ high density plasmas. *J. Vac. Sci. Technol., B* 21: 904–911.

Vitale, S.A. and Smith, B.A. (2003). Reduction of silicon recess caused by plasma oxidation during high-density plasma polysilicon gate etching. *J. Vac. Sci. Technol., B* 21: 2205–2211.

Vitale, S.A., Chae, H., and Sawin, H.H. (2001). Silicon etching yields in F_2, Cl_2, Br_2, and HBr high density plasmas. *J. Vac. Sci. Technol., A* 19: 2197–2206.

Wang, M. and Kushner, M.J. (2010). High energy electron fluxes in dc-augmented capacitively coupled plasmas. II. Effects on twisting in high aspect ratio etching of dielectrics. *J. Appl. Phys.* 107: 023309 1–11.

Washington, J.S., Joseph, E.A., Raoux, S. et al. (2011). Characterizing the effects of etch-induced material modification on the crystallization properties of nitrogen doped $Ge_2Sb_2Te_5$. *J. Appl. Phys.* 109: 034502 1–7.

Winters, H.F. and Haarer, D. (1987). Influence of doping on the etching of Si(111). *Phys. Rev. B* 36: 6613–6623.

Winters, H.F., Coburn, J.W., and Kay, E. (1977). Plasma etching – a "pseudo-black-box" approach. *J. Appl. Phys.* 48: 4973–4983.

Winters, H.F., Coburn, J.W., and Chuang, T.J. (1983). Surface processes in plasma-assisted etching environments. *J. Vac. Sci. Technol., B* 1: 469–480.

Wise, R. and Shamma, N. (2018). Low roughness EUV lithography. US Patent 9,922,839.

Wong, P., Raoux, S., Kim, S.B. et al. (2010). Phase change memory. *Proc. IEEE* 98: 2201–2227.

Wu, B., Kumar, A., and Pamarthy, S. (2010). High aspect ratio silicon etch: a review. *J. Appl. Phys.* 108: 051101 1–20.

Yang, J.J., Strukov, D.B., and Stewart, D.R. (2013). Memristive devices for computing. *Nat. Nanotechnol.* 8: 13–24.

Yashina, L.V., Püttner, R., Neudachina, V.S. et al. (2008). X-ray photoelectron studies of clean and oxidized α-GeTe(111) surfaces. *J. Appl. Phys.* 103: 094909 1–12.

Yokohama, S., Ito, Y., Ishihara, K. et al. (1995). High-temperature etching of PZY/Pt/TiN structure by high-density ECR plasma. *Jpn. J. Appl. Phys.* 34: 767–770.

Yoon, S.-M., Lee, N.-Y., Ryu, S.-O. et al. (2005). Etching characteristics of $Ge_2Sb_2Te_5$ using high-density helicon plasma for the nonvolatile phase-change memory applications. *Jpn. J. Appl. Phys.* 44: L869–L872.

第8章

离子束刻蚀

到目前为止，我们一直在探索化学辅助和化学刻蚀工艺。材料也可以通过纯物理溅射去除。这种技术被称为离子束刻蚀（IBE）。它是非挥发性和化学敏感材料图案化的重要技术。

8.1 离子束刻蚀的机理和性能指标

IBE 是一种物理溅射工艺，可通过第 2.5 节中的机理和式（2.5）~式（2.9）进行描述。刻蚀速率是离子通量、溅射产率和材料密度的函数。溅射产率是离子能量、入射离子和表面原子的质量、撞击角和固体结合能的函数［见式（2.8）］。

为了在晶圆上的所有点上实现相同的溅射速率，离子通量均匀性应良好。这可以通过在晶圆上用具有相对较小横截面的离子束扫描来实现，或者通过使用直径大于晶圆的源来实现，该源具有大量的射束（对于 300mm IBE 系统，典型的数量是几千个射束）。后一种方法具有高生产率的优点，因为整个晶圆表面同时被刻蚀。小射束内的角度分布必须稍微发散，以在晶圆上形成重叠的碰撞区域。这称为源发散，其值通常为几度。设计具有良好离子通量和发散均匀性的 IBE 格栅被认为是一门艺术。除了格栅设计之外，发散均匀性还受到格栅后面等离子体密度均匀性的影响。为了提高离子通量均匀性，晶圆也被旋转。

为了实现垂直轮廓，晶圆必须倾斜和旋转。如果不旋转，轮廓将是不对称的，这通常是不希望的。倾斜和旋转的组合效应是，指向晶圆边缘的形貌侧壁在它们最接近离子源时暴露于等离子体，而指向晶圆中心的侧壁在距离离子源最大的点处暴露。由于小射束略有发散，因此可以观察到所谓的"内侧/外侧"效应。外部形貌侧壁的刻蚀速度略快于内部形貌侧壁。这可以通过增加源和晶圆之间的距离以及确保所有小射束的平均角分布尽可能窄来校正。这就需要非常低的真空度以避免离子和中性粒子之间的气相碰撞，以及电子束中和以避免空间电荷效应。

IBE 中的刻蚀选择性通常较低。它们由式（2.8）控制。通过向工艺中添加氧中性物，可以提高某些金属的选择性。如果其中一种金属优先形成具有比未氧化金属更高结合能和更低溅射速率的氧化物，则该方法有效。

IBE 易于发生深宽比相关刻蚀（ARDE），因为溅射物质从形貌中的迁移是其深宽比的函数。溅射的物质通常是原子，并且是非挥发性的，因为该过程中没有化学成分。它们在撞击形貌侧壁时再沉积。我们在第 6.1.1 节中定向原子层刻蚀（ALE）中讨论了这一影响。

8.2　应用示例

反应离子刻蚀（RIE）仍然无法做到的一类应用是磁性随机存取存储器（MRAM）器件的图案化。虽然可以用卤素氧化典型 MRAM 堆叠中的金属（Chen 等人，2017；Altieri 等人，2019），但是 RIE 反应产物具有如此高的沸点，以至于它们重新沉积在形貌侧壁上，导致锥形而不是垂直轮廓。它们也沉积在反应器壁上，在那里它们会引起粒子和等离子体稳定性问题。表 8.1 显示了所选择的 MRAM 材料（如钴、铁和镍）的沸点，以说明这一点。

表 8.1　所选择的 MRAM 材料的沸点

元素	化合物	沸点/℃
钴	CoF_2	1400
	$CoCl_2$	1049
	$CoBr_2$	n/a
铁	FeF_3	1327
	$HfCl_4$	315
	$HfBr_4$	n/a
镍	NiF_2	1450
	$NiCl_2$	1001
	$NiBr_2$	n/a

资料来源：维基百科上所选择的 MRAM 材料的沸点。

使得 RIE 在 MRAM 图案化中的应用更具挑战性的是，隧穿电介质 MgO 对化学损伤非常敏感。出于器件性能原因，不建议使用卤素。除非可以放宽这一要求，否则这将为 RIE 和 ALE 技术的使用造成巨大障碍。在化学反应没有协同作用的情况下，必须使用溅射工艺。

溅射产率的角度依赖性预测了正常离子入射角的锥形轮廓（见图 2.9）。当粒子束相对于晶圆倾斜时，可以溅射侧壁，并且可以获得垂直轮廓。图 8.1 显示了用 RIE 和 IBE 图案化的 MRAM 轮廓的比较。

IBE 具有比 RIE 小得多的工艺参数空间。可以选择的参数包括离子质量、能量、撞击角和旋转速度。高于 1000eV 的离子能量为 MRAM 图案化提供了最佳的轮廓性能。然而，这会导致堆叠材料的混合，如图 8.2 所示。

混合会导致器件在 MgO 层上短路。对于

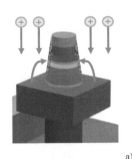

a)

b)

图 8.1　用 RIE（图 a）和 IBE（图 b）刻蚀的 MRAM 轮廓的比较。资料来源：IBM 公司网站（2016）

100eV 氩离子，在主刻蚀步骤中，MgO 层中间的混合深度为 1nm，而对于 1000eV，混合深度为 4nm（见图 8.2）。使用多步骤工艺可以获得最佳性能，从而优化轮廓和短路性能（Song 等人，2016）。

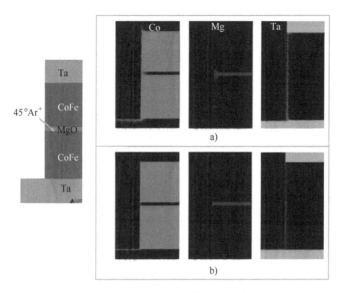

图 8.2　1000eV（图 a）和 100eV（图 b）离子能量的 IBE 后模拟的混合元素映射。资料来源：Lill 等人（2019）

　　IBE 要求视线接近形貌底部。这限制了高深宽比形貌的实用晶圆倾斜和离子碰撞角度。随着 MRAM 将来从嵌入式设备迁移到独立设备，这将成为一个挑战。尽管必须为高密度 MRAM 器件的图案化找到新的方法，但 IBE 已在半导体行业确立了自己作为嵌入式 MRAM 器件首选方法的地位。改变离子碰撞角并在宽范围内控制离子角分布和能量的能力对于其他潜在应用也是有吸引力的。

　　为了得到更广泛的应用，IBE 腔室必须能够处理反应背景气体和反应离子，以引入化学效应（Hrbek，1977）。这被称为化学辅助离子束刻蚀（CAIBE）或反应离子束刻蚀（RIBE）。有趣的是，在 RIE 被广泛应用于半导体行业之前的 20 世纪 80 年代，对 CAIBE 和 RIBE 的研究相当活跃（Chinn 等人，1983；Revell 和 Goldspink，1984）。RIBE 和 CAIBE 要想在先进的器件图案化中得到应用，这将是一个漫长的过程。要实现这一目标，必须克服诸如反应性化学中的格栅侵蚀和从格栅溅射的材料对晶圆的污染等基本挑战。

问题

　　P8.1　为什么有必要调整 IBE 工具中的离子撞击角？为什么 IBE 有可能而 RIE 没有？

　　P8.2　为什么表面氧化会降低某些金属的溅射速率？使用式（2.2），解释这种方法工作的条件。

　　P8.3　为什么 IBE 工具在非常低的压力下工作？

参 考 文 献

Altieri, N.D., Chen, J.K.C., and Chang, J.P. (2019). Controlling surface chemical states for selective patterning of CoFeB. *J. Vac. Sci. Technol., A* 37: 011303 1–6.

Chen, J.K.C., Altieri, N.D., Kim, T. et al. (2017). Directional etch of magnetic and noble metals. I. Role of surface oxidation states. *J. Vac. Sci. Technol., A* 35: 05C304 1–6.

Chinn, J.D., Adesida, I., and Wolf, E.D. (1983). Chemically assisted ion beam etching for submicron structures. *J. Vac. Sci. Technol., B* 1: 1028.

Hrbek, J. (1977). Sputtering of metals in the presence of reactive gases. *Thin Solid Films* 42: 185–191.

IBM Corporate Website (2016). Researchers celebrate 20th anniversary of IBM's invention of Spin Torque MRAM by demonstrating scalability for the next decade. A new mechanism is proposed for exciting the magnetic state of a ferromagnet. https://www.ibm.com/blogs/research/2016/07/ibm-celebrates-20-years-spin-torque-mram-scaling- 11-nanometers/ (accessed 4 September 2019).

Lill, T., Vahedi, V., and Gottscho, R. (2019). Etching of semiconductor devices. In: *Materials Science and Technology*. Wiley-VCH. 1–25.

Revell, P.J. and Goldspink, G.F. (1984). A review of reactive ion beam etching for production. *Vacuum* 34: 455–462.

Song, Y.J., Lee, J.H., Shin, H.C. et al. (2016). Highly functional and reliable 8Mb STT-MRAM embedded in 28 nm logic. *Proceedings of 2016 IEDM Conference*, San Francisco, CA, USA.

第 9 章

刻蚀物种产生

在本章中，我们将在迄今为止所研究的刻蚀机制与生成实现这些刻蚀过程所需的反应物种的各种方法之间建立联系。

用于热刻蚀和热原子层刻蚀（ALE）的刻蚀物种是中性气体。它们从气体或液体源和输送系统输送到刻蚀反应器。我们不会在这里讨论它们。

自由基刻蚀、反应离子刻蚀（RIE）和定向 ALE 需要由等离子体有效产生的自由基和离子。IBE 中的离子也从等离子体中提取。因此，本章提供了等离子体的基础知识，以及如何调整等离子体以达到不同的工艺条件要求。

已有关于等离子体处理的优秀教材面世，重点是等离子体物理学。Lieberman 和 Lichtenberg（2005）的 *Principles of plasma discharges and materials processing*（等离子体放电和材料处理原理）以及 Chabert 和 Braithwaite（2011）的 *Physics of radio - frequency plasmas*（射频等离子体物理学）就是很好的例子。如果在这里结束这本书，并给对刻蚀物种是如何产生的感兴趣的读者推荐这些教科书，那就好了。然而，作者认为，将等离子体基本原理总结为一些基本见解，并从刻蚀性能的角度说明其含义是有用的。本章将省略对半导体器件刻蚀不太重要的等离子体物理方面知识。希望这将使从事干法刻蚀的工程师能够将他们的刻蚀挑战与刻蚀机制以及等离子体生成和调节的选择联系起来。

9.1 低温等离子体概述

等离子体是自由离子、电子和中性粒子形式的准中性气态粒子系统。为什么在干法刻蚀中使用等离子体？这个问题似乎是一个同义反复，因为干法刻蚀通常也称为等离子体刻蚀。等离子体被发现为物质的第四种状态后，人们发现它可以溅射固态表面。后来，添加了化学活性气体，其结果是刻蚀速度更快。在这种叙述中，等离子体是一种寻找应用的工具，半导体行业提供了这种应用。

从表面机制的角度来看，当人们接近干法刻蚀时，似乎需要一种具有独立离子束、自由基束和中性束的工具，以产生实现所需工艺结果所需的物种通量的正确组合。这不可行的主要原因是成本。不同的刻蚀物种需要专用的源。更重要的是，通过远程生成物质并将其传输到晶圆表面，通量将衰减，从而降低刻蚀速率。相反，当使等离子体与晶圆直接接触时，可以获得所有物种中可能的最高通量。例外情况是半导体工业中用于自由基和离子束刻蚀的远程源。我们将在第 9.6 节中介绍这些源。等离子体与晶圆的分离是通过格栅或管子实现的。

RIE 是用与晶圆直接接触的反应等离子体实现的。这使物种通量最大化，但也带来了巨大的复杂性。它使 RIE 成为一个高度复杂的系统，具有复杂的表面机制［见式（7.4）］和通过等离子体的强反馈。这些反馈机制之一是将刻蚀产物重新引入等离子体生成区域，在那里它们可能被电离和离解，从而再次加速到晶圆表面（Kiehlbauch 和 Graves，2003）。在本章中，我们将介绍等离子体与晶圆接触时产生的其他基本复杂性。为了有效地开发工艺，刻蚀工程师了解它们是非常重要的。

干法刻蚀中使用的等离子体类型称为低温或非平衡等离子体（Graves 和 Humbird，2002；Graves 和 Brault，2009；Oehrlein 和 Hamaguchi，2018）。非热等离子体或非平衡等离子体在中性气体的海洋中以少量正离子和负电子的形式出现。中性气体原子的密度 n_n 分别比离子和电子密度 n_i 和 n_e 高 2 ~ 6 个数量级（Graves 和 Humbird，2002）。表 9.1 列出了典型非平衡等离子体的其他重要参数。

这类等离子体的一个决定性特征是带电物种比中性物种具有高得多的能量，因此称为非平衡。这些等离子体是在有壁的密闭空间中产生的。带电物质在器壁上的损失比它们通过与中性物种的碰撞传递从外部能量源接收的能量更快。因此，中性粒子比离子的温度更低——它们的温度为 300 ~ 2000 K（Graves 和 Humbird，2002）。相比之下，平衡等离子体中的温度范围从易电离元素如铯的 4000K 到如氦之类的 20000K（Lieberman 和 Lichtenberg，2005）。表 9.1 列出了非平衡等离子体的表面撞击特性。虽然每次离子碰撞的峰值功率密度非常高（10^8 ~ 10^{12} W/cm²），并导致碰撞级联和溅射，但是输送到晶圆的平均功率很低（对于 100eV 的离子能量和 10mA/cm² 的离子电流密度，为 10^4 W/cm²）。因此，可以在没有过度热影响的情况下刻蚀晶圆表面（Graves 和 Humbird，2002）。等离子体在晶圆上产生的热量仍然必须通过晶圆冷却机制［通常是静电卡盘（ESC）］去除。

表 9.1 非平衡等离子体的特性

特性	值
气体压力	1 ~ 1000mTorr
气体温度	300 ~ 2000K 或 0.03 ~ 0.15eV/原子
电离度（N_i/N_n）	10^{-6} ~ 10^{-2}
平均电子能量	1 ~ 10eV
等离子体中的平均离子能量	0.05 ~ 1eV
撞击表面平均离子能量	10eV 到几个 1000eV
典型等离子体尺寸	0.1 ~ 1m
受离子影响的表面积半径（A_{im}）	200eV 离子为 25Å
到表面的离子通量	大约为 100A/m² 或 10^{21} 离子/（m² · s）
A_{im} 内离子碰撞之间的近似时间	10^{-4} s
单离子撞击的完全能量耗散	在 10^{-12} s 内
撞击区域的峰值功率密度	10^8 ~ 10^{12} W/cm²
输送到表面的平均功率	对于 100eV 和 10mA/cm² 为 10^4 W/cm²

资料来源：Graves 和 Humbird（2002）。© 2020 Elsevier。

非平衡等离子体的压力范围为 1~1000mTorr。原因是粒子的平均自由程随着压力的升高而减小。随着压力的增加，带电粒子复合的概率增加。这对于平衡等离子体是不同的，在平衡等离子体中，所有粒子、离子、电子和中性粒子都具有如此高的动能，以至于碰撞不会导致带电粒子的复合和损失。

在定向干法刻蚀中使用低压的第二个原因是需要在一个优选方向上加速离子。这意味着它们在气相中产生后，需要在不与其他物质碰撞的情况下到达晶圆。如果压力太高，它们可以行进的距离就会变得太短。

这种非平衡等离子体中的平均电子能量为 1~10eV。大多数键能是几电子伏特，电离能可以高于 10eV。例如，氩的第一电离能是 24.6eV。电子能量 E_e 通常低于分子离解的阈值能量 E_{diss} 以及原子和分子电离的阈值能量 E_{iz}。尽管能量不足，但在非平衡等离子体中会发生离解和电离。原因是在电子的能量分布中，有一些电子能量非常高。该分布函数如图 9.1 所示。图中，$N_e(E_e)\mathrm{d}E_e$ 是每单位体积的电子数，其能量在 $E_e \sim (E_e + \mathrm{d}E_e)$ 之间。高能尾部的电子可以具有比 E_{diss} 和 E_{iz} 更高的能量，有助于中性物种的

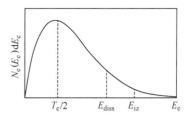

图 9.1 非平衡等离子体的
电子能量分布函数（EEDF）

离解和电离。图 9.1 中的分布被绘制为体电子能量 E_e 的麦克斯韦分布，但这可能并不总是反映实际情形。由于等离子体中的其他影响，与麦克斯韦分布的偏差是常见的。

电子的能量是其温度 T_e 的函数。单电子的关系在以下方程中给出［可以与式 (7.7) 对比，后者是针对原子和分子］：

$$E_e = k_B T_e \tag{9.1}$$

具有麦克斯韦分布的电子系统的平均能量为

$$<E_e> = \frac{3}{2} T_e \tag{9.2}$$

电子温度是一个重要的等离子体参数。它表征等离子体中带电粒子的密度，简而言之，就是等离子体密度。它还决定了在等离子体中可以实现的离子能量最低可能值。这对于定向 ALE 和 RIE 的固有选择性是重要的。我们将在下面讨论电子温度和离子能量之间的关系。

图 9.1 显示了分子的电离能高于离解能。这对等离子体中什么样的化学反应是可能发生的具有重要意义。一般来说，由于分子离解的能量低于电离的能量，因此分子在电离的同时在等离子体中分裂。其基本过程称为电子碰撞离解和电离。例如，一个氧分子在电子碰撞下可以通过以下途径离解成两个氧自由基：

$$O_2 + e \rightarrow O^* + O^* + e \tag{9.3}$$

在较高的电子能量下，电子碰撞也会导致电离：

$$O_2 + e \rightarrow O_2^+ + e \tag{9.4}$$

离解和电离也可以同时发生。这个过程被称为离解电离：

$$O_2 + e \rightarrow O^+ + O^* + e \tag{9.5}$$

　　由于电离发生的能量高于离解，并且需要电离来维持等离子体，因此具有许多官能团的复杂分子的表面化学在 RIE 中几乎不可能。因此，RIE 工艺工程师经常考虑给定进料气中某些元素的比例，而不是它们的结构和化学性质。例如，C_4F_6 和 C_4F_8 之间的选择很大程度上受给定工艺所需的碳氟比的影响。C_4F_8 是环状分子而 C_4F_6 是线性的这一事实由于在等离子体中的离解而不那么重要。然而，等离子体提供的是非常活泼的自由基，这些自由基是在电子激发的离解过程中形成的。在热刻蚀和热 ALE 中可以充分利用各种化学可能性。

　　大而复杂的离子分子可以通过更温和的电子附着电离形成。在这种类型的电离中，电子被分子捕获，形成负离子。对于这种电离途径，电子能量不得超过几电子伏特。如果能量太高，电子附着也会导致离解。负离子只有在非常特殊的条件下才能形成，我们将在第 9.5 节中对此进行讨论。

　　由于干法刻蚀中使用的非平衡等离子体在低压下工作，因此它们必须被限制在具有真空泵和室壁的真空室中。由于离子和电子在这些室壁处的损失，产生新的带电粒子需要输入能量。这种能量通常由从直流（DC）到微波的电场和磁场提供。大多数工业刻蚀工具使用射频（RF）场。

　　在电场和磁场的影响下，中性气体可以被电离，并由于气体中的自由电子而变得导电。通过使电流通过气体，带电物质被加热，从而维系等离子体。中性气体的峰值温度可以从接近室温到超过 2000K 不等，但即使当气体峰值温度很高时，气体在低压下的低热容量也意味着气体在室壁附近迅速冷却。

　　被室壁限制的等离子体被称为有界等离子体系统（Bounded Plasma System，BPS）。当等离子体被固体束缚或约束时，室壁附近的准中性会发生偏差。这个区域被称为空间电荷鞘或鞘。这个区域的形成是电子和离子之间由于质量差异而导致迁移率巨大差异的结果。电子的速度非常快，它们会逃离等离子体并向室壁移动。离子速度太慢跟不上电子，因此形成了一个没有电子的区域，即鞘层。该机制如图 9.2 所示。

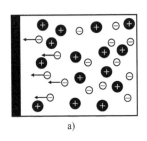 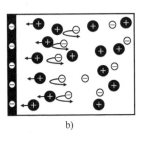 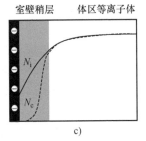

a)　　　　　　　　　　b)　　　　　　　　　　c)

图 9.2　有界等离子体中鞘层的形成：a）电子逃离等离子体并向室壁移动；
b）鞘层阻滞电子并加速正离子；c）鞘层中的电子和离子密度

　　鞘层阻碍了电子离开等离子体，并加速了正离子向表面的运动。等离子体形成厚度在数百微米量级的鞘层这一事实意味着，离子可以在几乎没有碰撞的鞘层上加速，以在几十到几百毫托的压力下以几乎没有角散射的方式撞击表面（Graves 和 Humbird，2002）。这意味着朝向表面的离子能量是在鞘层中获得的，并且通过操纵鞘层来调节离子能量。前鞘层是延伸到鞘层之外的另一个等离子体区域。它是准中性的，但电子和离子密度都低于本体中的密度（Lieberman 和 Lichtenberg，2005）。

德拜长度 λ_D 是定义屏蔽宽度及其两端电压降的参数。它是等离子体保护自己免受外加电场影响的长度。德拜长度是电子密度和温度的函数（Lieberman 和 Lichtenberg，2005）：

$$\lambda_D = 743 \sqrt{\frac{T_e}{N_e}} \tag{9.6}$$

当没有向室壁或电极施加额外电势时，德拜长度等于鞘层厚度。对于 4V 的电子温度和 $10^{10} cm^{-3}$ 的电子密度，德拜长度为 0.14mm（Lieberman 和 Lichtenberg，2005）。

根据式（9.4），对于具有较高温度的等离子体，没有外加电势的鞘层更宽。这是有道理的，因为电子温度越高，它们可以逃离体等离子体需克服的电势就越大。对于具有较高电子密度的等离子体，鞘层更薄。这意味着，对于等离子体可以通过提供外部能量而不是在壁上产生额外电势来维系的假设情况，密度的增加往往会降低鞘层电压，而电子温度的增加会增加鞘层电压。作为所施加射频功率的函数的电子温度的行为取决于该功率如何被输送到等离子体，这将在后面讨论。

电子温度也决定了鞘层电压 V_{sh}（Lieberman 和 Lichtenberg，2005）：

$$V_{sh} = \frac{T_e}{2} \ln \left(\frac{M_i}{2 \prod M_e} \right) \tag{9.7}$$

式中，M_i 和 M_e 分别是离子和电子的质量。对于氩气，式（9.7）简化为（Lieberman 和 Lichtenberg，2005）

$$V_{sh,Ar} \approx 4.7 T_e \tag{9.8}$$

对于在 RIE 反应器中常见的 4eV 电子温度，氩的鞘层电压为 16.4V。这个值也被称为浮动电位或自偏压。这是一个重要的参数，因为它定义了刻蚀工具在不为晶圆所在的电极供电的情况下可以实现多低的离子能量。这被称为仅源功率的区域。我们将在第 9.2 节和第 9.3 节中解释源功率和偏置功率这两个术语。

自偏压使氩离子的能量为 16.4eV，这远低于具有 Cl_2/Ar^+ 的硅的定向 ALE 的理想 ALE 窗口的下边界（约 50eV）。当它被应用于锗时，对于相同的 ALE 过程来说是微不足道的，锗约为 30eV，如图 6.7 所示。

根据式（9.8），可以通过降低电子温度来降低自偏压，这取决于外部能量与等离子体耦合的方式。另一种方法是从晶圆表面尽可能多地去除等离子体产生区域。也就是说，较大的间隙反应器在晶圆上方具有较低的电子温度，因为当电子从等离子体产生区域穿过体等离子体到达晶圆时，电子通过非弹性碰撞而冷却。这一想法的一个极端体现是电子束等离子体源（Walton 等人，2015）。Walton 等人证明了电子温度在 0.3 ~ 1.0eV 之间，离子能量在 1 ~ 5eV 之间。

式（9.8）的另一个含义是鞘层电压不能为零。离子质量大于电子质量，电子温度必须大于 0eV 才能维系等离子体。这意味着任何等离子体在与晶圆接触时都会导致离子轰击。由于需要高的固有选择性而不能容忍离子轰击的应用工具因此将等离子体从晶圆上移开得更远。这些等离子体被称为远程等离子体。它们只通过管道将中性气体和自由基送入反应器。另一个工程实施例是等离子体和晶圆之间的内部格栅。这里，鞘层形成在等离子体和格栅之间，中性和自由基穿过格栅中的开口向晶圆表面行进。这些格栅必须正确设计，以避免离子和电子进入下腔室。

然而，大多数等离子体工艺都需要高能离子进行刻蚀。对于这些应用，自偏压和电子温度并不是很重要。

9.2   电容耦合等离子体

现在我们研究射频功率是如何耦合到等离子体中的，以及这是如何改变电子温度、鞘层厚度和电压的。用射频功率驱动等离子体的情况对于半导体制造是重要的，因为晶圆通常由于很多介质层而电绝缘。因此，用射频激励等离子体提供了将射频信号施加到放置晶圆的电极的选项。电路通过接地电极闭合，在没有等离子体的情况下，接地电极与供电电极电隔离。在射频循环的最负和最正部分的时间内，等离子体和电极上产生的鞘层电压如图 9.3 所示。体等离子体相对于地的电压被称为等离子体电压或电势 V_p。供电电极上的鞘层电压是射频电压和鞘层电势之间的差值。它对于负射频周期（$V_{sh,1}$）是最大的，并且对于正周期接近于零。我们在图 9.3 中显示了标记为 $V_{sh,2}$ 的正周期和中性部分的非常小的电势。这就是第 9.1 节中讨论的 BSP 自偏置。在实际应用中可以忽略它，因为它比 $V_{sh,1}$ 小得多。

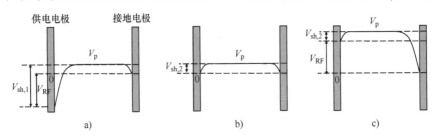

图 9.3   带有外部射频电压的等离子体腔：a）射频周期的最负部分；
b）射频周期的中性部分；c）射频周期的最正部分

等离子体鞘的作用就像电容。这允许计算由射频信号感应的鞘层电压（除了我们之前讨论的自偏压之外）：

$$V_{sh} = X_c I \qquad (9.9)$$

式中，X_c 是鞘层的容抗；I 是通过等离子体的电流。这意味着由更高的射频功率产生的更大的电流产生更高的鞘层电压和更大的离子能量。一些射频能量也用于增加等离子体密度。

容抗是频率 ω 和电容 C 的函数：

$$X_c = \frac{1}{\omega C} \qquad (9.10)$$

式（9.10）具有两个非常重要的实际意义。首先，较低的频率产生较大的鞘层电压，从而产生较大的离子能量。这意味着等离子体频率是驱动离子能量的有用参数。其次，鞘层电压取决于电容，因此取决于电极面积，或者更确切地说取决于两个电极的相对大小。

　　图 9.4 说明了另一个重要频率对鞘层电压的影响。对于 100kHz 及以下的激发频率，当射频电压为零或负时，鞘层塌陷，等离子体电势接近零。只剩下非常小的自偏压 $V_{sh,2}$，这是可以忽略的。这种鞘层被称为电阻鞘层。对于 100kHz 以上的频率，射频电压变化太快，鞘层和等离子体电势无法跟随。在这种情况下，形成与频率相关的鞘层电压 $V_{sh,3}$。由于后者代表直流电压，因此通常称为直流电压 V_{DC}。由于鞘层电压加速离子，鞘层电压的时间行为转化为离子能量分布。这些分布呈现出两个峰值。对于电阻鞘层，离子能量分布或能量色散的宽度 ΔE_i 更宽。

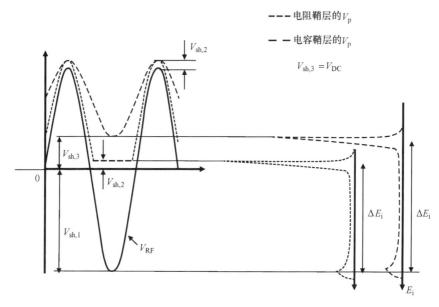

　　图 9.4　电阻和电容鞘层的随时间变化的鞘层电压以及同等尺寸电极的离子能量分布。
　　资料来源：根据 Koehler 等人（1985a）修改

　　在大多数 RIE 工具中，使用超过 100kHz 的频率，并且通过电容鞘层的 V_{DC} 来加速离子。电阻鞘层很有趣，因为它们类似于偏压脉冲等离子体的离子轰击行为。然而，到目前为止，它们还没有用于大批量的半导体制造。

　　到目前为止，我们已经确定，对于电容耦合等离子体，频率越低，等离子体和鞘层电压越高［见式（7.18）］。当频率高于离子的渡越时间的倒数时，产生直流电压。在这些条件下，鞘层电压将介于低端的直流电压和高端的等离子体电势之间（见图 9.4）。射频频率越高，离子能量分布就越窄。如果射频频率足够高，则离子能量分布应成为单个峰值。

　　如图 9.5 所示，情况确实如此。对于 100kHz，ArH^+ 能量分布在 0V 处具有低能峰，在约 70V 处具有高能峰。在 13.56MHz 的情况下，Ar_2^+ 离子的能量分布是单能峰的（Koehler 等人，1985a）。原因是，如图 9.4 所示，对于 Ar_2^+，负射频半周期的等离子体电压中的鞍状部分在该频率下几乎完全填充。

　　低频的这种双峰行为已经使用质点网格（Particle - In - Cell，PIC）模型进行了建模

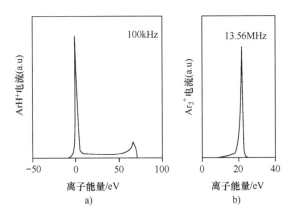

图 9.5　在 100kHz（图 a）和 13.56MHz（图 b）下，50mTorr 电容耦合氩等离子体通过接地层
提取的离子能量分布。资料来源：根据 Koehler 等人（1985a）修改

（Kawamura 等人，1999）。模拟可以对广泛的频率范围进行研究。结果如图 9.6 所示，说明
了较大峰值离子能量的影响，但也说明了较低激发频率下较宽离子能量分布（IED）的影
响。1MHz 的结果表明，低能峰的幅度远大于高能峰的幅度。这是由于鞘层电压在循环的较
长时间内保持在最小值而不是最大值引起的。

Okamoto 和 Tamagawa 推导出了能量色散 ΔE_i 的解析表达式（Okamoto 和 Tamagawa，
1970）：

$$\Delta E_i \propto \frac{1}{\omega} \left(\frac{M_i}{e} \right)^{-1/2} V_p \tag{9.11}$$

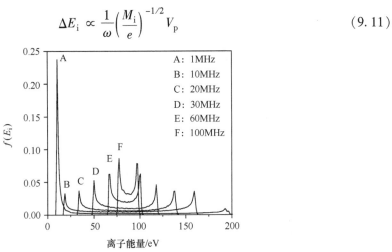

图 9.6　具有对称电极的电容耦合氢离子能量分布的 PIC 模拟。
资料来源：Kawamura 等人（1999）。ⓒ 1999，IOP 出版

这种关系表明，能量与射频场的圆频率 ω 成反比，与原子质量的平方根成反比，并且与
等离子体电势的时变分量的振幅成正比。

根据式（9.11），质量较低的离子具有较大的 ΔE_i，或者换言之，更广泛的 IED。在
图 9.7 中，比较了 Eu^+（$M = 152$ amu）、H_2O^+（$M = 18$ amu）和 H_3^+（$M = 3$ amu）的实验

结果。数据是在电容耦合反应器中收集的。

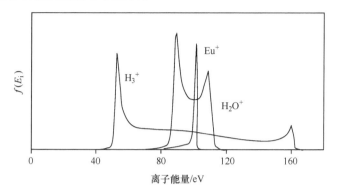

图 9.7　在 75mTorr 压力下 13.56MHz 的 H_3^+、H_2O^+ 和 Eu^+ 的能量分布。

资料来源：Coburn 和 Kay（1972）。© 1972，AIP 出版

气体混合物的 IED 是离子物质的 IED 的叠加。如果气体是分子气体，离解产物就有自己的 IED。这导致了具有一系列峰值的 IED。图 9.8 描述了电容耦合 CF_4 等离子体的 IED 测量值，其显示了裂解产物 F^+、CF^+、CF_2^+ 和 CF_3^+ 的峰值。

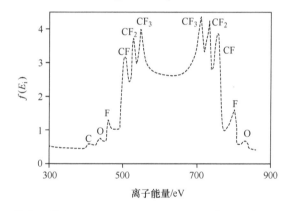

图 9.8　电容耦合 CF_4 等离子体在 3mTorr 和 3kW（13.56MHz 射频功率）下测得的离子能量分布。

资料来源：Kuypers 和 Hopman（1990）。© 1990，AIP 出版

图 9.9 显示了离子质量 M_i 和离子能量色散 ΔE_i 之间关系的实验结果（Coburn 和 Kay，1972）。实验结果证实，如式（9.11）所预测，离子能量色散与离子质量的平方根成反比。图 9.7 给出了图 9.9 中突出显示的数据点的相应 IED。

Okamoto 和 Tamagawa 证实了电容耦合反应器中 ΔE_i 和等离子体频率之间的关系，其中两个环形电极缠绕在电介质管周围（Okamoto 和 Tamagawa，1970）。图 9.10 中的结果被归一化为 10MHz 的单位，这是他们探测的最低频率。分子量 28 amu 表示 N_2^+ 离子。压力约为 1mTorr。对工艺参数进行调整以获得 102eV 的平均离子能量。

IED 的频率和质量依赖性可以使用穿过鞘层的离子过渡时间 τ_i 的观点来解释（Kawamura 等人，1999）：

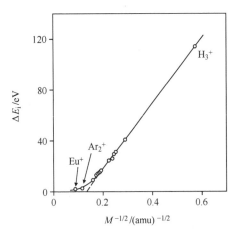

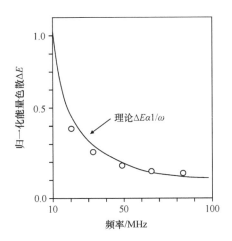

图 9.9　作为离子原子质量函数的全宽度离子能量分散。这些数据对应于图 9.7 中的离子能量分布。资料来源：Coburn 和 Kay（1972）。© 1972，AIP 出版

图 9.10　离子能量色散 ΔE_i 对射频频率的依赖性。资料来源：Okamoto 和 Tamagawa（1970）。© 1970，日本物理学会

$$\tau_i = 3d_{sh}\sqrt{M_i/2eV_{sh}} \tag{9.12}$$

式中，d_{sh} 是鞘层厚度；M_i 是离子质量；e 是基本电荷；V_{sh} 是鞘层电压。

控制射频鞘层中离子调制的关键参数是离子过渡时间 τ_i 与所施加的射频信号圆频率 ω 的乘积。当 $\omega\tau_i \ll 1$ 时，相比于场振荡，离子在短时间内穿过鞘层。这些离子在进入鞘层时经历瞬时鞘层电压。此条件适用于低射频频率（带电阻鞘层，见图 9.4）。由于低鞘层电压或小德拜长度或小离子质量，薄鞘层也满足该条件。对于 $\omega\tau_i \ll 1$，能量色散可以表示为

$$\Delta E_i \approx 2V_{RF} \tag{9.13}$$

式中，V_{RF} 是激励电压的正弦分量。在这种情况下，能量色散与频率无关。在工业 RIE 刻蚀工具中，使用 400kHz、1MHz、2MHz、13.56MHz、27MHz、60MHz 和 162MHz 的频率。$\omega\tau_i \ll 1$ 的情形适用于 400kHz 以下的频率。换句话说，它通常还没有用于半导体制造。

另一种极端情况是 $\omega\tau_i \gg 1$，离子穿过鞘层时会经历许多鞘层振荡。在这种情况下，离子将对时间平均鞘层电位做出响应，IED 函数将呈现单个峰值：

$$\Delta E_i \approx 2V_{RF}/\omega\tau_i \tag{9.14}$$

式（9.14）表明，在高频状态下，能量色散与频率有关。对于典型的 RIE 工艺压力和射频功率，射频频率高于 27MHz 就是这种情况。在所有电容耦合等离子体（CCP）刻蚀工具中使用 27MHz 及更高的频率来驱动等离子体密度。它们被认为是"源频率"。源频率可以为顶部电极（在这种情况下，"源频率"的名称更直观）或放置晶圆的阴极供电。

只有一个电极的 RIE 反应器优先使用 13.56MHz 的中频，因为它允许产生等离子体密度并有意义地加速离子，这种反应器已不再用于半导体制造。双频 CCP 反应器使用第二个射频信号来加速离子。优选的频率在 400kHz ~ 13.56MHz 之间，这不在式（9.13）和式（9.14）中。Panagopoulos 和 Economou 开发了一个模型，涵盖了两个极端之间的过渡区

域，其中$\omega\tau_i \sim 1$（Panagopoulos 和 Economou，1999）。该模型基于 Miller 和 Riley（1997）之前的工作。它可用于根据 RIE 反应器阴极处的实际电压信号计算 IED。

到目前为止，我们假设了离子在没有与中性粒子碰撞的情况下穿过鞘层。情况并非总是如此。在非平衡等离子体中，中性密度比离子和电子密度高几个数量级。这些中性粒子在鞘层中的密度与在体等离子体中的密度相同，因为它们对电场没有反应。因此，随着压力的增加，离子在鞘层中加速的过程中与中性粒子碰撞的可能性越来越大。

弹性碰撞的物理性质与固态溅射的情况相同。能量的变化由式（2.5）描述。这意味着鞘层碰撞将完全改变能量分布，并显著扩展离子的角度分布。为了使定向刻蚀有效，必须避免这种情况。这一见解是 20 世纪 90 年代初高密度等离子体工具发展的驱动力之一。高密度等离子体反应器在低压下运行（平均自由程较长），等离子体具有较小的德拜长度（薄鞘层），这导致在鞘层中无碰撞。

平均自由程是衡量离子在没有碰撞的情况下在气体中能行进的距离。它定义为未碰撞的离子束减至初始值的 $1/e$ 时所通过的距离。平均自由程是中性气体密度和碰撞截面 σ 的函数：

$$\lambda_i = \frac{1}{N_n \sigma} \tag{9.15}$$

根据式（9.15），在鞘层中加速离子的平均自由程与压力成反比。这一点在工艺开发中很重要。当工艺工程师试图增加工艺压力以改变等离子体化学时，存在产生鞘层碰撞的风险。鞘层碰撞将表现为由于更宽的离子角分布（IAD）而增加的轮廓弯曲。这种效果也可以用于，例如，从需要较宽离子能量分布的侧壁清除残留物。

在恒定压力下，通过增加低频射频功率也可以产生不希望的鞘层碰撞。这使鞘层厚度变宽，从而增加了离子必须行进的距离。碰撞之间的时间，称为碰撞时间 τ_{col} 取决于平均离子速度：

$$\tau_{col} = \lambda_i / V_i \tag{9.16}$$

鞘层碰撞的存在可以通过比较离子渡越时间 τ_i 和碰撞时间 τ_{col} 来进行评估。对于 $\tau_i < \tau_{col}$，鞘层被认为是无碰撞的。

Panagopoulos 和 Economou 将离子渡越时间与碰撞时间以及离子渡越时间与射频频率的概念结合到一个广义鞘层图解中，如图 9.11 所示（Panagopoulos 和 Economou，1999）。根据所施加的射频频率和离子碰撞频率 $\omega\tau_{col}$（y 轴）以及离子穿过鞘层的时间 $\omega\tau_i$（x 轴）的乘积，广义鞘层图显示了四个主要区域：无碰撞电阻、无碰撞电容、碰撞电阻和碰撞电容。对角线（$\tau_i = < \tau_{col}$）将无碰撞与碰撞鞘层区域分隔

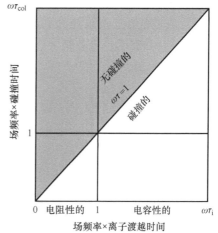

图 9.11　时间相关鞘层的广义鞘层图解。资料来源：Panagopoulos 和 Economou（1999）。

© 1999，AIP 出版

（Panagopoulos 和 Economou，1999）。

鞘层碰撞的次数取决于离子渡越时间 τ_i，它与鞘层厚度成正比，与鞘层电压的平方根成反比［见式（9.12）］。这意味着，当射频功率增加以产生更高的离子能量时，鞘层厚度增加，这反过来又增加了鞘层中离子 – 中性碰撞的概率。射频等离子体的鞘层厚度受 Child – Langmuir 定律决定：

$$J_i = \frac{4}{9}\varepsilon_0 \left(\frac{2e}{M_i}\right)^{1/2} \frac{V_{sh}^{2/3}}{d^2} \tag{9.17}$$

该定律描述了相隔距离 d 的平面壁或电极之间的等离子体中的空间电荷限制电流。鞘层的存在是由电子和离子迁移率的差异引起的，因为它们的质量不同。空间电荷是离子在穿过鞘层时相互排斥的结果，它降低了离子的迁移率。考虑到这种影响，Child – Langmuir 鞘层的厚度可以写成（Lieberman 和 Lichtenberg，2005）

$$d = \frac{\sqrt{2}}{3}\lambda_D \left(\frac{2V_{sh}}{T_e}\right)^{3/4} \tag{9.18}$$

Child – Langmuir 鞘层的厚度可以是数百德拜长度或几十毫米的数量级，而第9.1节中讨论的非供电等离子体的厚度大约是一个德拜长度。

总之，在 RIE 和定向 ALE 反应器中，使用平面电极的射频功率的电容耦合是离子加速的优选方法。较低的频率提供较高的离子能量，但离子能量分布也较宽。IED 在低频、单质量离子等离子体和没有鞘层碰撞的情况下有两个最大值。半导体器件刻蚀中使用的典型等离子体具有几种可以离解的进料气体。这会产生一定范围的离子，并在 IED 中产生额外的峰值。这意味着实际应用中的 IED 构成了具有几个峰值的几乎连续的分布。工艺工程师的目标是塑造这种分布，以获得尽可能好的结果。气体压力必须足够低，以避免鞘层碰撞。这对于具有非常高的离子能量（例如高深宽比电介质刻蚀）和宽鞘层的刻蚀来说越来越重要。

接下来，我们将讨论 IED 如何取决于刻蚀反应器的几何形状。电容耦合等离子体具有两个电极，其特征在于其自身的电容。双电极射频等离子体系统的等效电路如图 9.12 所示（Koehler 等人，1985b）。电容鞘层近似假设该电路的电阻分量可以忽略不计（$R_1 = 0$；$R_2 = 0$；$R_p = \infty$）。

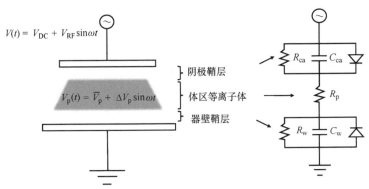

图 9.12　电容耦合双电极射频等离子体系统的等效电路。资料来源：根据 Koehler 等人（1985b）修改

该等效电路模型表示具有两个电容电阻的分压器，激励电极上的电压为

$$V(t) = V_{DC} + V_{RF}\sin\omega t \tag{9.19}$$

由正弦射频电压供电的电容耦合等离子体的等离子体电势可以写为

$$V_p(t) = \overline{V}_p + \Delta V_p\sin\omega t \tag{9.20}$$

当射频功率电容耦合到激励电极时，电容鞘层近似预测的时间平均等离子体电势 V_p 形式为（Koehler 等人，1985a）

$$\overline{V}_p = \frac{1}{2}(V_{RF} + V_{DC}) \tag{9.21}$$

这是一个重要的表达式，当使用由发生器提供的射频电压和可以在供电电极处测量的直流电压时，该式可以用于估计平均等离子体电势。

直流偏置电压 V_{DC} 与射频幅值 V_{RF} 相关（Koehler 等人，1985b）：

$$V_{DC} = V_{RF}\left(\frac{C_{ca} - C_w}{C_{ca} + C_w}\right) \tag{9.22}$$

式中，C_{ca} 和 C_w 分别是供电阴极和接地壁的电容。这些电容与其面积成正比。加速离子的鞘层电势为

$$|V_{sh}| = |\overline{V}_p| + |V_{DC}| \tag{9.23}$$

式（9.22）和式（9.23）意味着，如果面积相同，则具有晶圆的阴极和室壁将被相同的离子能量轰击［式（9.22）中的 $V_{DC} = 0$］。如果面积不同，则较小电极上的离子能量将更大。图 9.13 描述了在电极尺寸相等和不相等的情况下，通电电极和接地电极上的时间平均电位。

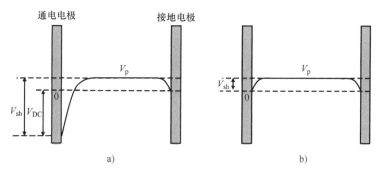

图 9.13 在电极尺寸相等和不相等的情况下，通电电极和接地电极上的时间平均电位：

a）电极面积不相等；b）电极面积相等

鞘层电压对电极的相对尺寸的依赖性对于电容耦合等离子体刻蚀反应器的设计是重要的（Horwitz，1983）。图 9.14 显示了通用 CCP RIE 反应器的阴极和阳极区域。固定晶圆的电极称为阴极。接地区域，包括接地的上极板、反应器壁和被等离子体接触的潜在的泵送滤网，称为阳极。这个术语可能令人困惑，因为等离子体是由射频供电的。在假设的反应器中，电极的面积相同，电极在电气上是不可区分的。然而，在实际的反应器中，固定晶圆的电极总是较小，因此较小的电极相对于本体等离子体具有较大的负电势，因此被称为阴极。

阴极和上部电极（阳极）之间的间隙是一个重要的设计参数。在具有可变间隙的反应器中，它也是一个工艺参数。当间隙增大时，晶圆上的阳极与阴极之比和离子能量增大，而上电极上的离子能量减小。例如，对于高深宽比电介质刻蚀应用，这是可取的（见第7.3.3节）。上部电极或阳极上较低的离子能量减少了侵蚀，增加了部件的使用寿命，并降低了工作成本。

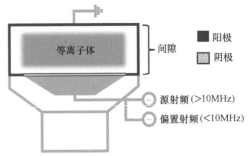

图9.14　通用CCP RIE反应器的阴极和阳极区域

尽管增加阳极与阴极的比率以达到更高的离子能量具有有益的效果，但用于高深宽比刻蚀的CCP刻蚀工具具有大约几十毫米的相对较小的间隙。那么，为什么在给定的射频功率下，尽可能增加间隙以最大限度地提高离子能量是不可取的呢？原因是窄间隙反应器在聚合物管理方面有好处，因为刻蚀晶圆后必须清洁的区域较少。此外，小的等离子体体积允许更快的混合模式脉冲（MMP）。此外，较短的停留时间降低了裂解程度，因为分子在等离子体激发区花费的时间减少了。最后，对于给定的射频功率，对于较小的等离子体体积，等离子体密度更高。

到目前为止，我们讨论了电容耦合如何与等离子体鞘层相互作用的机制。从实用的角度来看，这解释了离子能量的源头。值得指出的是，所有RIE和定向ALE反应器都使用电容耦合来加速离子。不同的RIE反应器的区别在于离子和自由基密度以及通量是如何产生的。

在CCP反应器中，离子能量和通量都是由射频功率的电容耦合驱动的。CCP RIE反应器最简单的实现方式是使用射频供电的阴极和接地壁。施加到阴极的功率将维系等离子体并加速离子。这种设计的挑战在于，当射频功率改变时，离子通量和离子能量都会改变。为了达到具有低离子通量和高离子能量或高离子通量和低离子能量的状态，希望有一个参数或"工艺旋钮"来调节离子通量，并有一个来调节离子能量。事实证明，使用两种不同的射频可以使离子能量和离子通量解耦（Goto等人，1992）。频率高于13.56MHz的电容耦合主要驱动等离子体密度和离子通量，而13.56MHz及以下的射频频率非常适合于调节离子能量。

我们已经讨论过，离子可以在低频下跟随供电电极上的射频电势，这导致具有较高最大离子能量的IED更宽。在完全电容性的鞘层中，离子不能跟随电极电势，离子能量由平均鞘层或直流电压决定。图9.15显示了频率在10～100MHz之间测得的平均离子能量，这是在电容鞘层的范围内（Goto等人，1992）。实验在具有相同尺寸电极的平行板反应器中用氩气在100W恒定射频功率和7mTorr压力下进行。该数据显示了整个频率区域上的偏置电压的降低。数据可以用对数关系拟合。在10～40MHz以及40～100MHz之间可以看到两个不同的区域。

图9.16描述了相应的电子密度。这里，10～40MHz时，电子密度增加；40MHz以上时，电子密度下降。数据表明，驱动频率影响等离子体的激发，并影响电子和等离子体密度。这种效应引起了Flamm（1986）的关注，由此引起了等离子体刻蚀界的注意。他的计算

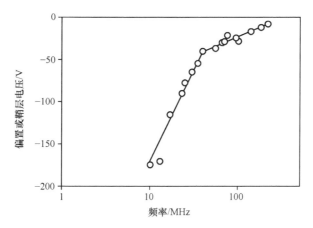

图 9.15　7mTorr 下 100W 射频功率的电容耦合氩等离子体的偏置电压与射频频率的关系。资料来源：Goto 等人（1992）。© 1992，AIP 出版

表明，射频频率不仅会改变离子撞击表面的能量，还会改变电子能量分布函数（EEDF）。通常，当射频激励频率接近等离子体中关键电气或化学过程的特征频率时，频率变化与放电特性的定义转换有关。我们在 IED 起源的背景下讨论的射频频率与离子穿过鞘层的渡越时间和等离子体频率之间的关系就是一个很好的例子。Flamm 在他的分析中考虑了 10 多个与时间相关的过程。

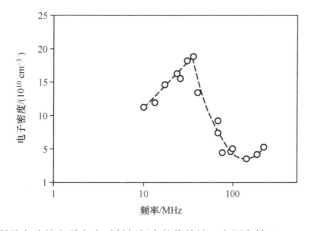

图 9.16　图 9.15 所示实验的电子密度对射频频率的依赖性。在距离轴心 20mm 处和距离每个电极 15mm 处进行测量。资料来源：Goto 等人（1992）。© 1992，AIP 出版

　　此外，Flamm 预测，射频频率会影响放电过程中物质和电场的空间分布，这意味着晶圆上的等离子体均匀性可能会发生变化。这是非常重要的一点，它限制了在刻蚀半导体器件中使用非常高的频率（Flamm，1986）。

　　Surendra 和 Graves 对在不同频率下驱动的射频放电进行了 PIC 蒙特卡罗模拟，他们的结果预测，对于恒定电压，等离子体密度、离子电流和功率是射频频率的平方（Surendra 和 Graves，1991）。他们还发现，提高频率会降低鞘层厚度，从而在恒定压力下增加鞘层中的

离子方向性。他们的工作预测了 CCP 反应器在高频（100MHz 及以上）和低压（50mTorr 及以下）下运行时的卓越轮廓性能。这些见解在 20 世纪 90 年代末引发了人们对具有极高频率的 CCP 反应器的极大兴趣。研究工作的重点是射频频率对物种通量和离子能量的影响，以及极高频率引起的不均匀性。

　　Hebner 等人在 300mm 晶圆的平行板反应器中检测到较高射频频率下电子密度的增加（Hebner 等人，2006）。他们的结果如图 9.17 所示。在 10～120MHz 频率范围内，数据显示出线性增加。然而，存在与线性行为的显著差异。在 120MHz 以上，增加似乎遵循频率平方依赖性。在研究的两个最高频率 163MHz 和 189MHz 下，作者发现空间分布从均匀到中心的高度峰值的转变。因此，大约 100MHz 处的密度拐点似乎是由于空间分布和峰值密度的变化。

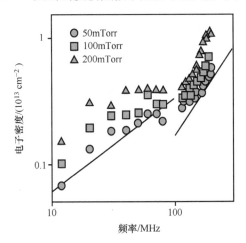

图 9.17　在恒定的 300W 功率下，50mTorr、100mTorr 和 200mTorr 压力下，电子密度对射频频率的依赖性。实线表示密度随频率增加而线性增加和平方增加的斜率。
资料来源：Hebner 等人（2006）。© 2006，IOP 出版

　　Zhu 等人对作为射频频率函数的电子密度进行了理论和实验研究（Zhu 等人，2007）。他们证实了 Surendra 和 Graves 的发现，即等离子体吸收的功率随着驱动频率的平方而增加（Surendra 和 Graves，1991）。Ahn 等人在实验中发现，随着驱动频率的增加，电子温度增加，而电子密度几乎不变或降低。他们解释这是体等离子体中碰撞加热增强的结果（Ahn 等人，2006）。

　　总之，实验（Goto 等人，1992；Hebner 等人，2006；Ahn 等人，2006；Zhu 等人，2007）和理论（Surendra 和 Graves，1991；Zhu 等人，2007）的研究表明，电子和等离子体密度总体上呈随射频频率增加的趋势。这些研究在具体功能关系方面的差异可以通过 100MHz 以上频率的空间效应以及与反应器几何形状的相互作用来解释。这在一定程度上解释了这些空间不均匀性的出现。这些空间不均匀性的出现部分原因是，对于 100MHz 以上的频率，射频驱动电极的尺寸可能成为射频波长的重要部分。这可能会导致所谓的驻波。因此，用于制造 300mm 晶圆的大多数 CCP 反应器使用低于 100MHz 的源频率。

大多数商业 CCP 反应器使用至少两个频率，13MHz 或更低的频率来驱动离子能量，高频（例如，27MHz 和 60MHz）来驱动等离子体密度和离子通量。这种高频的使用有效地与偏置和源效应解耦（Kitajima 等人，2000）。源频率可以施加到反应器的上部电极，也可以施加到固定晶圆的阴极。由于高频引起较低的离子能量，因此两种实现方式之间的阴极与阳极比差异可以忽略不计。在何处应用源功率的选择主要是由工程考虑因素驱动的。将源功率添加到上电极使通过喷头的气体输送复杂化，而将源功率增加到下电极使具有偏置射频功率的阴极、具有氦气冷却的 ESC 和晶圆提升机构的设计复杂化。

许多 CCP 反应器使用两个偏置频率，例如 2MHz 和 13.56MHz，以产生所谓的双频鞘层（Shannon 等人，2005）。这样可以通过混合较高和较低频率的射频分量来调节离子能量分布函数的宽度。Shannon 等人的计算结果如图 9.18 所示。该图说明了如何通过改变较低和较高射频功率比来移动较高和较低能量峰值。

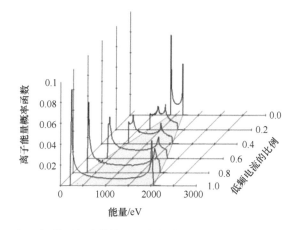

图 9.18 氩等离子体 IED 与混频关系的计算结果。资料来源：Shannon 等人（2005）。© 2005，AIP 出版

通过改变射频功率来改变电子和等离子体密度的机制被称为电子加热。后者是驱动等离子体中离解和电离的 EEDF 存在的原因（见图 9.1）。在电容耦合等离子体中，电子通过欧姆和随机加热从电场接收能量。欧姆加热是电子与中性背景气体弹性碰撞的结果。有趣的是，电子从等离子体中的电场中仅获得可以忽略不计的能量。电子可以从体等离子体中的电场获得的最大能量比气体的热能小几个数量级，气体的热能是几电子伏特。因此，当与背景气体碰撞时，电子会发生热化。欧姆加热需要足够高的压力才能有效。由于这种效应是热效应，欧姆加热的 EEDF 类似于麦克斯韦分布。

随机电子加热是能量通过鞘层传递给电子的效应。当等离子体中的电子到达鞘层时，它们会减速，除非它们足够快，能够逃逸到电极。如前所述，鞘层随射频频率移动，幅度取决于施加的电压和频率。从移动鞘层反射的电子获得额外的能量。这种效应称为随机加热。随机加热的效率在高射频频率下占主导地位，但不依赖于压力。欧姆加热和随机加热的影响如图 9.19 所示。随机加热表现为 EEDF 中的高能尾部，导致双麦克斯韦分布。

背景气体的温度由反应器的室壁和气体输送系统的温度决定。带电粒子在非平衡等离子

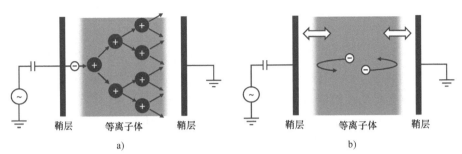

图 9.19　a) 欧姆加热和 b) 随机加热的示意图

体中不会对背景气体进行有意义的加热（因此称为"低温等离子体"）。离子轰击加热反应器壁。这种效应与离子通量和离子能量成正比。对于体积较小的源，例如具有充填管的下游自由基源，室壁可以显著加热，离开源的气体可以达到几百摄氏度，这有助于晶圆的加热。

气体温度决定了平行于鞘层的能量分量，因此有助于离子角分布（IAD）。由于没有已知的实际工程解决方案来降低背景气体的温度，因此缩小 IAD 的方法是通过调节鞘层电压来增加垂直离子能量。这对定向 ALE 有限制，其依赖于低于体材料溅射阈值的离子能量（见第 6.1.2 节和第 6.1.3 节）。

总之，离子能量、IED、IAD 和离子通量对射频功率和频率、离子质量、压力和电极的依赖性是复杂和非线性的。先进的 CCP 反应器利用至少两个射频来解耦离子能量和通量。对于使用非常高的射频功率、低频率和多种分子气体混合物的工艺，IED 是一种广泛的连续分布，其中只有一小部分离子达到峰值能量。这就是高深宽比 SiO_2、交替 SiO_2 和 Si_3N_4（ONON）以及交替 SiO_2 和多晶硅（OPOP）刻蚀工艺中的情况，这些工艺技术正在实现。成功的高深宽比刻蚀可能需要具有各种离子能量的离子；然而，还不知道完美的 IED 会是什么样子，因为在不改变其他等离子体参数的情况下几乎不可能调节 IED。有一些技术可以缩小 IED 的范围，我们将在第 9.4 节中对此进行讨论。

9.3　电感耦合等离子体

另一种使离子能量和通量解耦的方法是使用射频磁场为等离子体供电。在所谓的电感耦合等离子体（ICP）或变压器耦合等离子体（TCP）反应器中就是这种情况。这里，磁场是由位于陶瓷窗顶部或侧面的线圈产生的。它在反应器内产生射频电场，有效地将能量传递给等离子体中的带电物质。"变压器耦合"一词的产生是因为等离子体中产生的电子电流作用类似于变压器的二次绕组，而线圈类似于一次绕组。在 ICP/TCP 源的等效电路中，电感元件由变压器表示。其他实施例是可能的，例如螺旋面源（Perry 和 Boswell，1989），但在半导体器件的制造中使用较少。

ICP/TCP 源开发的驱动力是需要在低于 10mTorr 的压力下进行处理，以避免鞘层碰撞和方向性损失。这在 20 世纪 90 年代初变得很重要，当时特征尺寸达到 1μm 及以下。如果反应物能够以足够高的浓度产生以维持高刻蚀速率，那么低压刻蚀是可行的。高的等离子体密度要求在电离过程中更有效地利用电子能量（Carter 等人，1993）。

具有平面线圈配置的典型 ICP/TCP 反应器中电场和磁场示意图如图 9.20 所示。线圈感应出电场和磁场，这些电场和磁场穿过反应器腔室顶部的电介质窗口。在等离子体存在的情况下，根据法拉第定律，在等离子体内感应出方位角电场和相关电流。等离子体电流方向与线圈电流方向相反，并且被限制在介电窗表面附近的层中（Lieberman 和 Lichtenberg，2005）。

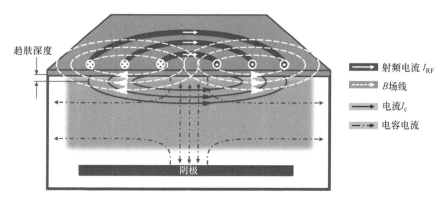

图 9.20 ICP/TCP 反应器中电场和磁场示意图

半导体行业中的大多数 ICP/TCP 工具使用 2MHz 或 13.56MHz 的射频频率。射频频率超过电子碰撞频率，并且电子加热由介电窗下方的有效电场决定。

该功率被环形区域中的等离子体吸收。这导致晶圆中心的离子通量密度较低。由于离子通量密度向晶圆边缘下降，结果是晶圆上的所谓"M 形"刻蚀速率分布。线圈的方位角和左右不对称将与电感耦合电场和离子产生速率中的类似不对称相关（Kushner 等人，1996）。如果顶部窗口和晶圆之间的间距足够大以使带电物质扩散，从而使离子通量均匀化，则可以抑制这些影响。在用于处理 300mm 晶圆的反应器中，对于大于 10cm 的间隙，离子通量均匀性达到令人满意的水平。与间隙较小的 CCP 反应器相比，这是快速气体切换的缺点。

除了即使在低于 10mTorr 的低压下也能产生大的离子通量外，ICP/TCP 源还具有相对直接的实现径向离子通量均匀性调节的额外好处。两个同心线圈可以单独供电，也可以使用功率分流装置由一个射频发生器供电（Collins 等人，2000；Long 等人，2015）。当同心线圈中的电流发生相移时，可以进一步提高均匀性（Banna 等人，2015）。这一概念也可以应用于三个同心线圈（Banna 等人，2019）。

电感线圈也与等离子体电容性地耦合。这可能导致陶瓷窗口的溅射，并产生影响器件产量的颗粒。这种影响可以在具有称为平衡变压器配置的平面线圈中降低，平衡变压器在线圈中间放置虚拟接地，并将最大线圈对等离子体电压降低为原来的 1/2。放置在线圈和等离子体之间的静电屏蔽可以进一步减少电容性耦合（Lieberman 和 Lichtenberg，2005）。

然而，需要一定程度的电容耦合来激发和维持等离子体。对于低功率，ICP/TCP 源可以在某些条件下完全电容耦合到等离子体。当线圈的功率增加时，耦合模式可以切换到电感模式。这种转换称为 ε 到 $\mathcal{H}$ 模式转换。对于给定的工艺，当电源在过渡区域中运行时，这可能导致工艺不稳定。

ICP/TCP 反应器中的电子温度通常高于源频率低于 100MHz 的 CCP 反应器中。这并不一定意味着 ICP/TCP 反应器比 CCP 反应器产生更高的自偏压。根据式（9.4），自偏压确实与电子温度成比例。然而，根据式（9.20）～式（9.22），CCP 耦合会由于施加到驱动电极的射频电压而增加鞘层电压。对于较高的射频频率，这种影响会减小。

这对定向 ALE 具有重要意义，其在去除步骤中需要 50eV 及更低的离子能量。具有足够高的射频频率（40MHz 及更高）的 ICP/TCP 反应器和 CCP 反应器都可以在仅为等离子体源供电的条件下输送如此低的离子能量。当然，只要施加偏置功率，离子能量就由它决定。

图 9.21 描述了半导体器件制造中使用的典型 ICP/TCP 反应器。这些反应器在介电窗形状（平的或圆顶的）、线圈形状（平面的或垂直的）和线圈数量上有所不同。具有陶瓷圆顶的反应器通常只有一个线圈，因为圆顶产生的较大等离子体体积降低了两个线圈的调节效果。垂直线圈允许将线圈中的高电压点从陶瓷窗口移开。然而，这可能会引入等离子体稳定性挑战，可以通过将线圈的较高电压段路由到更靠近窗口的位置来解决。另一方面，可以将扁平线圈从窗口移开，以减少溅射。介电窗的厚度也会影响溅射。

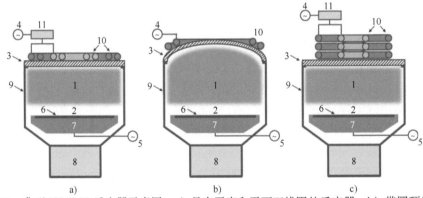

图 9.21 典型 ICP/TCP 反应器示意图：a）具有平窗和平面双线圈的反应器；b）带圆顶窗和单线圈的反应器；c）带平窗和垂直双线圈的反应器。重点显示了以下主要特征：（1）等离子体体；（2）等离子体鞘；（3）电介质窗口或圆顶；（4）源射频系统；（5）偏置射频系统；（6）晶圆；（7）带静电卡盘的阴极；（8）涡轮泵；（9）反应器壁；（10）ICP/TCP 线圈；（11）电流分配器

9.4 离子能量分布调制

ICP/TCP 和 CCP 反应器的离子能量都由偏置功率驱动，该功率使用 13.5MHz 及更低的频率。较低的频率提供了较高的峰值离子能量，但也提供了更宽的 IED，如图 9.5～图 9.10 所示。理想情况下，工艺工程师希望使用窄 IED，因为对于任何给定的刻蚀机制，都应该有一个最佳的解决方案。例如，对于高深宽比刻蚀，我们知道没有碰撞直接到达形貌底部的离子主导了刻蚀过程（Huang 等人，2019）。它们的刻蚀产量随着离子能量的增加而增加。从

侧壁散射出去的离子会损失很多能量。它们的剩余能量也随着入射能量的增加而增加。由于这些考虑，在最高能量下具有较窄最大值的 IED 将提供优异的性能。为了钝化 10∶1 左右沟槽中段的侧壁，具有略低能量的离子可能也是有益的。换言之，应该有一个优选的 IED 来实现具有一个或多个峰值的尽可能好的 HAR 介电轮廓，以驱动某些表面反应（刻蚀底部、钝化掩模、钝化侧壁）。挑战在于，典型 RIE 反应器的 IED 代表连续分布，其宽度由电容耦合到反应器中的最低射频频率决定。

在本章中，我们将讨论由射频功率的电容耦合引起的窄 IED 的解决方案。从概念上讲，可以将这种窄的 IED 缝合在一起，以使用等离子体脉冲在时域中产生期望的多峰值 IED。我们将在第 9.5 节中研究等离子体脉冲。

IED 宽的根本原因是通过改变施加到晶圆电极的射频正弦偏置电压的幅度来控制离子能量。鞘层跟随所施加的电压，离子受到变化的电场的作用。根据离子进入鞘层的时间点，离子将看到不同的加速电压。只有对于 40MHz 及更高的最高射频频率，鞘层渡越时间 τ_i 才会足够大，使得离子将经受到平均鞘层电压。这就是为什么高频等离子体具有狭窄 IED 的原因，如第 9.2 节所述。

然而，高频射频功率也会增加等离子体密度。假设只有高频射频的反应器首先不允许解耦离子能量和通量。其次，它不能提供足够高的离子能量。此外，IED 与质量有关 [见图 7.60 和式（9.11）]。虽然使用更高的频率可以缩窄较高质量离子的 IED，但是较低质量离子仍然可以具有宽 IED。

这就给为 13.56MHz 及以下的射频产生质量无关的窄 IED 带来了挑战。Wang 和 Wendt 提出用周期性偏置电压波形代替正弦波形（Wang 和 Wendt，2000）。这种方法被称为"定制波形偏置"（TWB）或"成形波形偏置"（Bruneau 等人，2016）。Wang 和 Wendt 模拟了一个短电压尖峰与一个较长的慢电压斜坡的组合。该波形在斜坡周期期间产生恒定的鞘层电势，斜坡周期构成每个周期的大部分，导致窄 IED。需要短的高压脉冲来防止电荷在衬底表面上积聚（Wang 和 Wendt，2000）。为了产生恒定的鞘层电势，阴极处的电压必须倾斜以补偿充电。

到阴极的信号由波形发生器产生，该波形发生器在傅里叶逆变换中将具有不同频率的正弦信号组合成期望的信号形状。这个信号必须被放大才能达到所需的电压。这种放大的成本对于该技术在半导体工业中的广泛采用是一个挑战，特别是对于需要非常高的离子能量的高深宽比（HAR）电介质刻蚀。

图 9.22 描述了通过波形整形产生近单能 IED 的机制。图 9.22a 表示对于正弦射频波形，阴极上的等离子体电势和射频电势（另见图 9.4）。由此产生的 IED 是双峰和宽的，因为离子根据它们进入鞘区的时间而看到不同的电位。

图 9.22b 显示阴极处的方形信号。在这里，离子在大部分时间内看到恒定的电压。该信号被一个短的正脉冲中断，以吸引电子并补偿来自离子通量的正电荷。在正脉冲期间，离子不与晶圆反应，因此对 IED 没有贡献。这导致了近乎单能峰的 IED。图 9.22 所示的射频信号表示电极或晶圆表面的电压。来自波形发生器的实际信号将不同，以考虑充电效应以及诸

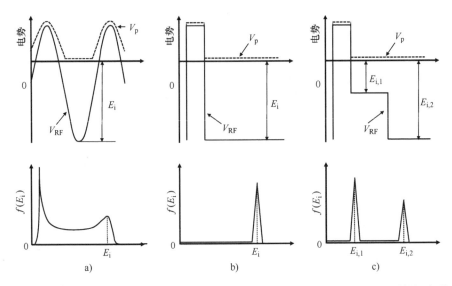

图 9.22　定制偏压波形对离子能量分布影响的示意图。对于正弦射频波形（图 a）、方形射频波形（图 b）和具有两个电平的方形波形（图 c），显示了阴极上的等离子体电势和射频电势

如传输线和射频匹配之类的其他射频组件。

　　图 9.22c 显示，使用 TWB 方法可以产生具有两个不同峰值的双峰 IED。在这里，射频信号具有两级负电位。这两级的相对持续时间决定了高能和低能离子的相对通量。

　　图 9.23 显示了 Qin 等人（2010）获得的实验结果。离子能量测量是在压力为 10mTorr 的氩气高密度等离子体中进行的。衬底偏置电源由任意波形发生器和宽带射频功率放大器组成。图 9.23a 中的定制波形具有 100V 和 300V 的电压平台，持续时间可变。图 9.23b 中的相应 IED 显示了两个接近预期离子能量 100eV 和 300eV 的峰值，离子通量从 100eV 峰值移动到 300eV 峰值，反映了 100V 和 300 V 电压平台的持续时间。

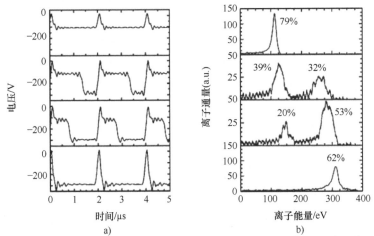

图 9.23　两个峰值定制偏置波形（图 a）和相应的 IED（图 b）。每个峰值显示的百分比表示每个峰值的面积占总面积的比例。资料来源：Qin 等人（2010）。© 2010，IOP 出版

Agarwal 和 Kushner 使用计算方法研究了定制的非正弦偏置波形对轮廓演变的影响（Agarwal 和 Kushner，2005）。当正电压尖峰足够短时，在循环的负电压部分期间，平均鞘层电位接近准直流鞘层电位，导致接近单能峰的 IED（Agarwal 和 kushner，2005）。他们的计算表明，离子能量分布的宽度 ΔE_i 几乎与离子质量无关，而正弦射频的情况并非如此［见式（9.11）］。能量分布的质量独立性是 TWB 的一个非常重要的优点。

作者发现，碳氟化合物等离子体中氧化硅对硅的选择性可以通过调节短正电压脉冲来调节 IED 的宽度和能量来控制。通过定制偏置波形，可以调整平均离子能量和 IED 的宽度，以适应工艺窗口。可以根据第 6.1.3 节中讨论的氧化硅的刻蚀机制，在使用 C_4F_8/Ar 的 SiO_2 的定向 ALE 和使用碳氟气体的氧化硅 RIE 的背景下，对结果进行解释。该工艺包括在表面上沉积反应 C_xF_y 层。要刻蚀硅，离子能量必须足够高，才能引起体溅射。这意味着对于给定厚度的 C_xF_y 层，离子能量可以通过 TWB 精确地拨入，其中氧化硅会刻蚀，而硅不会刻蚀。

9.5　等离子体脉冲

我们在 7.1.1 节中讨论了如何在 RIE 中操纵自由基和离子物种通量的背景下的各种源和偏置脉冲组合（见图 7.1）。偏置脉冲是迄今为止半导体行业中使用最广泛的等离子体脉冲实现方式，因为它允许在沉积/激活（偏置关闭）和刻蚀/溅射（偏置打开）之间交替。具有去耦源和偏置功率的刻蚀反应器的偏置脉冲机制可以理解为一系列具有和不具有偏置功率的极短处理步骤。因此，偏置脉冲的影响可以根据电容耦合等离子体、自偏置和鞘层电压的基本原理来理解（见第 9.1 节和第 9.2 节）。

对于千赫范围内的脉冲频率，这些步骤的持续时间大约为几毫秒。由于气体不能以那么快的速度交换，等离子体化学的变化只能来自于源功率脉冲时电子温度和离解模式的变化。源脉冲的基本原理是基于电容或电感耦合到等离子体中的射频功率、电子加热及其对离解和电离的影响（见第 9.2 节和第 9.3 节）。

等离子体脉冲不限于源和偏置功率的开启和关闭状态。多级脉冲正在迅速发展。多级脉冲的不同电平构成了源功率和偏置功率的不同组合。工艺工程师在设计这些电平时要了解刻蚀机制、实现该机制所需的物质以及产生这些物质所需的源和偏置射频功率设置。从这个意义上说，多级脉冲与传统工艺开发没有太大区别，只是步骤短得多，进料气体没有变化。

偏置脉冲可以与定制的波形偏置相结合，从而改变脉冲的形状，如图 9.24 所示。TWB 和二能级偏置脉冲的组合在毫秒的时间尺度上产生交替的近单能离子。具有两个电压电平的 TWB 在纳秒的时间尺度上产生单能离子。相比之下，在典型的 ICP/TCP 反应器中，自由基和离子对表面的饱和分别发生在毫秒和秒的时间尺度上（Kanarik 等人，2018）。因此，偏置脉冲是一种实现类似于多步 ALE 和 MMP 的循环过程的方法。然而，两能级 TWB 导致具有两种能量的准同步离子通量。

当考虑步骤之间的转换时，等离子体脉冲不仅仅是简单地打开和关闭源和偏置功率（Midha 和 Economou，2000）。在这些过渡期可以产生新的状态，如离子 – 离子等离子体（IIP）

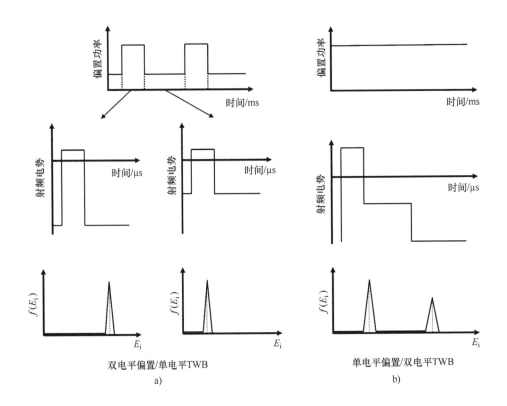

图 9.24　组合偏置脉冲和 TWB 的 IED 示意图：a）单电平 TWB 和双电平偏置脉冲的组合；b）双电平 TWB 和单电平偏置脉冲

（Midha 和 Economou，2001；Economou，2007）。脉冲频率必须很高，这些转换才能以有意义的方式为整个过程做出贡献。接下来，我们将概述等离子体脉冲可能产生的重要附加效应。建议进一步阅读 Economou 和 Banna 的评论文章（Banna 等人，2012；Economou，2014）。

　　用于半导体器件刻蚀的大多数等离子体为含有电负性气体（例如卤素和氧气）的气体混合物提供能量。这可以从对化学辅助刻蚀机理的讨论中理解（见第 2 章和图 2.1）。需要电负自由基和中性分子在表面吸附并形成牢固的键。这导致表面原子和本体材料之间的结合减弱。然后，这些键可以用更少的能量打破。在等离子体中，电负性气体等离子体通过电子附着形成负离子。这些负离子不能进入鞘层，因为负离子能量远小于鞘层电势。因此，它们被困在等离子体中。源脉冲提供了使这些负离子到达晶圆的方法。

　　图 9.25 显示了两个平行板之间脉冲氯等离子体模型预测的物种器壁通量的演变（Midha 和 Economou，2000）。每个周期被分为四个时间段：①早期活性辉光；②后期活性辉光；③早期余辉；④后期余辉。模拟显示，在早期余辉中，到达反应器壁（和晶圆）的电子数量有所下降。与此同时，负离子出现。在晚期余辉开始时，负离子通量等于电子通量。IIP 形成会通过离子 - 离子复合和扩散到器壁而衰变（Midha 和 Economou，2001）。电子通量可

以忽略不计，使得正负离子通量相等。在氯等离子体的计算中，负离子通量的峰值幅度比活性辉光中的电子通量小约 2 个数量级（Midha 和 Economou，2000）。

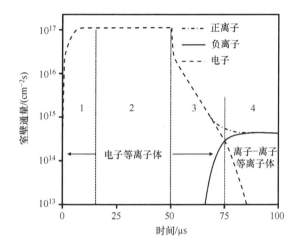

图 9.25　由两个平行板之间脉冲氯等离子体模型预测的物种器壁通量的演变。资料来源：Midha 和 Economou（2000）。© 2000，IOP 出版

由源脉冲产生的负离子可以为刻蚀提供有用的效应。例如，源脉冲用于将离子能量降低到连续等离子体的自偏置以下。我们在 9.1 节中讨论了与接地壁接触的等离子体自偏置的起源。自偏置是电子和离子之间由于质量差异大而导致迁移率差异的结果，这导致鞘层的形成。由于 IIP 中只有正离子和负离子，因此离子能量可能非常低，低至几电子伏特，与 10eV 相比更低，对于非偏置电子 – 离子等离子体则更高。这意味着源脉冲产生双峰离子能量分布，高能量是活性辉光的自偏置，低能量对应于余辉中的 IIP。低能量峰值和高能量峰值之比由占空比决定，如图 9.26 所示。因此，源脉冲提供了一种实现非常低离子能量的方法。

例如，这可以用于定向 ALE，诸如具有 Cl_2 等离子体和氩离子去除的硅 ALE 之类的。为了防止在氯等离子体改性步骤期间的刻蚀，可以对源功率进行脉冲处理。在本例中，去除步骤中不需要脉冲，因为理想 ALE 窗口的下限约为 50eV，并且可以在没有脉冲的情况下用 ICP/TCP 源容易地产生。对于具有理想 ALE 窗口的非常低离子能量阈值的材料，如锗（见图 6.12），在氩离子去除步骤期间对源功率进行脉冲处理可以提高协同作用。不过，源脉冲将产生双峰离子能量分布。低占空比将产生接近单能、低能量的 IED，但也会降低离子通量，这可能会对工艺的吞吐量产生负面影响。

余辉的另一个有用效应是晶圆表面电荷的中和。在余辉后期，脉冲这一阶段的坍塌鞘层允许负离子到达形貌的底部（Banna 等人，2012）。这种影响如图 9.27 所示（Ahn 等人，1996）。最后，源脉冲已被证明可以改善整个晶圆的 ERNU（Subramonium 和 Kushner，2004；Banna 等人，2009；Tokashiki 等人，2009）。均匀性的改善归因于余辉期间的离子和中性弛豫。

IIP 可以在强电负性气体中形成连续波放电的下游。这被称为空间余辉（Economou，

2007）。电感源和晶圆之间的网格可用于生成 IIP（Singh 等人，2019）。电子 – 离子等离子体在上部子室中产生。扩散到下部子室的电子在通过格栅时被冷却。在某些条件下，IIP 可以通过低温电子的附着在下腔室中形成。由于电子温度较低，IIP 中反应产物的离解和再沉积减少。这可以减少通过气相沉积的 CD 微负载（见第 7.1.4 节）。

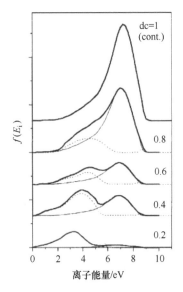

图 9.26　氩微波等离子体中的离子能量分布函数，峰值功率为 960W，脉冲频率为 1kHz，占空比不同。资料来源：Zabeida 和 Martinu（1999）。© 1999，AIP 出版

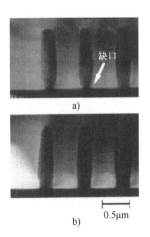

图 9.27　在连续和源脉冲的脉冲模式下刻蚀的多晶硅栅极轮廓截面 SEM：a）CW 模式；b）脉冲功率模式。资料来源：Ahn 等人（1996）

9.6　格栅源

离子束刻蚀（IBE）和自由基刻蚀是与 RIE 相邻的技术示例，它们涵盖了专用的、全化学的（见第 5 章）或全物理的刻蚀（见第 8 章）。IBE 和自由基刻蚀反应器可被视为 RIE 反应器的衍生物，其中某些物种被抑制。图 9.28 显示了 RIE、IBE 和自由基刻蚀室示意图（Lill 等人，2019）。为了更好地对比关键差异，只显示了 ICP/TCP 源技术。

从图 9.28 中可以立即清楚地看出，在 IBE 和自由基刻蚀工具中，格栅插入源极和晶圆之间。等离子体格栅技术对于实现这些技术至关重要。格栅可分离离子和自由基。在离子源的情况下，它们还引入了一个独立的离子能量控制旋钮。

我们先详细回顾一下 IBE 反应器。"束"作为动词的定义是"向指定方向传输"。等离子体只在一个方向上引导离子，即垂直于鞘层和晶圆表面。为了能够控制离子撞击角，鞘层必须通过格栅与晶圆分离。通过格栅，晶圆可以倾斜以改变离子碰撞角度。因为这会产生不对称的轮廓，所以晶圆也必须旋转。等离子体被限制在格栅上方。格栅下方是高真空的，足

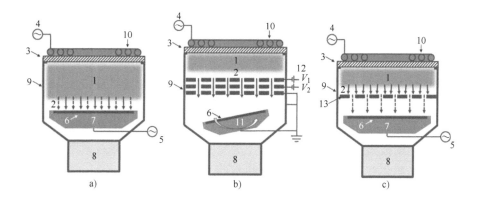

图 9.28   RIE 或定向 ALE 反应器（图 a）、离子束反应器（图 b）和自由基刻蚀反应器（图 c）的比较。在所有情况下，等离子体源都是 ICP/TCP 源。离子用实心箭头表示，自由基用虚线箭头表示。突出显示了以下主要特征：（1）等离子体体；（2）等离子体鞘；（3）电介质窗口；（4）源射频系统；（5）偏置射频系统；（6）晶圆；（7）带静电吸盘的阴极；（8）涡轮泵；（9）反应器壁；（10）ICP/TCP 线圈；（11）旋转和倾斜，带有静电卡盘的接地样品支架；（12）具有多偏置格栅的离子提取系统；（13）接地的离子阻挡栅极。资料来源：Lill 等人（2019）

以防止气体与残余气体分子碰撞，这将扩大 IAD。这种等离子体通常比 RIE 中使用的压力低至少 1 个数量级。0.1mTorr 的压力是典型的。离子通过施加到格栅的直流电压加速。晶圆相对于加速格栅处于接地状态。

先进的 IBE 源使用三格栅设计来允许小射束加速，小射束形成在格栅几百个开口中的每一个开口中。这种来源的示意图如图 9.29 所示。第一个格栅设置加速电压，被称为等离子体电极。第二个格栅和接地的第三个格栅形成离子光学器件以成形小射束。第二个格栅被称为抑制电极，因为它可以抑制电子回流到离子源中。第三个格栅被称为接地电极。它被保持在与晶圆和晶圆周围的腔室相同的电势。

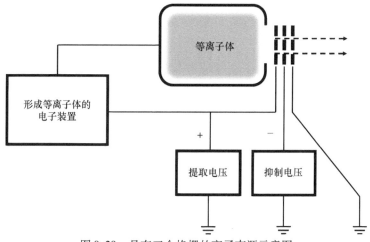

图 9.29   具有三个格栅的离子束源示意图

为了避免 IAD 由于空间充电而扩展，并避免晶圆充电，通过在离子从源到晶圆的路径上注入电子来中和离子。因为离子被格栅加速，所以没有射频功率施加到晶圆上。阴极在电气设计上更简单，但在机械上更复杂，因为在存在温度控制的静电卡盘的情况下需要倾斜和旋转。

对离子束源的深入综述可以在 Brown（2004）编辑的 *The physics and technology of ion sources*（离子源的物理与技术）中找到。

自由基刻蚀反应器中的格栅用于阻挡离子撞击到晶圆上。在最简单的情况下，格栅和晶圆都接地。可以向阴极施加偏置功率以激发下腔室中的等离子体。该技术用于突破可能阻止自由基刻蚀的表面氧化物。除自由基外，还可以将中性物种注入下腔室，绕过源中的离解，以通过中性反应丰富化学成分。根据自由基的寿命，等离子体源可以从刻蚀反应器中完全去除。然后通过管道将自由基输送到刻蚀室中。在这种情况下，不需要格栅，因为离子在自由基输送系统内的壁碰撞中丢失。

已经报道了等离子体格栅的其他使用案例。可以修改格栅以中和提取的离子，从而形成快中性束。离子通过具有高深宽比的孔隙（Samukawa，2006）或稍微倾斜的孔隙（Park 等人，2005）而被中和。等离子体可以通过 ICP/TCP 或 CCP 源产生。离子在掠入射离子散射过程中被中和（见第 2.8.2 节）。与离子相比，快中性粒子的好处是没有表面电荷，表面电荷可能导致深宽比相关刻蚀（ARDE）、轮廓失真和器件损坏（Ohori 等人，2019）。阻挡等离子体的另一个好处是抑制可能损伤表面的高能光子。中性束源由于其复杂性、成本以及栅极材料对晶圆的潜在污染，尚未在半导体行业中得到应用。

格栅已经与电容耦合等离子体的等离子体脉冲相结合，以获得几乎单能的离子束。在脉冲过程中，电子温度在余辉中衰减，导致等离子体电势几乎均匀以及最小的离子能量分布。离子能量由与等离子体接触的电极上的直流偏压控制（Xu 等人，2005；Nam 等人，2007）。

问题

P9.1　使用表 9.1，讨论离子碰撞位置的中性气体、电子和晶圆表面的温度之间的关系。

P9.2　使用式（9.7），解释电子温度对非偏置等离子体（例如，仅源 TCP/ICP 等离子体）中离子能量的重要性。当晶圆被射频功率偏置时，这种情况会发生什么变化？

P9.3　为什么在 CCP 反应器中使用低频率来加速离子，而使用高频率来产生等离子体密度？

P9.4　为什么 CCP 反应器中的阳极与阴极之比会影响离子能量？

P9.5　在等离子体刻蚀反应器中，是什么影响导致了宽的、连续的 IED？

P9.6　为什么 TCP/ICP 等离子体能有效地产生高密度等离子体？

P9.7　为什么 TWB 的 IED 不依赖于质量？

P9.8　单电平 TWB 与双电平偏置脉冲的组合和双电平 TWB 与单电平偏置脉冲的组合在表面处理上有何不同？

参 考 文 献

Agarwal, A. and Kushner, M.J. (2005). Effect of non-sinusoidal bias waveforms on ion energy distributions and fluorocarbon plasma etch selectivity. *J. Vac. Sci. Technol., A* 23: 1440–1449.

Ahn, T.H., Nakamura, K., and Sugai, H. (1996). Negative ion measurements and etching in a pulsed-power inductively coupled plasma in chlorine. *Plasma Sources Sci. Technol.* 5: 139–144.

Ahn, S.K., You, S.J., and Chang, H.Y. (2006). Driving frequency effect on the electron energy distribution function in capacitive discharge under constant discharge power condition. *Appl. Phys. Lett.* 89: 161506 1–3.

Banna, S., Agarwal, A., Tokashiki, K. et al. (2009). Inductively coupled pulsed plasmas in the presence of synchronous pulsed substrate bias for robust, reliable, and fine conductor etching. *IEEE Trans. Plasma Sci.* 37: 1730–1746.

Banna, S., Agarwal, A., Cunge, G. et al. (2012). Pulsed high-density plasmas for advanced dry etching processes. *J. Vac. Sci. Technol., A* 30: 040801 129.

Banna, S., Chen, Z., and Todorow, V. (2015). Inductively coupled plasma source with phase control. US Patent 8,933,628.

Banna, S., Bishara, W., Giar, R. et al. (2019). High efficiency triple-coil inductively coupled plasma source with phasecontrol. US Patent 10271416.

Brown, I.G. (ed.) (2004). *The Physics and Technology of Ion Sources*, 2e. Wiley-VCH.

Bruneau, B., Lafleur, T., Booth, J.P., and Johnson, E. (2016). Controlling the shape of the ion energy distribution at constant ion flux and constant mean ion energy with tailored voltage waveforms. *Plasma Sources Sci. Technol.* 25: 025006 1–8.

Carter, J.B., Holland, J.P., Peltzer, E. et al. (1993). Transformer coupled plasma etch technology for the fabrication of subhalf micron structures. *J. Vac. Sci. Technol., A* 11: 1301–1306.

Chabert, P. and Braithwaite, N. (2011). *Physics of Radio-Frequency Plasmas*, 1e. Cambridge University Press.

Coburn, J.W. and Kay, E. (1972). Positive-ion bombardment of substrates in rf diode glow discharge sputtering. *J. Appl. Phys.* 43: 4965–4971.

Collins, K., Rice, M., Trow, J. et al. (2000). Parallel plate electrode plasma reactor having an inductive antenna and adjustable radial distribution of plasma ion density. US Patent 6,054,013.

Economou, D.J. (2007). Fundamentals and applications of ion–ion plasmas. *Appl. Surf. Sci.* 253: 6672–6680.

Economou, D.J. (2014). Pulsed plasma etching for semiconductor manufacturing. *J. Phys. D: Appl. Phys.* 47: 303001 1–27.

Flamm, D.L. (1986). Frequency effects in plasma etching. *J. Vac. Sci. Technol., A* 4: 729–738.

Goto, H.H., Loewe, H.D., and Ohmi, T. (1992). Dual excitation reactive ion etcher for low energy plasma processing. *J. Vac. Sci. Technol., A* 10: 3048–3054.

Graves, D.B. and Brault, P. (2009). Molecular dynamics for low temperature plasma–surface interaction studies. *J. Phys. D: Appl. Phys.* 42: 194011 1–27.

Graves, D.B. and Humbird, D. (2002). Surface chemistry associated with plasma etching processes. *Appl. Surf. Sci.* 192: 72–87.

Hebner, G.A., Barnat, E.V., Miller, P.A. et al. (2006). Frequency dependent plasma characteristics in a capacitively coupled 300 mm wafer plasma processing chamber. *Plasma Sources Sci. Technol.* 15: 879–888.

Horwitz, C.M. (1983). RF sputtering–voltage division between two electrodes. *J. Vac. Sci. Technol., A* 1: 60–68.

Huang, S., Huard, C., Shim, S. et al. (2019). Plasma etching of high aspect ratio features in SiO$_2$ using Ar/C$_4$F$_8$/O$_2$ mixtures: a computational investigation. *J. Vac. Sci. Technol., A* 37: 031304 1–26.

Kanarik, K.J., Tan, S., and Gottscho, R.A. (2018). Atomic layer etching: rethinking the art of etching. *J. Phys. Chem. Lett.* 9: 4814–4821.

Kawamura, E., Vahedi, V., Lieberman, M.A., and Birdsall, C.K. (1999). Ion energy distributions in rf sheaths; review, analysis and simulation. *Plasma Sources Sci. Technol.* 8: R45–R64.

Kiehlbauch, M.W. and Graves, D.B. (2003). Effect of neutral transport on the etch product lifecycle during plasma etching of silicon in chlorine gas. *J. Vac. Sci. Technol., A* 21: 116–126.

Kitajima, T., Takeo, Y., Petrovic, Z.L., and Makabe, T. (2000). Functional separation of biasing and sustaining voltages in two-frequency capacitively coupled plasma. *Appl. Phys. Lett.* 77: 489–491.

Koehler, K., Coburn, J.W., Horne, D.E. et al. (1985a). Plasma potentials of 13.65-MHz rf argon glow discharges in a planar system. *J. Appl. Phys.* 57: 59–66.

Koehler, K., Horne, D.E., and Coburn, J.W. (1985b). Frequency dependence of ion bombardment of grounded surfaces in rf argon glow discharges in a planar system. *J. Appl. Phys.* 58: 3350–3355.

Kushner, M.J., Collinson, W.Z., Grapperhaus, M.J. et al. (1996). A three-dimensional model for inductively coupled plasma etching reactors: azimuthal symmetry, coil properties, and comparison to experiments. *J. Appl. Phys.* 80: 1337–1344.

Kuypers, A.D. and Hopman, H.J. (1990). Measurement of ion energy distributions at the powered rf electrode in a variable magnetic field. *J. Appl. Phys.* 67: 1229–1240.

Lieberman, M.A. and Lichtenberg, A.J. (2005). *Principles of Plasma Discharges and Materials Processing*, 2e. Wiley.

Lill, T., Vahedi, V., and Gottscho, R. (2019). Etching of semiconductor devices. In: *Materials Science and Technology*. Wiley-VCH. 1–25.

Long, M., Marsh, R., and Paterson, A. (2015). TCCT match circuit for plasma etch chambers. US Patent 9,059,678.

Midha, V. and Economou, D.J. (2000). Spatio-temporal evolution of a pulsed chlorine discharge. *Plasma Sources Sci. Technol.* 9: 256–269.

Midha, V. and Economou, D.J. (2001). Dynamics of ion–ion plasmas under radio frequency bias. *J. Appl. Phys.* 90: 1102–1114.

Miller, P.A. and Riley, M.E. (1997). Dynamics of collisionless rf plasma sheaths. *J. Appl. Phys.* 82: 3689–3709.

Nam, S.K., Economou, D.J., and Donnelly, V.M. (2007). Particle-in-cell simulation of ion beam extraction from a pulsed plasma through a grid. *Plasma Sources Sci. Technol.* 16: 90–96.

Oehrlein, G.S. and Hamaguchi, S. (2018). Foundations of low-temperature plasma enhanced materials synthesis and etching. *Plasma Sources Sci. Technol.* 27: 023001 1–21.

Ohori, D., Fujii, T., Noda, S. et al. (2019). Atomic layer germanium etching for 3D Fin-FET using chlorine neutral beam. *J. Vac. Sci. Technol., A* 37: 021003 1–5.

Okamoto, Y. and Tamagawa, H. (1970). Energy dispersion of positive ions effused from an RF plasma. *J. Phys. Soc. Jpn.* 29: 187–191.

Panagopoulos, T. and Economou, D.J. (1999). Plasma sheath model and ion energy distribution for all radio frequencies. *J. Appl. Phys.* 85: 3435–3443.

Park, S.D., Lee, D.H., and Yeom, G.Y. (2005). Atomic layer etching of Si(100) and Si(111) using Cl_2 and Ar neutral beam. *Electrochem. Solid-State Lett.* 8: C106–C109.

Perry, A.J. and Boswell, R.W. (1989). Fast anisotropic etching of sincon in an inductively coupled plasma reactor. *Appl. Phys. Lett.* 55: 148–150.

Qin, X.V., Ting, Y.-H., and Wendt, A.E. (2010). Tailored ion energy distributions at an rf-biased plasma electrode. *Plasma Sources Sci. Technol.* 19: 065014 1–8.

Samukawa, S. (2006). Ultimate top-down etching processes for future nanoscale devices: advanced neutral-beam etching. *Jpn. J. Appl. Phys.* 45: 2395–2407.

Shannon, S., Hoffman, D., Yang, J.G. et al. (2005). The impact of frequency mixing on sheath properties: ion energy distribution and V_{dc}/V_{rf} interaction. *J. Appl. Phys.* 97: 103304 1–4.

Singh, H., Lill, T., Vahedi, V. et al. (2019). Internal plasma grid for semiconductor fabrication. US Patent 1,022,4221.

Subramonium, P. and Kushner, M. (2004). Pulsed plasmas as a method to improve uniformity during materials processing. *J. Appl. Phys.* 96: 82–93.

Surendra, M. and Graves, D.B. (1991). Capacitively coupled glow discharges at frequencies above 13.56 MHz. *Appl. Phys. Lett.* 59: 2091–2093.

Tokashiki, K., Cho, H., Banna, S. et al. (2009). Synchronous pulse plasma operation upon source and bias radio frequencys for inductively coupled plasma for highly reliable gate etching technology. *Jpn. J. Appl. Phys.* 48: 08HD01 1–11.

Walton, S.G., Boris, D.R., Hernandez, S.C. et al. (2015). Electron beam generated plasmas for ultra low T_e processing. *ECS J. Solid State Sci. Technol.* 4: N5033–N5040.

Wang, S.B. and Wendt, A.E. (2000). Control of ion energy distribution at substrates during plasma processing. *J. Appl. Phys.* 88: 643–646.

Xu, L., Economou, D.J., and Donnelly, V.M. (2005). Extraction of a nearly monoenergetic ion beam using a pulsed plasma. *Appl. Phys. Lett.* 87: 041502 1–3.

Zabeida, O. and Martinu, L. (1999). Ion energy distributions in pulsed large area microwave plasma. *J. Appl. Phys.* 85: 6366–6372.

Zhu, X.M., Chen, W.C., Zhang, S. et al. (2007). Electron density and ion energy dependence on driving frequency in capacitively coupled argon plasmas. *J. Phys. D: Appl. Phys.* 40: 7019–7023.

第 10 章

新兴刻蚀技术

我们最后将探索尚未从研究转向半导体制造的刻蚀技术。使用刻蚀过程的架构，其中表面键被反应物种削弱并被额外的能量破坏，将电子和光子视为该能量的来源是可以理解的。

通过电子激励或增强化学刻蚀的领域似乎比使用光子发展得更快。一种可能的解释是，键能大约是几电子伏特到几十电子伏特，因此激发必须在光谱的紫外线范围内实现（Chalker，2016）。这需要具有足够强度的紫外线光源，其比电子源更昂贵。

10.1 电子辅助化学刻蚀

Coburn 和 Winters 的经典论文 *Ion – and electron – assisted gas – surface chemistry：an important effect in plasma etching* 将离子 – 中性协同作用引入了刻蚀界，还讨论了电子和中性的协同刻蚀（Coburn 和 Winters，1979）。图 10.1 显示了在 0.6mTorr 和 1500eV 电子的背景压力下用 XeF_2 刻蚀 Si_3N_4 和 SiO_2 的实验数据。在 Si_3N_4 的情况下，当 XeF_2 被引入到腔室中时，只有电子束入射并且观察到刻蚀。对于 SiO_2，首先供应气体，然后用电子束诱导刻蚀。作者提出了一种机制，其中电子束在表面上产生元素硅，由 XeF_2 中的氟刻蚀。

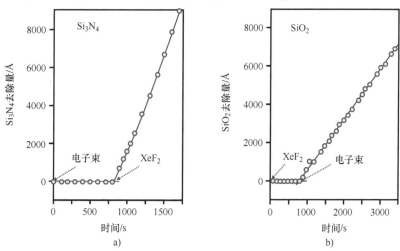

图 10.1　使用 1500eV 电子和 XeF_2 对 Si_3N_4（图 a）和 SiO_2（图 b）进行电子辅助刻蚀。

资料来源：Coburn 和 Winters（1979）。ⓒ 1979，AIP 出版

另据报道，用 SF_6（Martinez 等人，1988）和氢气（Gillis 等人，1995）对硅进行了电子辅助化学刻蚀。Martinez 等人展示了在电子能量约为 200eV 的情况下，垂直与水平之比为 2.5 ~ 3 的各向异性刻蚀。电子是在空心阴极放电中产生的。电子束有两个目的：它通过 SF_6 的电子碰撞离解产生反应自由基，并向晶圆表面提供定向能量，以帮助表面反应和解吸（Martinez 等人，1988）。在 Gillis 等人的实验中，硅样品放置在直流等离子体反应器的阳极上，从而接收低能电子、氢分子和原子的通量（Gillis 等人，1995）。Gillis 等人还展示了用氯、氢和这两种气体的混合物的 GaN 定向刻蚀（Gillis 等人，1999）。在 Martinez 和 Gillis 的实验中，在气相中产生了自由基，这些自由基在表面上化学吸附，但也可以自发地刻蚀硅，这是各向同性刻蚀成分的原因。

电子激励原子层刻蚀（ALE）在 GaAs 上得到了证实（Meguro 等人，1990）。该工艺过程采用交替暴露于氯气和电子。每循环刻蚀深度（EPC）是每个周期单层的三分之一，与电子电流密度和氯气流无关。结果表明，氯气表面改性和电子激励解吸是自限的。图 10.2 显示了刻蚀深度与循环次数的函数关系。电子能量为 100eV，电流密度为 $13mA/cm^2$，氯流量为 2sccm，基本压力为 1mTorr。作者提出了一种刻蚀机制，其中氯分子化学吸附在 GaAs 表面，$GaCl_3$ 和 $AsCl_3$ 在电子轰击下解吸。

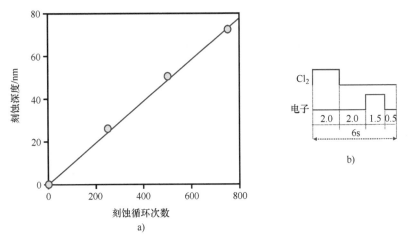

图 10.2　用氯表面改性及电子激励去除的 ALE 的 GaAs 刻蚀深度与循环次数。

资料来源：Meguro 等人（1990）。© 1990，AIP 出版

Veprek 和 Sarott 进行了研究，以区分硅和氢的电子激励表面反应与解吸的影响（Veprek 和 Sarott，1982）。他们表明，电子撞击可以在气体和固体表面之间引发高度选择性的化学反应。数据表明，电子碰撞诱导吸附的 H_2 分子离解，从而形成化学吸附的原子氢（Veprek 和 Sarott，1982）。因此，电子束可用于增加热刻蚀工艺的工艺窗口（见图 2.18）。

电子束可以被聚焦，这允许空间分辨刻蚀，这一技术已经被 Utke 等人（2008）评论过。用氯刻蚀硅和锗（Roediger 等人，2010；Shawrav 等人，2016）以及用 XeF_2 刻蚀 SiO_2（Randolph 等人，2005）证明了这种效果。这种技术可以在没有掩模的情况下实现直接刻蚀。

10.2　光子辅助化学刻蚀

Okano 用氯气和 Hg – Xe 灯刻蚀硅证明了光子辅助刻蚀的效果（Okano 等人，1985）。他们发现，n 掺杂的硅刻蚀时，光线不会直接影响到具有底切轮廓的表面上。因此，刻蚀是由源自氯的气相离解的氯自由基引起的。在未掺杂硅的情况下，需要表面直接暴露于光以激励刻蚀。为了解释他们的发现，Okano 等人唤起了硅导带中电子的作用，以吸引氯自由基，并通过 Cabrera – Mott（CM）扩散机制促进扩散到表面。我们在第 7.2 节中讨论了 n 掺杂硅上的电子对氯和氟刻蚀的影响。Okano 等人认为，光在未掺杂的硅中产生电子，其效果与 n 掺杂相同（Okano 等人，1985）。因此，这项工作说明了光子诱导刻蚀的两种可能的刻蚀机制：自由基的气相生成和光子诱导的表面反应。

Iimori 等人在超高真空（UHV）实验中证实了光子产生的电子在光子辅助氯气刻蚀硅中的作用（Iimori 等人，1998）。他们发现表面吸附态多氯化物主要以 $SiCl_2$ 的形式解吸，并且吸附态单氯化物对辐照稳定。光生载流子的效应也被发现是用 XeF_2 对硅进行光子辅助刻蚀的重要机制（Houle，1989）。

Samukawa 等人基于硅光子辅助中性束刻蚀实验提出了第三种机制，该实验使用氯和氙闪光灯对硅进行刻蚀（Samukawa 等人，2007）。通过滤光器将光的波长选择为 220nm 及以上和 380nm 及以上。研究发现，当表面被 $38mW/cm^2$ 的 200nm 光子照射时，刻蚀速率随着离子能量的增加而单调增加，并且刻蚀速率大约增加了 4 倍。使用紫外线（UV）过滤器时，这种效果不存在。作者提出，紫外线照射会在硅表面产生缺陷，从而增强刻蚀过程。

第四种机制是光子诱导的热解吸。对于脉冲辐射，还必须考虑脉冲频率和占空比（Kullmer 和 Baeuerle，1987；Mogyorosi 等人，1988；Ishii 等人，1993）。

Ishii 等人进行了用氯气和 248nm KrF 准分子激光器刻蚀 GaAs 的优雅实验（Ishii 等人，1993）。他们交替使用氯气暴露和激光辐照。这两个步骤都是饱和的，因此由此产生的过程是 ALE 过程。刻蚀的阈值通量为 $13mJ/cm^2$，超过该阈值通量 EPC 会突然增加。图 10.3 显示

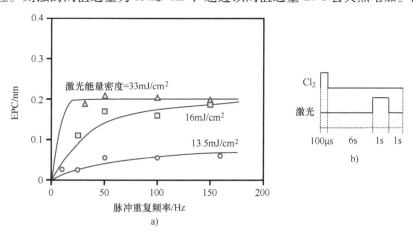

图 10.3　具有氯气和 248nm KrF 准分子激光辐照的 ALE GaAs 的 EPC 作为脉冲重复频率和激光能量密度的函数。资料来源：Ishii 等人（1993）

了 EPC 与脉冲重复频率和激光能量密度的关系。它在每个循环 2Å 的值下饱和。较高的通量和重复率导致较大的 EPC，这表明存在热解吸机制。

使用温度循环的热 ALE 也展示了使用 O_2 在室温下氧化锗，然后用快速热脉冲光子源解吸（Paeng 等人，2019）。

Shin 等人研究了使用添加氯的氩等离子体进行硅刻蚀，该等离子体具有接近 16eV 刻蚀阈值的窄离子能量分布（Shin 等人，2012）。他们发现，即使对于能量低于 16eV 阈值的离子，也会有相当大的刻蚀，他们可以将其归因于光子的影响。这种机制可能导致在硅的 Cl_2/Ar 定向 ALE 中协同作用的丧失（见第 6.1.2 节）。

综上所述，电子和光子辅助刻蚀是实现低损伤无损伤刻蚀的有前途的技术。该工艺可以实现为连续过程或 ALE 过程。在电子激励的情况下，已经展示了近垂直轮廓。如果表面对于所选波长的光是透明的，则光子应该适合各向同性刻蚀。

问题

P10.1　电子辅助刻蚀的机制是什么？

P10.2　光子辅助刻蚀的机制是什么？

参 考 文 献

Chalker, P.R. (2016). Photochemical atomic layer deposition and etching. *Surf. Coat. Technol.* 291: 258–263.

Coburn, J.W. and Winters, H.F. (1979). Ion- and electron-assisted gas-surface chemistry – an important effect in plasma etching. *J. Appl. Phys.* 50: 3189–3196.

Gillis, H.P., Choutov, D.A., Steiner, P.A. et al. (1995). Low energy electron-enhanced etching of Si(100) in hydrogen/helium direct-current plasma. *Appl. Phys. Lett.* 66: 2475–2477.

Gillis, H.P., Christopher, M.B., Martin, K.P., and Choutov, D.A. (1999). Patterning III-V semiconductors by low energy electron enhanced etching (LE4). *MRS Internet J. Nitride Semicond. Res.* 4S1: G8.2 1–9.

Houle, F.A. (1989). Photochemical etching of silicon: the influence of photogenerated charge carriers. *Phys. Rev. B* 39: 10120–10132.

Iimori, T., Hattori, K., Shudo, K. et al. (1998). Laser-induced mono-atomic-layer etching on Cl-adsorbed Si(111) surfaces. *Appl. Surf. Sci.* 130–132: 90–95.

Ishii, M., Meguro, T., Gamo, K. et al. (1993). Digital etching using KrF excimer laser: approach to atomic-order-controlled etching by photo induced reaction. *Jpn. J. Appl. Phys.* 32: 6178–6181.

Kullmer, R. and Baeuerle, D. (1987). Laser-induced chemical etching of silicon in chlorine atmosphere. I. Pulsed irradiation. *Appl. Phys. A* 43: 227–232.

Martinez, R.O., Verhey, T.R., Boyer, P.K., and Rocca, J.J. (1988). Broad area electron-beam-assisted etching of silicon in sulfur hexafluoride. *J. Vac. Sci. Technol., B* 6: 1581–1583.

Meguro, T., Hamagaki, M., Modaressi, S. et al. (1990). Digital etching of GaAs: new approach of dry etching to atomic ordered processing. *Appl. Phys. Lett.* 56: 1552–1554.

Mogyorosi, P., Piglmayer, K., Kullmer, R., and Baeuerle, D. (1988). Laser-induced chemical etching of silicon in chlorine atmosphere. II. Continuous irradiation. *Appl. Phys. A* 45: 293–299.

Okano, H., Horiike, Y., and Sekine, M. (1985). *Photo-Excited Etching of Poly-Crystalline and Single-Crystalline Silicon in Cl2 Atmosphere. Jpn. J. Appl. Phys.* 24: 68–74.

Paeng, D., Zhang, H., and Kim, Y.S. (2019). Dynamic temperature control enabled atomic layer etching of titanium nitride. *ALD/ALE 2019*, Bellevue, VA, USA.

Randolph, S.J., Fowlkes, J.D., and Rack, P.D. (2005). Focused electron-beam-induced etching of silicon dioxide. *J. Appl. Phys.* 98: 034902 1–6.

Roediger, P., Hochleitner, G., Bertagnolli, E. et al. (2010). Focused electron beam induced etching of silicon using chlorine. *Nanotechnology* 21: 285306 1–10.

Samukawa, S., Jinnai, B., Oda, F., and Morimoto, Y. (2007). Surface reaction enhancement by UV irradiation during Si etching process with chlorine atom beam. *Jpn. J. Appl. Phys.* 46: L64–L66.

Shawrav, M.M., Gökdeniz, Z.G., Wanzenboeck, H.D. et al. (2016). Chlorine based focused electron beam induced etching: a novel way to pattern germanium. *Mater. Sci. Semicond. Process.* 42: 170–173.

Shin, H., Zhu, W., Donnelly, V.M., and Economou, D.J. (2012). Surprising importance of photo-assisted etching of silicon in chlorine-containing plasmas. *J. Vac. Sci. Technol., A* 30: 021306 1–10.

Utke, I., Hoffmann, P., and Melngailis, J. (2008). Gas-assisted focused electron beam and ion beam processing and fabrication. *J. Vac. Sci. Technol., B* 26: 1197–1276.

Veprek, S. and Sarott, F.A. (1982). Electron-impact-induced anisotropic etching of silicon by hydrogen. *Plasma Chem. Plasma Process.* 2: 233–246.